Arbeitszeugnisse

Textbausteine
und Tätigkeitsbeschreibungen

Dr. Thorsten Knobbe
Dr. Mario Leis
Dr. Karsten Umnuß

Haufe Mediengruppe
Freiburg · München

Inhaltsverzeichnis

So arbeiten Sie mit diesem Buch

Dieser Praxisratgeber hilft Ihnen, schnell ein professionelles Zeugnis zu erstellen, dessen Formulierungen vor dem Arbeitsgericht Bestand haben. In einem einleitenden Kapitel informieren wir Sie über die wichtigsten rechtlichen Fragen zum Arbeitszeugnis.

In weiteren Kapiteln sowie auf der beiliegenden CD-ROM finden Sie ausführliche deutsche und englische Tätigkeitsbeschreibungen sowie über 2.000 deutsche und englische Textbausteine, die übersichtlich nach Beurteilungskriterien und Notenstufen angeordnet sind.

Siehe CD-ROM

Auf der CD-ROM finden Sie alle Arbeitsmittel aus dem Buch sowie alle Textbausteine in deutscher und englischer Sprache.

Textbausteine und Tätigkeitsbeschreibungen auf Englisch

* Die *Ablaufcheckliste* unterstützt Sie bei der Zeitplanung. Sie sagt Ihnen nicht nur, was wann von wem getan werden muss, sondern verweist auch auf alle weiteren Checklisten und Arbeitsmittel im Buch und auf der CD-ROM.

* Der *Bewertungsbogen* enthält alle 18 Bewertungskriterien in der Reihenfolge, wie sie auch im Zeugnis behandelt werden. Er wird vom Fachvorgesetzten ausgefüllt und dient Ihnen so als Grundlage für die Zeugnisbearbeitung.

Anhand des ausgefüllten Bewertungsbogens können Sie in kürzester Zeit ein rechtssicheres Zeugnis erstellen, indem Sie einfach zu jedem der 18 Bewertungskriterien Schritt für Schritt eine passende Formulierung in der gewünschten Notenstufe auswählen.

Abgerundet wird das Zeugnis, wenn Sie die Standardformulierungen auf die individuellen Leistungen des jeweiligen Mitarbeiters abstimmen (z. B. konkrete Erfolge nennen) sowie entsprechend der jeweiligen Position ausreichend beschreiben. Dabei sollten Sie auf eine zusammenhängende, im Kontext stimmige Darstellung achten und auch ein paar persönliche Worte finden.

Dr. Thorsten Knobbe, Dr. Mario Leis
und *Dr. Karsten Umnuß*

Die wichtigsten Fragen rund ums Arbeitszeugnis

Prozesse wegen Änderungen von Arbeitszeugnissen werden oft geführt. Im Jahr 2006 wurden bundesweit 32.288 Klagen wegen der Erteilung oder Berichtigung von Zeugnissen eingereicht. Leider ist eine häufige Ursache fehlende Information – und das sowohl auf Seiten der Arbeitgeber wie auch bei den Mitarbeitern. Überzogenen Vorstellungen des Mitarbeiters von dem, was er vor Gericht durchsetzen kann, stehen auf Seiten des Arbeitgebers oft unzureichende Kenntnisse dessen, was in einem Zeugnis stehen muss, gegenüber. Um Ihnen solche Prozesse möglichst zu ersparen, haben wir Ihnen hier die wichtigsten Fragen in Sachen Zeugnisrecht zusammengestellt.

Welche gesetzlichen Regelungen müssen Sie beachten?

Anspruch auf ein schriftliches Zeugnis

Ein Mitarbeiter hat bei Beendigung eines Anstellungsverhältnisses Anspruch auf ein schriftliches Zeugnis. Die Rechtsgrundlagen für den Zeugnisanspruch des ausscheidenden Mitarbeiters sind in § 630 BGB, § 109 GewO (für Auszubildende: § 16 BBiG) sowie ggf. in einschlägigen tariflichen Bestimmungen enthalten.

Ferner gelten folgende gesetzliche Regelungen:

* Das Zeugnis muss zumindest Angaben zu Art und Dauer der Tätigkeit, d. h. die Dauer des rechtlichen Bestandes des Anstellungsverhältnisses enthalten (einfaches Zeugnis).[1]
* Auf Verlangen des Mitarbeiters muss das einfache Zeugnis um Angaben zu Leistung und Verhalten ergänzt werden (qualifiziertes Zeugnis).

---

[1] Vgl. LAG Köln, Urteil v. 4.3.2008, 3 Sa 1419/08, BeckRS 2009 58804.

- Das Zeugnis muss klar und verständlich formuliert sein (§ 109 Abs. 2 GewO). Weder Wortwahl noch Auslassungen dürfen dazu führen, dass beim Leser des Zeugnisses der Wahrheit nicht entsprechende Vorstellungen entstehen können. Es kommt deshalb nicht darauf an, welche Vorstellungen der Zeugnisverfasser mit seiner Wortwahl verbindet, sondern auf die Sicht des Zeugnislesers.[2]

- Das Zeugnis darf deshalb keine Merkmale oder Formulierungen enthalten, die den Zweck haben, eine andere als die aus der äußeren Form oder dem Wortlaut ersichtliche Aussage über den Mitarbeiter zu treffen.

- Die Zeugnissprache ist Deutsch. Deshalb kann jeder Mitarbeiter im Geltungsbereich des deutschen Arbeitsrechts ein Zeugnis in deutscher Sprache verlangen. Darüber hinaus kann es bei internationalen Unternehmen sinnvoll sein, ein Arbeitszeugnis in englischer Sprache auszustellen. Eine Rechtspflicht des Arbeitgebers hierzu besteht aber nicht.

- Ein Zeugnis darf nicht in elektronischer Form erteilt werden.

- Ein Zeugnis dient zwei Zwecken: Es muss einerseits den potenziellen neuen Arbeitgeber über die bisherigen Tätigkeiten und Leistungen des Mitarbeiters informieren, sein Inhalt muss deshalb wahr sein. Andererseits soll es als wichtigste Bewerbungsunterlage das berufliche Fortkommen des Mitarbeiters nicht ungerechtfertigt erschweren, es muss deshalb wohlwollend formuliert sein.[3]

Wie muss ein Zeugnis aussehen?

Ein Zeugnis soll der Karriere dienen. Form und Inhalt werden von diesem Zweck bestimmt. Ein Zeugnis muss daher den im Geschäftsverkehr üblichen und von Dritten erwarteten Gepflogenheiten sowohl hinsichtlich der äußeren Form als auch der Wortwahl entsprechen und schriftlich ausgestellt werden.

Das Zeugnis muss in Form und Inhalt den Gepflogenheiten entsprechen

---

[2] Vgl. LAG Düsseldorf, Urteil v. 7.1.2009, 7 Sa 1258/08, BeckRS 2009 54461, BAG, Urteil v. 21.6.2005, 9 AZR 352/04, NZA 2006, 104.

[3] Vgl. BAG, Urteil v. 20.2.2001, 9 AZR 44/00, NZA 2001, 843.

- Das Zeugnis muss maschinenschriftlich bzw. mit dem PC erstellt sein.
- Das Zeugnis muss auf dem für die Geschäftskorrespondenz üblichen Geschäftspapier geschrieben bzw. gedruckt sein.[4]
- Ist ein weißes Blatt für das Zeugnis verwendet worden, so sind die volle Firmenbezeichnung, Rechtsform und die derzeitige Anschrift anzuführen.
- Wird Geschäftspapier verwendet, darf das Anschriftenfeld nicht ausgefüllt werden.
- Hat das Zeugnis äußere Mängel wie Flecken, Durchstreichungen, Textverbesserungen u. Ä., kann der Mitarbeiter es zurückweisen.
- Schreibfehler müssen berichtigt werden, wenn sie negative Folgen für den Mitarbeiter haben könnten.[5]
- Unzulässig sind Ausrufungs- oder Fragezeichen, Gänsefüßchen, Unterstreichungen oder teilweise Hervorhebungen durch Fettschrift.
- In elektronischer Form darf ein Zeugnis nicht ausgestellt werden. Dies wird nach den gesetzlichen Regelungen in § 630 BGB, § 109 GewO, ausdrücklich ausgeschlossen.

Welche inhaltlichen Bestandteile ein qualifiziertes Arbeitszeugnis enthalten muss, erfahren Sie in Kapitel 2.

Was kann der Mitarbeiter gegen ein Arbeitszeugnis unternehmen?

Es gibt keinen förmlichen Rechtsbehelf eines „Widerspruches" gegen ein Arbeitszeugnis. Der Mitarbeiter kann sich zwar jederzeit nach Erhalt eines Arbeitszeugnisses an seinen Arbeitgeber wenden und Änderungswünsche geltend machen. Der Arbeitgeber ist jedoch nicht verpflichtet, diesen Wünschen zu folgen oder sie mit dem Mitarbeiter zu erörtern.

Erfüllt der Arbeitgeber den Anspruch auf Zeugniserteilung nicht oder nicht ordnungsgemäß, kann der Mitarbeiter vor dem Arbeitsgericht auf Ausstellung oder Berichtigung des Zeugnisses klagen.

---

[4] Vgl. BAG, Urteil v. 3.3.1993, 5 AZR 182/92, DB 1993, 1624.

[5] Vgl. AG Düsseldorf, Urteil v. 19.12.1984, 6 Ca 5682/84, NZA 1985, 812.

Hier sind Verjährung, Verwirkung, Verzicht und Ausschlussfristen zu beachten.

Wann verjährt der Anspruch?

Für den Anspruch auf Ausstellung oder Berichtigung eines Zeugnisses besteht keine besondere Verjährungsregelung. Deshalb findet die regelmäßige Verjährungsfrist von drei Jahren gemäß § 195 BGB Anwendung. Sie beginnt mit dem Ende des Jahres, in dem der Anspruch entstanden ist. Vor Eintritt der Verjährung kann sich der Arbeitgeber allerdings ggf. auf eine Unmöglichkeit der Zeugniserteilung berufen, bzw. es kann eine so genannte Verwirkung des Anspruchs vorliegen.

Verjährung

Wann erlischt der Anspruch?

Unabhängig von der Verjährung kann der Zeugnisanspruch bereits dann erlöschen, wenn es dem Arbeitgeber nicht mehr möglich ist, ein Zeugnis auszustellen (z. B. wenn er aufgrund des Zeitablaufs nicht in der Lage ist, ein wahrheitsgemäßes Zeugnis auszustellen).

Die Ausstellung eines einfachen Zeugnisses zu Art und Dauer der Tätigkeit ist wegen der geringen Anforderungen in der Regel nach Beendigung des Anstellungsverhältnisses noch so lange möglich, wie Personalunterlagen vorhanden sind.

Beim qualifizierten Zeugnis, das auch Angaben zu Leistung und Führung enthält, ist die Lage etwas anders: Wenn der Arbeitgeber und seine mit der Zeugniserteilung befassten Vertreter sich an die Tatsachen zur Führung und Leistung des Mitarbeiters nicht mehr erinnern können und auch keine entsprechenden schriftlichen Personalunterlagen vorhanden sind, in denen Führung und Leistung festgehalten wurden, ist die Ausstellung eines qualifizierten Zeugnisses schlichtweg nicht mehr möglich.

Wenn der Mitarbeiter mit der Bitte um Zeugniserstellung zu lange wartet, erlischt sein Anspruch

Wann ist der Anspruch verwirkt?

Selbst wenn die Erfüllung des Anspruchs auf Zeugniserteilung noch möglich ist, kann der gerichtlichen Durchsetzung vor Verjährungseintritt die so genannte Verwirkung entgegengehalten werden. Das Bundesarbeitsgericht unterstrich, dass der Anspruch auf Erteilung eines qualifizierten Zeugnisses wie jeder schuldrechtliche Anspruch

Verwirkung

auch der Verwirkung unterliegt.[6] Verwirkung kann eintreten, wenn der Arbeitnehmer sein Recht auf Erteilung eines Zeugnisses über längere Zeit nicht ausgeübt hat (Zeitmoment) und dadurch bei dem Arbeitgeber die Überzeugung hervorgerufen hat, er werde sein Recht nicht mehr geltend machen (Umstandsmoment). In diesem Fall kann dem Arbeitgeber die Erfüllung des Anspruches des Arbeitnehmers nach Treu und Glauben unter Berücksichtigung aller Umstände des Einzelfalls dann nicht mehr zumutbar sein. Konkrete Fristen nennt das BAG aber nicht.

Zeit- und Umstandsmoment dürfen dabei nicht isoliert, sondern können nur in engem Zusammenhang gesehen werden; der Schwerpunkt liegt beim Umstandsmoment und richtet sich nach den konkreten Umständen des Einzelfalles. Die Rechtsprechung hat bisher Verwirkung bei einem Untätigkeitszeitraum von zehn bis zu 15 Monaten angenommen.[7] Generell ist der Verwirkungszeitpunkt bei einem qualifizierten Zeugnis früher erreicht als bei einem einfachen Zeugnis, weil bei letzterem die notwendigen Angaben leichter und länger zur Verfügung stehen.

Die Berufung auf die Einrede der Verwirkung kann dem Arbeitgeber aber dann versagt sein, wenn Personalakten geführt werden und er auf zeugnisspezifische Angaben zurückgreifen kann. Dies gilt so lange, wie er verpflichtet ist, Lohnunterlagen aus steuerlichen Gründen aufzubewahren (bis zum Ablauf des sechsten Kalenderjahres, das auf die zuletzt eingetragene Lohnzahlung folgt), und/oder so lange, wie er Personalakten tatsächlich aufhebt.

Soweit Ausschlussfristen zur Anwendung kommen, genügt zur Wahrung der Ausschlussfrist die Beanstandung des erhaltenen Zeugnisses und die Forderung zur Neuausstellung des Zeugnisses durch den Arbeitnehmer. Der Zeugnisempfänger braucht keine einzelnen Mängel (vergleichbar einer Sachmängelgewährleistung) zur Wahrung der Ausschlussfrist geltend machen.

---

[6] Vgl. BAG, Urteil v. 4.10.2005, 9 AZR 507/04, BAGE 116, 95.

[7] Vgl. LAG Hamm, Urteil v. 17.12.1998, 4 Sa 1337/98, NZA-RR 1999, 459; LAG Köln, Urteil v. 8.2.2000, 13 Sa 1050/99, NZA-RR 2001, 130; LAG Hamm, Urteil v. 3.7.2002, NZA-RR 2003, 73 f., LAG München, Urteil v. 11.2.2008, 6 Sa 539/07, BeckRS 2009 67688.

Wann kann auf den Anspruch verzichtet werden?

Vor Beendigung des Anstellungsverhältnisses kann der Mitarbeiter auf den Anspruch auf Zeugniserteilung nicht verzichten. Gerichtlich ist noch nicht abschließend geklärt, ob nach Beendigung der Anstellung ein Verzicht rechtlich möglich ist. In den so genannten Ausgleichsquittungen ist jedenfalls kein Verzicht auf die Erteilung eines Zeugnisses zu sehen.

Ausgleichsquittungen gelten nicht als Verzicht auf das Zeugnis

Neben Verjährung, Verwirkung oder Unmöglichkeit kann der Zeugnisanspruch auch aufgrund von vertraglichen bzw. tariflichen Ausschlussfristen erlöschen. Allgemein gehaltene vertragliche Ausschlussklauseln erfassen jedoch nicht ohne weiteres auch Zeugnisansprüche. Im Einzelfall ist die Formulierung dieser Klauseln sorgfältig zu prüfen.

Wann wird welches Zeugnis ausgestellt?

Grundsätzlich unterscheidet man hinsichtlich Umfang und Inhalt zwischen einem einfachen und einem qualifizierten Zeugnis.

Das einfache Zeugnis muss mindestens Angaben zu Art und Dauer der Tätigkeit enthalten. Aussagen zu Leistung und Führung werden darin nicht getroffen. Das qualifizierte Zeugnis enthält neben den Angaben zu Art und Dauer der Tätigkeit auch Ausführungen zu Leistung und Verhalten bzw. Führung des Mitarbeiters über die gesamte Dauer des Anstellungsverhältnisses.

Im Hinblick auf den Erstellungszeitpunkt wird noch einmal zwischen dem Zwischenzeugnis, dem vorläufigen und dem Endzeugnis unterschieden.

Der Mitarbeiter hat das Recht zu entscheiden, ob er ein einfaches oder ein qualifiziertes Zeugnis wünscht. Wurde ihm ohne seinen ausdrücklichen Wunsch ein qualifiziertes Zeugnis ausgestellt, kann er es zurückweisen und ein einfaches Zeugnis verlangen. Hat der Arbeitgeber – auch auf Wunsch des Mitarbeiters – zunächst ein einfaches Zeugnis erstellt und fordert der Mitarbeiter später ein qualifiziertes Zeugnis, so ist umstritten, ob der ehemalige Mitarbeiter bei Erhalt des qualifizierten Zeugnisses zur Rückgabe des einfachen Zeugnisses verpflichtet ist. Wurde dem Mitarbeiter wunschgemäß ein

Der Mitarbeiter entscheidet, welches Zeugnis er benötigt

qualifiziertes Zeugnis ausgestellt, kann er nachträglich grundsätzlich kein einfaches Zeugnis mehr verlangen, da ja sein „maximaler" Zeugnisanspruch bereits vom Arbeitgeber erfüllt wurde. Wenn ein einfaches Zeugnis das berufliche Fortkommen des ehemaligen Mitarbeiters jedoch (mehr) fördern würde, kann ausnahmsweise unter dem Gesichtspunkt der nachwirkenden Fürsorgepflicht des Arbeitgebers ein entsprechender Anspruch des Mitarbeiters gegeben sein.

Wann wird das Zwischenzeugnis ausgestellt?

Das Zwischenzeugnis wird während des Anstellungsverhältnisses erteilt

Das Zwischenzeugnis erteilt man *während* des Anstellungsverhältnisses. Inhaltlich entspricht es dem Endzeugnis. Es ist auf Wunsch des Mitarbeiters dann zu erteilen, wenn ein berechtigtes Interesse vorliegt. Das besteht nach gegenwärtiger Rechtsprechung in folgenden Situationen:

* wenn der Arbeitgeber die Kündigung in Aussicht stellt
* wenn der Mitarbeiter die Stelle wechselt
* wenn im Arbeitsbereich Änderungen wie Versetzung oder Wechsel des Vorgesetzten vorgenommen werden
* bei Insolvenz
* bei Bewerbungen
* bei Fort- und Weiterbildung
* bei einer längeren Arbeitsunterbrechung (z. B. Erziehungsurlaub, Wehr- oder Zivildienst)
* zur Vorlage bei Gerichten, Behörden
* für Kreditanträge
* bei einem Betriebsübergang gemäß § 613a BGB

Wann wird das vorläufige Zeugnis ausgestellt?

Das vorläufige Zeugnis ist eigentlich ein Endzeugnis, das wegen der noch bevorstehenden Beendigung des Anstellungsverhältnisses ausdrücklich als „vorläufiges Zeugnis" erteilt wird und es dem Mitarbeiter bereits während der Kündigungsfrist ermöglicht, sich zu bewerben. Bei Beendigung des Anstellungsverhältnisses wird es gegen das Endzeugnis ausgetauscht.

Wann wird das Endzeugnis ausgestellt?

Das Endzeugnis erteilt man bei Beendigung des Anstellungsverhältnisses. Ein Mitarbeiter hat spätestens bei Ablauf der Kündigungsfrist Anspruch darauf; so legte es das Bundesarbeitsgericht fest. Dies gilt auch dann, wenn Kündigungsschutzklage erhoben wurde und die Beendigung des Anstellungsverhältnisses damit bei Ablauf der Kündigungsfrist rechtlich noch nicht geklärt ist.[8]

Der Mitarbeiter hat spätestens bei Ablauf der Kündigungsfrist Anspruch auf ein Zeugnis

Der Anspruch des Mitarbeiters auf ein Endzeugnis entsteht bereits in dem Moment, in dem die Kündigung formuliert bzw. der Aufhebungsvertrag unterzeichnet wird. Bei befristeten Anstellungsverhältnissen, für deren Beendigung es keiner Kündigung bedarf, entsteht der Anspruch auf Erteilung eines Zeugnisses ab dem Zeitpunkt, welcher der gesetzlichen Kündigungsfrist gemäß § 622 BGB entsprechen würde.

Nach der Rechtsprechung sind Arbeitgeber gehalten, innerhalb von 2 bis 3 Wochen nach Beendigung des Anstellungsverhältnisses ein Endzeugnis auszustellen, um mögliche Schadensersatzansprüche der ausgeschiedenen Mitarbeiter zu vermeiden.[9] Wird dieser Zeitraum überschritten und bleibt allein wegen der Nichtvorlage des Zeugnisses ein Bewerbungsgespräch des Mitarbeiters erfolglos, so kommt grundsätzlich ein Schadensersatzanspruch des Mitarbeiters gegen den alten Arbeitgeber in Betracht, wenn der Mitarbeiter vorher die Erteilung des Endzeugnisses (vergeblich) angemahnt hatte.

Nach einer Kündigung und während des Laufs des Kündigungsschutzprozesses hat der Mitarbeiter ein Wahlrecht, ob er ein End- oder ein Zwischenzeugnis beansprucht. Hat er sich einmal für ein Endzeugnis entschieden, kann er dann nicht noch zusätzlich ein Zwischenzeugnis fordern.[10]

Sind Zeugnisse bindend?

Von der Erteilung eines Zwischenzeugnisses bis zur Ausstellung des Endzeugnisses vergeht manchmal viel Zeit. Kann der Arbeitgeber

---

[8] Vgl. BAG, Urteil v. 27.2.1987, 5 AZR 710/85, DB 1987, 1845.

[9] Vgl. LAG Schleswig-Holstein, Urteil v. 1.4.2009, 1 Sa 370/08, AuA 2009, 485.

[10] Vgl. LAG Hamm, Urteil v. 13.2.2007, 19 Sa 1589/06, NZA 2007, 486.

15

deshalb im Endzeugnis andere Bewertungen vornehmen als im Zwischenzeugnis? Mit dem Zwischenzeugnis entsteht für den Arbeitgeber hinsichtlich des beurteilten Zeitraumes des Anstellungsverhältnisses eine gewisse Bindungswirkung. Er kann bei gleicher Beurteilungslage seine im Zwischenzeugnis zum Ausdruck gekommenen Bewertungen im Schlusszeugnis also nicht ändern.[11] Was bedeutet aber „gleiche Beurteilungslage"?

Bei einem fünfjährigen Anstellungsverhältnis geht die Rechtsprechung davon aus, dass die Beurteilungslage gleich geblieben ist, wenn das Schlusszeugnis nur zehn Monate nach dem Zwischenzeugnis verfasst wurde.[12]

Von dem Zwischenzeugnis kann der Arbeitgeber also nur abweichen, wenn die späteren Leistungen und das spätere Verhalten des Mitarbeiters dies rechtfertigen.

Hat der Mitarbeiter zu Recht ein Zeugnis nicht angenommen, so ist der Arbeitgeber bei der Erstellung eines Zeugnisses nicht berechtigt, den Mitarbeiter schlechter zu beurteilen als in dem zunächst erteilten Zeugnis.[13]

Können Sie einen Zeugnisentwurf von Ihrem Mitarbeiter verlangen?

Es kommt immer häufiger vor, dass ausscheidende Mitarbeiter Wünsche für die Zeugniserstellung formulieren oder sogar einen vollständigen Zeugnisentwurf vorlegen. Viele Arbeitgeber begrüßen diesen Trend, weil sie so Zeit sparen. Dem Arbeitgeber ist es jedoch nicht erlaubt, von einem ausscheidenden Mitarbeiter einen Zeugnisentwurf *einzufordern*. Umgekehrt ist er nicht verpflichtet, dem Entwurf des Mitarbeiters zu folgen oder sich mit ihm detailliert darüber auseinander zu setzen.

Eines sollten sich Chefs und Personaler klar machen: Wenn sie die Zeugniserstellung dem Mitarbeiter überlassen, spiegelt sich darin dessen Sichtweise wider und die Themen werden oft zu umfangreich dargestellt bzw. falsch gewichtet. Möglicherweise treten zu einem

---

[11] Vgl. BAG, Urteil v. 16.10.2007, 9 AZR 248/07, NZA 2008, 298.
[12] Vgl. LAG Köln, Urteil v. 22.8.1997, 11 Sa 235/97, NZA 1999, 771.
[13] Vgl. BAG, Urteil v. 21.6.2005, 9 AZR 352/04, NZA 2006, 104.

späteren Zeitpunkt Probleme auf, beispielsweise weil nachfolgende Arbeitgeber bestimmte Punkte vermissen. Dann müssen Sie sich doch noch einmal mit dem Zeugnis befassen.

Auf jeden Fall ist es sinnvoll, wenn Sie den Zeugnisentwurf mit Ihrem Mitarbeiter besprechen. So können Sie Missverständnissen vorbeugen und ersparen sich die Arbeit einer nochmaligen Ausstellung wegen kleinerer Korrekturen.

Besprechen Sie den Zeugnisentwurf mit Ihrem Mitarbeiter

Welchen Umfang sollten Tätigkeits- und Leistungsbeschreibung haben?

Der zukünftige Arbeitgeber soll sich ein klares Bild vom Aufgabenbereich des Mitarbeiters machen können. Das Zeugnis hat daher die Tätigkeiten, die ein Mitarbeiter während seines Anstellungsverhältnisses ausgeübt hat, mit ihren typischen Merkmalen vollständig und genau zu beschreiben.

Dabei ist die Grenze zwischen der Art der Beschäftigung und der Beschreibung des Aufgabenbereichs meist fließend. Veränderten sich die Aufgaben im Laufe des Anstellungsverhältnisses, sind die einzelnen Stationen der beruflichen Entwicklung des Mitarbeiters zu beschreiben. Unwesentliche Tätigkeiten, denen bei einer Bewerbung keine Bedeutung zukommt, brauchen nicht erwähnt zu werden.

Wesentliche und typische Tätigkeiten sind aufzuführen

Wie sollte das Verhältnis Tätigkeits- zu Leistungsbeschreibung aussehen?

Ein Zeugnis muss immer ausgewogen sein; Tätigkeitsbeschreibung und Leistungsbeurteilung sollten idealerweise im Verhältnis 50:50 stehen. Natürlich ist das bei sehr umfangreichen oder häufig wechselnden Tätigkeiten kaum einzuhalten und auch nicht sinnvoll. Zu vermeiden ist aber in jedem Fall ein krasses Missverhältnis dieser beiden Zeugnisteile.

Die Beschreibung der Kernkompetenzen ist insbesondere bei Führungskräften wichtig

In einer ausführlichen Leistungs- und Verhaltensbeurteilung liegt für den potenziellen Arbeitgeber die große Chance, einen Bewerber schon vorab genauer kennenzulernen und sich ein präziseres Bild von ihm zu machen. Die Leistungs- und Verhaltensbeurteilung sollte deshalb gerade bei Führungskräften auf wichtige Kernkompetenzen und Schlüsselqualifikationen eingehen, und eben nicht nur aus zwei oder drei Sätzen bestehen, die gerade einmal die Gesamtnote und vielleicht ein einwandfreies Verhalten zum Ausdruck bringen. In diesem Zusammenhang ist auch die Angabe von Vollmachten sehr wichtig, weil sie Rückschlüsse auf die Stellung im Betrieb und die hierarchische Position erlauben.

Die Dauer der Beschäftigung und der Qualifikationsgrad bestimmen letztlich den Umfang der Tätigkeitsbeschreibung. So ist die Berufsbezeichnung zwar zu erwähnen, doch sie genügt nicht als Ersatz für eine detaillierte Tätigkeitsbeschreibung.

Das sollte die Tätigkeits-/Aufgabenbeschreibung enthalten:

* Unternehmen/Branche
* hierarchische Position
* Berufsbild/-bezeichnung
* Aufgabengebiet
* Art der Tätigkeit
* berufliche Entwicklung

Wie bewerten Sie richtig?

Wohlwollender Maßstab eines verständigen Arbeitgebers

Grundsätzlich hat der Arbeitgeber das Zeugnis im Interesse des Mitarbeiters *mit Wohlwollen* zu erstellen.[14] Das heißt aber nicht, dass nur positive, für den Mitarbeiter günstige Bewertungen aufgenommen werden dürfen. Ein solches Zeugnis würde dem *obersten* Grundsatz der Wahrheitspflicht widersprechen. „Wohlwollend" bedeutet in diesem Zusammenhang, dass das Zeugnis aus der Sicht eines verständigen Arbeitgebers abzufassen ist und nicht durch Vorurteile oder Voreingenommenheit bestimmt sein darf, die den weiteren Berufsweg des Mitarbeiters unnötig erschweren.

---

[14] Vgl. BGH, Urteil v. 26.11.1963, VI ZR 221/62, AP Nr. 10 zu § 826 BGB.

Um überprüfbar – also systematisch und immer auf der derselben Basis – zu urteilen, orientiert sich die Rechtsprechung an folgenden drei Kriterien: Inhaltlich muss das qualifizierte Zeugnis eine

- wahrheitsgemäße,
- nach sachlichen Maßstäben ausgerichtete und
- nachprüfbare Gesamtbewertung der Leistung und Führung des Mitarbeiters enthalten.[15]

Wahrheit der Beurteilung

Werden die einzelnen Leistungen eines Mitarbeiters im Zeugnis ausnahmslos mit „sehr gut" und die Tätigkeit darüber hinaus mit „sehr erfolgreich" bewertet, so ist eine Gesamtbeurteilung mit der Formulierung, der Mitarbeiter habe seine Aufgaben „immer zu unserer vollen Zufriedenheit gelöst" (das entspräche der Note 2), nicht vereinbar. Der bescheinigten sehr guten Leistung in den Einzelbeurteilungen entspricht nur die zusammenfassende Beurteilung „zur vollsten Zufriedenheit".[16]

Welche Noten können Sie geben?

In der Praxis und verschiedenen Zeugnishandbüchern wird für die zusammenfassende Schlussnote oft eine sechsstufige Notenskala (von 1 = „sehr gut" bis 6 = „ungenügend") verwendet.

Sechsstufige Notenskala

Notenstufen: Zusammenfassende Leistungsbewertung

Der Mitarbeiter hat die ihm übertragenen Aufgaben ...		
... stets zu unserer vollsten Zufriedenheit erledigt	= sehr gute Leistungen	Note 1
... stets zu unserer vollen Zufriedenheit erledigt	= gute Leistungen	Note 2
... stets zu unserer Zufriedenheit erledigt	= befriedigende Leistungen	Note 3
... zu unserer Zufriedenheit erledigt	= ausreichende, unterdurchschnittliche Leistungen	Note 4
... im Großen und Ganzen zu unserer Zufriedenheit erledigt	= mangelhafte Leistungen	Note 5
... zu unserer Zufriedenheit zu erledigen versucht	= unzureichende Leistungen	Note 6

---

[15] Vgl. LAG Düsseldorf, Urteil v. 2.7.1976, 9 Sa 727/76, DB 1976, 2310.
[16] BAG, Urteil v. 23.9.1992, 5 AZR 573/91, EZA Nr. 16 zu § 630 BGB.

Die Rechtsprechung hat diese Notenskala um eine Zwischenstufe für „voll befriedigende Leistungen" erweitert und für die Note drei die Formel genannt: „Der Mitarbeiter hat die ihm übertragenen Aufgaben zu unserer vollen Zufriedenheit erledigt", was als voll befriedigende Leistung oder Normalleistung gilt. Alle weiteren in der Liste genannten Noten verschieben sich dann um eine Notenstufe nach „unten".[17]

Wann gibt man „sehr gut"?

Eine Leistungsbewertung mit „sehr gut" erfolgt dann, wenn der Mitarbeiter seine Arbeit ohne jede Beanstandung erbracht hat und darüber hinaus besonders auszeichnende Umstände vorliegen wie z. B. die Entwicklung neuer Ideen oder die schnellere Erledigung der Aufgaben.

Welche Formulierungen bringen die Note „sehr gut" zum Ausdruck?

Allerdings ist die dafür übliche Phrase „stets zur vollsten Zufriedenheit" grammatikalisch nicht korrekt (voll kann nicht gesteigert werden – wenn ein Glas voll ist und man schenkt weiter ein, wird es nicht voller, sondern es läuft über). Sie können auch andere Formulierungen wählen, um die Note „sehr gut" auszudrücken:

* „Wir waren mit den Leistungen stets außerordentlich zufrieden."
* „Seine/Ihre Leistungen haben jederzeit und in jeder Hinsicht unsere volle Anerkennung gefunden."
* „Wir waren mit den Leistungen stets in jeder Hinsicht außerordentlich zufrieden."

Anspruch auf eine durchschnittliche Bewertung

Der Mitarbeiter hat im Zweifel Anspruch auf eine durchschnittliche Bewertung „voll befriedigende Leistungen" das entspricht der Note 3 in der siebenstufigen Notenskala des LAG Hamm. Er würde dann die Darlegungs- und Beweislast tragen, wenn er eine bessere Bewertung wünschte. Erteilt der Arbeitgeber eine schlechtere Bewertung, obliegt ihm diese Last.[18] Welche Formulierung die so genannte Mitte darstellt und damit den Durchschnitt angibt, hängt auch von der verwendeten Notenskala ab. Um aus einer unterdurchschnittlichen

---

[17] Vgl. LAG Hamm, Urteil v. 13.2.1992, 4 Sa 1077 / 91, LAGE Nr. 16 zu § 630 BGB.
[18] Vgl. LAG Köln, Urteil v. 2.7.1999, 11 Sa 255/99, NZA-RR 2000, 235.

Bewertung, die in der Formulierung „zu unserer Zufriedenheit" zum Ausdruck kommt, eine durchschnittliche zu machen, ist in der Regel der Zusatz eines Zeitfaktors wie „stets", „immer" oder „jederzeit" erforderlich.

Was muss bei der Beurteilung der persönlichen Führung berücksichtigt werden?

Der Begriff „persönliche Führung" umfasst das allgemeine Sozial- Persönliche verhalten, die Fähigkeit, mit anderen zusammenzuarbeiten (Koo- Führung perations- und Kompromissbereitschaft), Vertrauenswürdigkeit, Verantwortungsbereitschaft und die Beachtung der betrieblichen Ordnung.

In diesem Teil des Zeugnisses gibt man ein zusammenfassendes Urteil über die Eigenschaften und das gesamte dienstliche Verhalten des Mitarbeiters ab. Hier sind das betriebliche Zusammenwirken, das Verhalten gegenüber Vorgesetzten, gleichgeordneten Arbeitskollegen, nachgeordneten Mitarbeitern und auch gegenüber Kunden zu erfassen. Dabei ist es wichtig, dass alle Verhaltensrichtungen beurteilt werden, da Auslassungen bzw. Nichterwähnung einer Gruppe Rückschlüsse auf Verhaltens-, Anpassungs-, Kontakt- oder Führungsschwierigkeiten zulassen.

Zur Beurteilung der persönlichen Führung gehört auch das eventuelle Fehlverhalten des Mitarbeiters.

Will der Arbeitgeber einem Mitarbeiter im Schlusszeugnis lediglich eine durchschnittliche Führung bescheinigen, so genügt er in einem Streitfall vor Gericht seiner Darlegungspflicht, wenn er sich darauf beruft, dass er sich von dem Mitarbeiter aus verhaltensbedingten Gründen durch Kündigung oder Aufhebungsvertrag getrennt hat.

Will der Arbeitgeber dagegen unterdurchschnittliche Leistungen bescheinigen, muss er darlegen und ggf. beweisen, dass das Verhalten des Mitarbeiters fehlerhaft war. Wenn andererseits der Mitarbeiter eine gute Führungsbewertung im Zeugnis durchsetzen will, muss *er* darlegen und ggf. beweisen, inwieweit sein Verhalten diese Anerkennung verdient.

Vertragsbruch wird im Zeugnis berücksichtigt

Bei der Führungsbeurteilung ist also auch eventuelles arbeitsvertragswidriges Verhalten zu berücksichtigen. Eine objektiv richtige Beurteilung der Führung des Mitarbeiters kann einen Vertragsbruch, der eine vorzeitige Beendigung des Anstellungsverhältnisses zur Folge hatte, nicht unberücksichtigt lassen. Es ist in der Praxis daher durchaus üblich, vertragswidriges Verhalten auch im Zeugnis zu erwähnen, wenn das Verschweigen bestimmter, für die Führung bedeutsamer Vorkommnisse die für die Beurteilung des Mitarbeiters wesentliche Gesamtbewertung in erheblichem Maße als unrichtig erscheinen lässt (z. B. wenn der Mitarbeiter in seinem Beruf straffällig geworden ist). Allerdings gilt der Grundsatz, dass die Aufnahme des Verdachts einer strafbaren Handlung in das Zeugnis im Allgemeinen mit Treu und Glauben nicht vereinbar und daher unzulässig ist.

Beredtes Schweigen

In einem solchen Fall kann der Arbeitgeber das gestörte Vertrauensverhältnis (bei Verdacht einer strafbaren Handlung) dadurch zum Ausdruck bringen, dass er keine Aussage über das Führungsverhalten des Mitarbeiters zu seinen Vorgesetzten, d. h. zum Arbeitgeber macht. Aus einem solchen „beredten Schweigen" zu diesem für die Bewertung des Führungsverhaltens maßgeblichen Punkt können entsprechende Berufskreise nach Auffassung der Rechtsprechung die notwendigen Rückschlüsse ziehen.

Für die Einordnung von Formulierungen zur Bewertung des Führungsverhaltens hat sich – ähnlich wie bei der Leistungsbeurteilung – eine differenzierende Formulierungspraxis entwickelt. Im Interesse der wohlwollenden Zeugniserteilung werden abgestufte positive Formulierungen mit bewussten Auslassungen (beredtes Schweigen) kombiniert, um (eindeutige) negative Aussagen zu vermeiden. Die Rechtsprechung hat folgende Abstufung der Beurteilung zum Verhalten gegenüber Vorgesetzten und Kollegen vorgeschlagen:[19]

---

[19] Vgl. LAG Hamm, Urteil v. 8.7.1993, 4 Sa 171/93.

22

Notenstufen: Persönliche Führung

Sein/Ihr Verhalten zu Vorgesetzten, Arbeitskollegen ...	
... war stets vorbildlich	= sehr gute Führung
... war vorbildlich	= gute Führung
... war stets einwandfrei/korrekt	= voll befriedigende Führung
... war einwandfrei/korrekt	= befriedigende Führung
... war ohne Tadel	= ausreichende Führung
... gab zu keiner Klage Anlass	= mangelhafte Führung
Über ihn/sie ist uns Nachteiliges nicht bekannt geworden.	= unzureichende Führung

Nach unserer Erfahrung sieht das Verständnis der Beurteilungswörter in der Praxis etwas anders aus: Denn beispielsweise wird das Wort „korrekt" von vielen Personalern mit der Note „ausreichend" in Verbindung gebracht und die Note „voll befriedigend" hat außerhalb der Jurisprudenz zumeist schlichtweg keine Bedeutung. Man benotet etwas mit „gut" oder „befriedigend", dazwischen gibt es nichts.

Im Kernsatz der Verhaltensbeurteilung weist der Passus „stets vorbildlich" auf die Note „sehr gut" hin, „stets einwandfrei" eher auf „gut". Für den Geschmack mancher Zeugnisaussteller klingt die Vorbildlichkeit jedoch übertrieben oder wird gar als unrealistisch abgelehnt. So kann der Passus „stets einwandfrei" zumindest auch als „sehr gut" bis „gut +" interpretiert werden. Zudem möchten viele Zeugnisempfänger hinsichtlich ihres Verhaltens auch nicht als Vorbild verstanden werden, sondern eher im positiven Sinne als unauffällig gelten. Auch dies veranlasst uns, Formulierungen mit dem Wort „einwandfrei" häufig zu verwenden bzw. sie als Gutachter durchaus nicht automatisch dem Notenbereich „befriedigend" zuzuordnen.

Verwendung der Beurteilungswörter in der Praxis

23

Was darf in einem Zeugnis nicht erwähnt werden?

Die Punkte, die nicht in einem Arbeitszeugnis erwähnt werden dürfen, sind nicht immer eindeutig zu bestimmen. Vieles, das nicht explizit genannt wird, findet dennoch den Weg in das Zeugnis, etwa durch verklausulierte Formulierungen. Bei manchen Punkten sind sich auch Experten nicht einig, ob man sie nennen darf oder nicht. In der folgenden Tabelle sind diejenigen Themen zusammengestellt und kommentiert, die nicht im Arbeitszeugnis erwähnt werden dürfen.

Übersicht: Themen, die nicht ins Zeugnis gehören

Abmahnungen	Abmahnungen dürfen grundsätzlich nicht explizit erwähnt werden.
Alkoholkonsum	Alkoholkonsum gehört dann nicht ins Arbeitszeugnis, wenn er lediglich den privaten Bereich betrifft. Über die Erwähnung von Alkoholmissbrauch im Dienst herrscht keine Einigkeit. So müsste z. B. die Trunksucht eines Kraftfahrers durchaus erwähnt werden, um Schadensansprüche des neuen Arbeitgebers wegen Täuschung zu vermeiden.
Arbeitslosigkeit Arbeitsamt	Eine dem Arbeitsverhältnis vorausgegangene Arbeitslosigkeit oder die Vermittlung durch das Arbeitsamt dürfen in einem Arbeitszeugnis nicht erwähnt werden.
Beendigungs- gründe	Die Umstände, unter denen das Anstellungsverhältnis beendet wurde, sind nur auf Wunsch des Mitarbeiters in das Zeugnis aufzunehmen. Ist das Anstellungsverhältnis auf den Auflösungsantrag des Mitarbeiters gemäß §§ 9, 10 KSchG durch Urteil des Arbeitsgerichts aufgelöst worden, kann der Mitarbeiter verlangen, dass der Beendigungsgrund mit der Formulierung erwähnt wird, das Anstellungsverhältnis sei „auf seinen Wunsch hin" beendet worden.[20] Die Formulierung „zur Vermeidung arbeitsrechtlicher Konsequenzen in beiderseitigem Einvernehmen aufgelöst" ist unzulässig.[21] Wird ein Anstellungsverhältnis durch Prozessvergleich beendet, darf im Zeugnis neben der einvernehmlichen Beendigung nicht darauf verwiesen werden, dass dies auf Veranlassung des Arbeitgebers erfolgte.[22]

---

[20] Vgl. LAG Köln, Urteil v. 29.11.1990, 10 Sa 801/90, LAGE Nr. 11 zu § 630 BGB.
[21] Vgl. LAG Düsseldorf, Urteil v. 7.1.2009, 7 Sa 1258/08, BeckRS 2009 54461.
[22] Vgl. LAG Berlin, Urteil v. 25.1.2007, 5 Sa 1442/06, NZA-RR 2007, 373.

Behinderung	Um Missverständnissen vorzubeugen, kann eine Erwähnung schwerer Behinderungen in Einzelfällen sinnvoll sein. Generell unterbleibt die Erwähnung (siehe auch „Krankheit").
Betriebsrats- und Sprecher- ausschusstätigkeit	Hier lehnt die Rechtsprechung eine Erwähnung im Zeugnis grundsätzlich ab. Eine Ausnahme wird nur für den Fall zugelassen, dass der Mitarbeiter vor seinem Ausscheiden lange Zeit ausschließlich für den Betriebsrat tätig war und der Arbeitgeber deshalb nicht mehr in der Lage ist, seine Leistungen und Führung verantwortlich zu beurteilen[23], oder wenn der Mitarbeiter durch die Freistellung von seinem Arbeitsplatz entfremdet wurde.
Einkommen	Sind nicht zu erwähnen.
Ermittlungs- verfahren	Gegen Mitarbeiter eingeleitete Ermittlungsverfahren dürfen grundsätzlich nicht erwähnt werden.[24] Ausnahme: Es handelt sich um eine gravierende Straftat mit dienstlichen Auswirkungen.
Fehlzeiten	Krankheitsbedingte Fehlzeiten dürfen nur dann Erwähnung finden, wenn sie außer Verhältnis zur tatsächlichen Arbeitsleistung stehen, d. h. wenn sie etwa die Hälfte der gesamten Beschäftigungszeit ausmachen.[25] Dies gilt auch für die Elternzeit.[26]
Freistellung bei Betriebsrats- mitgliedern	Darf nur erwähnt werden, wenn auch die inner- und außerbetrieblichen Maßnahmen der Berufsbildung angeführt werden. Freistellungen aus anderen Gründen dürfen nicht erwähnt werden.
Fristlose Kündigung	Auch wenn der Arbeitgeber dem Mitarbeiter *zu Recht* fristlos gekündigt hat, darf er dies nur durch die Angabe des Beendigungszeitpunktes zum Ausdruck bringen, nicht jedoch, indem er die außerordentliche Kündigung erwähnt.[27]
Geheimzeichen	Geheimzeichen (wie ein Strich neben der Unterschrift), die auf Gewerkschaftszugehörigkeit oder ein politisches Engagement hinweisen, sind verboten. Die Existenz solcher Zeichen wird nicht geleugnet, aber man geht davon aus, dass sie höchst selten vorkommen.
Gesundheits- zustand	Angaben zum Gesundheitszustand des Mitarbeiters gehören ebenfalls nicht in das Zeugnis. Umstritten ist, ob dann etwas anderes gilt, wenn das Anstellungsverhältnis durch den Gesundheitszustand grundsätzlich beeinflusst wird.

---

[23] Vgl. LAG Frankfurt a. Main, Urteil v. 10.3.1977, 6 Sa 779/76, DB 1978, 167.

[24] Vgl. LAG Düsseldorf, Urteil v. 3.5.2005, 3 Sa 359/05, LAGE Nr. 2 zu § 109 GewO.

[25] Vgl. LAG Chemnitz, Urteil v. 30.1.1996, 5 Sa 996/95, NZA-RR 1997, 47.

[26] Vgl. BAG, Urteil v. 10.5.2005, 9 AZR 261/04, NZA 2005, 1237.

[27] Vgl. LAG Düsseldorf, Urteil v. 22.1.1988, 2 Sa 1654/87, NZA 1988, 399.

Krankheiten	Krankheiten haben im Arbeitszeugnis normalerweise nichts zu suchen, auch wenn sie den Kündigungsgrund darstellten. Allerdings herrscht Uneinigkeit darüber, ob Krankheiten erwähnt werden sollten, falls eine Gefährdung Dritter nicht auszuschließen ist.
Kündigungsgründe	Kündigungsgründe können nur auf Wunsch des Mitarbeiters erwähnt werden.
Modalitäten der Beschäftigungs-beendigung	Nicht genannt werden dürfen die Modalitäten, die zwischen den Parteien bei der Beendigung des Anstellungsverhältnisses verein-bart wurden. Das betrifft zum Beispiel den Widerruf der Prokura.[28]
Nachfragen bzw. mündliche Aus-künft	Der Arbeitgeber darf im Zeugnis nicht anbieten, für Nachfra-gen zur Arbeitsqualität des Mitarbeiters zur Verfügung zu stehen, da dies gegen § 109 Abs. 2 S. 2 GewO verstößt.[29]
Privatleben	Alles, was das Privatleben betrifft, also auch eine eventuelle Nebentätigkeit, das Sexualverhalten, eine Schwangerschaft, wird nicht erwähnt. Allerdings kann es von besonderer Wert-schätzung zeugen, wenn der Arbeitgeber dem Zeugnisemp-fänger beispielsweise in der Schlussformel „für die Zukunft beruflich wie privat (oder persönlich) alles Gute und weiter-hin viel Erfolg" wünscht.
Straftaten	Weder Vorstrafen noch Straftaten gehören in ein Arbeits-zeugnis. Ausnahme: eine im Dienst begangene, rechtskräftig verurteilte Straftat, die zur Kündigung geführt hat.
Vertragsbruch	Im Hinblick auf eine wohlwollende Zeugnisformulierung sind für den Mitarbeiter ungünstige Formulierungen zu vermei-den. Hinsichtlich eines Vertragsbruchs lässt sich nicht allge-mein festhalten, welche Formulierungen zulässig und welche unzulässig sind. Maßstab für die Arbeitsgerichte ist, dass bei einer Abwägung zwischen Wahrheitspflicht und Wohlwollen der betroffene Mitarbeiter in seinem beruflichen Fortkommen nicht behindert werden soll: Die Formulierung müsse so gewählt werden, dass ein „sorgfältiger Leser" entnehmen könne, dass der Mitarbeiter aufgrund von Vertragsbruch ausgeschieden sei.[30]

[28] Vgl. BAG, Urteil v. 26.6.2002, 9 AZR 392/00, NZA 2002, 34.
[29] Vgl. ArbG Herford, Urteil v. 1.4.2009, 2 Ca 1502/08, ArbRB 2009, 190.
[30] Vgl. LAG Hamm, Urteil v. 24.9.1985, 13 Sa 833/85, NZA 1986, 99.

Können bestimmte Angaben weggelassen werden?

Neben den oben genannten Punkten, die Sie im Zeugnis nicht erwähnen *dürfen*, gibt es aber auch Vorkommnisse, die sie ansprechen
müssen, wenn sie für die Führungs- und Leistungsbewertung we-
sentlich sind. Der Arbeitgeber muss zwar Rücksicht auf die weitere
berufliche Karriere des Mitarbeiters nehmen, doch diese Rücksicht-
nahme hat Grenzen. Schließlich kann der künftige Arbeitgeber er-
warten, dass das Zeugnis eine zuverlässige Grundlage für seine Einstellungsentscheidung ist.

Welche negativen Vorkommnisse müssen Sie ansprechen?

Im Interesse der Zeugniswahrheit und Zeugnisklarheit darf ein Arbeitszeugnis auch dort keine Auslassungen enthalten, wo der Leser
eine positive Hervorhebung erwartet. Soweit für eine Berufsgruppe
oder in einer Branche der allgemeine Brauch besteht, dass bestimmte Eigenschaften oder Leistungen der Mitarbeiter im Zeugnis erwähnt werden, ist deren Auslassung regelmäßig ein (versteckter)
Hinweis für den Zeugnisleser, dass der Mitarbeiter in diesem Merk-
mal unterdurchschnittlich oder allenfalls durchschnittlich zu bewerten ist („beredtes Schweigen"). Der Mitarbeiter hat dann einen Anspruch darauf, dass ihm ein entsprechend ergänztes Zeugnis erteilt
wird.[31] Bei der Zeugniserstellung ist deshalb darauf zu achten, welche
Eigenschaften den Beruf prägen und ob das Fehlen von Aussagen zu
bedeutsamen berufstypischen Merkmalen beim Zeugnisleser unrichtige Vorstellungen hervorrufen kann. Bei bestimmten Berufsgruppen (z. B. Kassierern, Verkäufern, Hotelpersonal, Außendienstmitarbeitern) kann die explizite Erwähnung der Ehrlichkeit gefordert
werden, wenn davon auszugehen ist, dass sonst in der entsprechenden Branche Zweifel an der Ehrlichkeit des Mitarbeiters aufkom-
men. Die (negative) Tatsache muss in jedem Fall angesprochen
werden.

In entscheidenden Fragen (wie z. B. Ehrlichkeit eines Mitarbeiters in
finanzieller Vertrauensposition oder Unfallfreiheit eines Berufskraft-
fahrers), bei denen die Antwort nur „Ja" oder „Nein" lauten kann,
ist es bei negativen Vorkommnissen nicht zulässig, eine unzutref-
fende oder gar keine Aussage zu treffen.

---

[31] Vgl. BAG, Urteil v. 12.8.2008, 9 AZR 632/07, BeckRS 2008 57445.

Wenn z. B. Mitarbeiter in einem Bereich beschäftigt werden, in dem zumindest Kontakt zu Kindern und Jugendlichen besteht, ist es für einen zukünftigen Arbeitgeber von erheblichem Interesse, nicht nur über die rein fachlichen Fähigkeiten, sondern auch über die sittliche Qualifikation und gegebenenfalls vorhandene pädophile Neigungen des Mitarbeiters unterrichtet zu werden. In einem Zeugnis muss deshalb die Tatsache, dass bei dem Mitarbeiter kinderpornographische Dateien/Schriften gefunden wurden, erwähnt werden.[32]

Manche Arbeitgeber versuchen, die heiklen Punkte eines Zeugnisses zu umgehen, indem sie sich missverständlich oder mehrdeutig ausdrücken. Dies ist jedoch nicht gestattet.

Verklausulierte Formulierungen müssen gestrichen werden

Enthält ein Arbeitszeugnis widersprüchliche, verschlüsselte bzw. doppelbödige Formulierungen, so sind diese ersatzlos zu streichen.[33] Die ersatzlose Streichung dieser (isolierten) Formulierungen führt im Ergebnis dazu, dass die Zeugniswahrheit auf der Strecke bleibt, denn der Arbeitgeber hätte das Zeugnis insgesamt sonst ja völlig anders formuliert.

Zeugnisse werden immer im Zusammenhang interpretiert, wodurch sich, je nach Situation, unterschiedliche Bewertungen ergeben können. Einen Konsens wird man wahrscheinlich recht schnell bei den jeweiligen Kernsätzen der Beurteilung, also der zusammenfassenden Leistungs- und Führungsbeurteilung sowie der Schlussformel erzielen. Dieser Konsens dürfte schon deshalb leicht zu erzielen sein, weil die Kernsätze justiziabel und einer Notenstufe zuzuordnen sind.

Aber ein Zeugnis besteht meist nicht nur aus den Kernsätzen, sondern auch aus zahlreichen ergänzenden Formulierungen. Hier bleibt sehr viel Raum zur Interpretation, weil diese Formulierungen in der Regel individuell und nicht eindeutig einer Notenstufe zuzuordnen sind.

---

[32] Vgl. LAG Düsseldorf, Urteil v. 7.1.2009, 7 Sa 1258/08, BeckRS 2009 54461.
[33] Vgl. LAG Hamm, Urteil v. 17.12.1998, 4 Sa 630/98, BB 2000, 1090.

Wie gestalten Sie das Zeugnis diskriminierungsfrei?

Bevor wir Ihnen Tipps geben für die diskriminierungsfreie Gestaltung Ihres Arbeitszeugnisses, erhalten Sie einen kurzen Überblick zu den wichtigsten Punkten des Allgemeinen Gleichbehandlungsgesetzes (AGG).

Ziel des AGG ist es, Benachteiligungen zu verhindern oder zu beseitigen. Es beinhaltet sechs Merkmale, aufgrund derer keine Benachteiligung erfolgen darf. Diese Merkmale sind:

- Rasse oder ethnische Herkunft
- Geschlecht
- Religion oder Weltanschauung
- Behinderung
- Alter
- sexuelle Identität

Überblick zum AGG

Was müssen Sie bei der Zeugniserstellung beachten?

Geht es um die Zeugniserstellung und das Zeugnisrecht, dann wird das AGG auf die Praxis voraussichtlich nur geringe Auswirkungen haben. Mit professionellen Mitteln erstellte Arbeitszeugnisse stehen im Einklang mit dem Ziel des AGG, nicht wegen der oben aufgeführten Merkmale zu benachteiligen.

Beispiel: Keine Angaben zu den Merkmalen des AGG

Zeugnisse enthalten in der Regel keine Ausführungen dazu, ob der Zeugnisempfänger z. B. serbischer Herkunft ist oder dem Islam angehört, Kommunist ist oder etwa homosexuell.

Das heißt, in Arbeitszeugnissen wurden schon bisher keine Angaben zu den oben genannten Merkmalen gemacht. Doch es gibt Ausnahmen.

Erkennbarkeit des Geschlechts und des Alters

Wenn auch das AGG eine Ungleichbehandlung aufgrund des Geschlechts verbietet, kann die Lösung nicht darin bestehen, das Geschlecht zu verbergen, indem der Vorname nicht genannt wird. Den

Keine geschlechtsbezogenen Bewertungen

29

vollständigen Namen des Zeugnisempfängers wird man weiterhin zu Identifikationszwecken angeben. Geschlechtsbezogene Bewertungen waren bisher unüblich und sie sind im Hinblick auf den Grundsatz der wohlwollenden Zeugnisformulierung wohl auch nach bisheriger Rechtslage unzulässig.

Beispiel: So sollten Sie es nicht machen

Eine Bewertung, die z. B. lautet: „Aufgrund ihres weiblichen Charmes hatte sie große Akquisitionserfolge bei unseren Kunden.", war bisher unüblich und sie sollte mit Blick auf das AGG erst recht nicht verwendet werden.

Auch das Geburtsdatum im Zeugnis, das einen Rückschluss auf das Alter zulässt, wird nicht generell unzulässig werden.

Angaben zu Behinderung oder Erkrankung

Angaben zu einer Behinderung wie auch zu einer Erkrankung waren auch bisher nur in seltenen Ausnahmefällen zulässig.

Zwischenzeugnis

Da die Regelungen des AGG auch für die Bereiche des beruflichen Aufstiegs im Unternehmen gültig sind, muss sowohl bei der Mitarbeiterbeurteilung als auch bei Zwischenzeugnissen darauf geachtet werden, dass die Bewertungen benachteiligungsfrei sind.

Siehe CD-ROM

Tipp: Nutzen Sie die Textbausteine

Ausgehend von der gefestigten Praxis der „Zeugnissprache", wie Sie sie auch hier in den Textbausteinen vorliegen haben, werden sich aber voraussichtlich keine größeren Änderungen ergeben.

Wer unterschreibt und versendet das Zeugnis?

Der Arbeitgeber muss das Zeugnis nicht selbst ausstellen

Der Arbeitgeber ist nicht verpflichtet, das Zeugnis selbst anzufertigen oder durch sein gesetzliches Vertretungsorgan erstellen zu lassen. Auch muss keiner der beiden unterschreiben. Es genügt, wenn ein dem Unternehmen angehörender Vertreter des Arbeitgebers unterzeichnet, die Zeugniserteilung durch einen Außenstehenden (z. B.

Rechtsanwalt) ist unzulässig. Im Zeugnis ist deutlich zu machen, dass dieser Vertreter dem Mitarbeiter gegenüber weisungsbefugt war.[34] Dabei sind auch das Vertretungsverhältnis und die Funktion des Unterzeichners anzugeben. Der Grund: Erstens lässt sich an der Person und dem Rang des Unterzeichnenden die Wertschätzung des Mitarbeiters ablesen. Zweitens zeugt ein kompetenter Aussteller für die Richtigkeit der im Zeugnis getroffenen Aussagen. Seinen Zweck als Bewerbungsunterlage kann das Zeugnis nur erfüllen, wenn es von einem „erkennbar Ranghöheren" ausgestellt ist. Das Vertretungsverhältnis kann mit dem Zusatz ppa. oder i. V. kenntlich gemacht werden.

Das Bundesarbeitsgericht hat in einem Urteil vom 4.10.2005 bereits entwickelte Grundsätze zum Zeugnisrecht bestätigt und präzisiert.[35]

Das BAG hat zur Unterschriftsbefugnis noch einmal bekräftigt, dass der Arbeitgeber nicht verpflichtet ist, das schriftlich zu erteilende Zeugnis selbst oder durch sein gesetzliches Vertretungsorgan zu unterschreiben. Er kann damit eine andere betriebsangehörige Person beauftragen. *Unterschriftsbefugnis*

Achtung:

Der Arbeitgeber kann die Unterschriftsbefugnis zur Unterzeichnung von Arbeitszeugnissen nicht beliebig delegieren. Aus dem Zeugnis muss sich ergeben, dass der Aussteller in der Lage ist, die Leistungen des Arbeitnehmers zu beurteilen. Der Beurteilende muss deshalb – aus dem Zeugnis ablesbar – ranghöher als der Zeugnisempfänger und ihm gegenüber weisungsberechtigt sein.

Welche Arbeitnehmer zur Unterzeichnung eines Zeugnisses in Betracht kommen, ergibt sich regelmäßig aus einem Organigramm, aus welchem die Hierarchie und die Unterstellungsverhältnisse ablesbar sind.

Ist der ranghöhere Zeugnisaussteller (z. B. Bereichsleiter) aber ausnahmsweise selbst nicht in der Lage, die fachlichen Leistungen des zu beurteilenden Arbeitnehmers (z. B. wissenschaftlicher Mitarbeiter in der Forschung) einzuschätzen, ist das Zeugnis eines wissen- *Mitunterzeichnung durch einen Fachvorgesetzten*

---

[34] Vgl. BAG Urteil v. 26.6.2001, 9 AZR 392/00, NZA 2002, 34.
[35] Vgl. BAG-Urteil v. 4.10.2005, 9 AZR 507/04, NZA 8/2006, S. 436 ff.

schaftlichen Mitarbeiters zusätzlich auch von einem wissenschaftlichen Vorgesetzten zu unterzeichnen.

Wenn das Zeugnis nicht vom gesetzlichen Vertretungsorgan unterschrieben wurde, könnte sich dem Zeugnisleser die Frage aufdrängen, weshalb es nicht wenigstens von einem wissenschaftlichen Vorgesetzten (mit-)unterzeichnet worden ist. Mit seiner Unterschrift hätte der wissenschaftliche Vorgesetzte die Verantwortung für die Richtigkeit der fachlichen Beurteilung übernommen. Ohne diese Mitunterzeichnung fehlt einem Zeugnis dann die erforderliche Überzeugungskraft, sodass unter Umständen die im Zeugnis positiv beurteilte Arbeit des wissenschaftlichen Mitarbeiters aufgrund der ersichtlich fehlenden fachlichen Beurteilungskompetenz des Ausstellers disqualifiziert und der Mitarbeiter in seinem beruflichen Fortkommen dadurch beeinträchtigt wird.

Für die Unterzeichnung ist ein dokumentenechter Stift (Tinte, Filzstift oder Kugelschreiber), nicht jedoch nur ein Bleistift, zu verwenden. Die Unterschrift selbst darf von der ansonsten geleisteten Unterschrift nicht signifikant abweichen, eine z. B. überdimensionierte oder in „Kinderschrift" geleistete Unterschrift ist nicht zulässig.[36]

Muss der Arbeitgeber das Zeugnis zusenden?

Der Mitarbeiter muss sein Zeugnis selbst abholen

Der Mitarbeiter muss sein Zeugnis selbst abholen. Wie bei allen anderen Papieren ist das Zeugnis eine Holschuld im Sinne des § 269 Abs. 2 BGB. Hält der Arbeitgeber das rechtzeitig verlangte Zeugnis jedoch nicht bis spätestens zum letzten Tag des Ablaufs der Kündigungsfrist mit den anderen Arbeitspapieren zur Abholung bereit, muss er es auf seine Gefahr und Kosten dem Mitarbeiter übersenden. Wenn der Mitarbeiter es versäumt, sein Zeugnis, das der Arbeitgeber für ihn bereithält, abzuholen, kann er vom Arbeitgeber nicht die Übersendung verlangen. Er muss es selbst abholen.

---

[36] Vgl. LAG Nürnberg, Urteil v. 3.8.2005, 4 Ta 153/05, NZA-RR 2006, 13.

Wann muss der Arbeitgeber ein Zeugnis neu erstellen?

Es kommt gelegentlich vor, dass ein ehemaliger Mitarbeiter die Neuausstellung eines inhaltlich richtigen und nicht beanstandeten Zeugnisses verlangt, weil es beschädigt oder verloren wurde. In diesen Fällen ist der Arbeitgeber aufgrund seiner nachvertraglichen Fürsorgepflicht grundsätzlich verpflichtet, auf Kosten des ehemaligen Mitarbeiters ein neues Zeugnis zu erteilen.[37]

Fürsorgepflicht des Arbeitgebers

Entscheidend ist dabei die Frage, ob dem Arbeitgeber die Neuausstellung zugemutet werden kann, weil er das Zeugnis z. B. anhand noch vorhandener Personalunterlagen ohne großen Arbeitsaufwand erneut schreiben lassen kann.

Was müssen Sie wissen, wenn es zum Rechtsstreit kommt?

Hat der Arbeitgeber den Anspruch auf Zeugniserteilung noch nicht oder nicht ordnungsgemäß erfüllt, kann der Mitarbeiter vor dem Arbeitsgericht Klage auf Ausstellung oder Berichtigung erheben. Der Klageantrag muss die Änderungswünsche enthalten. In prozessualer Hinsicht stellte das Bundesarbeitsgericht klar, dass ein Mitarbeiter aus § 109 GewO einen Anspruch auf die Erteilung eines insgesamt richtigen Zeugnisses hat. Solange das vom Arbeitgeber erteilte Zeugnis diesen Anforderungen nicht entspricht, ist der Anspruch des Mitarbeiters auf Zeugniserteilung insgesamt nicht erfüllt. Der Mitarbeiter macht dann mit seiner Zeugnisklage keine Berichtigung einzelner Mängel – vergleichbar etwa einer Sachmängelgewährleistung – geltend, sondern weiterhin den Erfüllungsanspruch auf ein insgesamt richtiges Zeugnis. Der Mitarbeiter ist im Gerichtsprozess deshalb auch nicht gehindert, den ursprünglich verlangten Zeugnisinhalt im laufenden Zeugnisrechtsstreit zu ändern oder zu ergänzen.

---

[37] Vgl. LAG Hamm, Urteil v. 17.12.1998, 4 Sa 1337/98, DB 1999, 1610.

Klage auf
Ausstellung
oder
Berichtigung
des Zeugnisses

Geht es lediglich um die Korrektur eines bereits erteilten Zeugnisses, ist im Klageantrag im Einzelnen anzugeben, was in welcher Form geändert werden soll.[38] Das Zeugnis ist dann insgesamt neu zu formulieren, wenn anderenfalls die Gefahr von Sinnentstellungen und Widersprüchlichkeiten droht.

Der Mitarbeiter
kann den
Prozess selbst
führen

Für das Verfahren vor dem Arbeitsgericht muss kein Anwalt als Prozessbevollmächtigter beauftragt werden. Der Mitarbeiter kann den Prozess selbst führen. Kommt es im Gerichtsverfahren nicht zu einer gütlichen Einigung, entscheidet das Arbeitsgericht durch Urteil über die teilweise oder vollständige Stattgabe der Klage oder ihre Abweisung. Wird der Arbeitgeber zur vollständigen oder teilweisen Korrektur des Zeugnisses entsprechend des Klageantrages verurteilt und kommt er dem Urteil nicht nach, kann dies im Wege der Zwangsvollstreckung durchgesetzt werden.

Welche Formulierungen kann der Mitarbeiter gerichtlich durchsetzen?

Ein Zeugnis muss alle wesentlichen Tatsachen und Bewertungen enthalten, die für die Beurteilung des Mitarbeiters von Bedeutung und für einen künftigen Arbeitgeber von Interesse sind. Der bisherige Arbeitgeber entscheidet allein, welche Leistungen und Eigenschaften seines Mitarbeiters er hervorheben will. Das Zeugnis muss lediglich wahr sein und darf dort keine Auslassungen aufweisen, wo der Leser eine positive Bemerkung erwartet.

Qualifizierte
Zeugnisse
müssen der
gebräuchlichen
Gliederung
entsprechen

Der Arbeitgeber muss der Verkehrssitte Rechnung tragen und auch bei qualifizierten Zeugnissen die gebräuchliche Gliederung beachten, die inzwischen weitgehend standardisiert ist. Weder Wortwahl noch Satzstellung oder Auslassungen dürfen dazu führen, dass bei Dritten der Wahrheit nicht entsprechende Vorstellungen geweckt werden. Der Arbeitgeber ist bei den Bewertungen in diesem Rahmen frei, welche Formulierungen er wählt.

Das Zeugnis darf nicht mit geheimen bzw. verschlüsselten Kennzeichen (Geheimzeichen) oder Formulierungen versehen werden, die den Zweck haben, den Mitarbeiter in einer aus dem Wortlaut des

---

[38] Vgl. LAG Düsseldorf, Urteil v. 26.2.1985, 8 Sa 1873/84, DB 1985, 2692.

Zeugnisses nicht ersichtlichen Weise zu charakterisieren (§ 109 Abs. 2 GewO). Deshalb kann der Mitarbeiter im Grunde nur die im Rahmen der Verkehrssitte üblichen Formulierungen gerichtlich durchsetzen. Standardformulierungen, die weitgehend bekannt sind, muss er hinnehmen. Er kann keine individuellen Formulierungen durchsetzen.

Was kann der Mitarbeiter vor Gericht nicht durchsetzen?

In der Praxis wird vor den Arbeitsgerichten in der Regel nicht darum gestritten, welche vom Mitarbeiter gewünschten Wertungs-Formulierungen in das Zeugnis aufzunehmen sind, sondern meistens darum, welche Formulierungen falsch, widersprüchlich oder verschlüsselt bzw. doppelbödig sind und deshalb ersatzlos gestrichen werden sollen.[39]

Falsche, widersprüchliche oder verschlüsselte Formulierungen müssen gestrichen werden

Ein Zeugnis darf nicht in sich widersprüchlich sein. Mithilfe von Widersprüchen darf auch keine Herabsetzung der Beurteilung erfolgen. Im Fall einer widersprüchlichen Formulierung muss die gesamte Formulierung, die geeignet ist, den Mitarbeiter in seiner beruflichen Karriere zu behindern, entfernt werden. Dies gilt nach der Rechtsprechung unabhängig davon, wie das Führungsverhalten des Mitarbeiters tatsächlich zu bewerten ist. Eine Ausnahme bildet die zusammenfassende Leistungs- und Führungsbeurteilung, bei der sich die Gerichte inzwischen an einem standardisierten, abgestuften Noten- und Formulierungskatalog orientieren. Hinsichtlich der Leistungs- und Führungsbeurteilung kann der Mitarbeiter ggf. eine andere Bewertung und die damit korrespondierende Formulierung gerichtlich durchsetzen.

Dem Mitarbeiter steht deshalb hinsichtlich der bewertenden Formulierungen im Zeugnis grundsätzlich nur ein „Negativanspruch" zu – er kann nur Streichungen durchsetzen. Anders ist es, wenn das Zeugnis hinsichtlich der Darstellung von Tatsachen (z. B. Qualifikationen), welche für die Beurteilung der Führung und Leistung

Negativanspruch

---

[39] Vgl. die Rechtsprechung zur „verschlüsselten Zeugnissprache", LAG Hamm, Urteil v. 17.12.1998, 4 Sa 630/98, BB 2000, 1090.

charakteristisch sind, unvollständig ist. In diesen Fällen kann der Mitarbeiter die Aufnahme in das Zeugnis auch gerichtlich durchsetzen. Die Arbeitsgerichte stellen die Wahrheit oder Unwahrheit einer Tatsache fest und nehmen zugleich auch im Hinblick auf die aus diesen Tatsachen zu ziehenden objektiven Folgerungen eine selbstständige Bewertung der Faktoren vor. In diesem Sinne sind die Gerichte dann auch befugt, die ihnen zutreffend erscheinende Zeugnisformulierung selbst zu wählen und im Urteil auszusprechen.[40]

Kann der Mitarbeiter eine Schlussformel gerichtlich durchsetzen?

In der Praxis hat es sich als üblich herausgebildet, zum Abschluss eines Endzeugnisses eine Dankes-/Bedauernsformel mit Zukunftswünschen zu verwenden. Oft wird dabei der Dank für geleistete Arbeit bzw. das Bedauern über das Ausscheiden durch die Würdigung bleibender Verdienste ergänzt. Derartige Formulierungen sind geeignet, ein Zeugnis abzurunden – ihr Fehlen wird daher oft auch negativ beurteilt.

Schlusssätze sind kein Muss

Das Bundesarbeitsgericht hat klargestellt, dass dennoch kein Rechtsanspruch auf die Aufnahme von Schlusssätzen besteht.[41] Nach Auffassung des Bundesarbeitsgerichts gehören Schlusssätze nicht zum gesetzlich geschuldeten Inhalt eines Arbeitszeugnisses; sie sind nicht Bestandteil der geschuldeten Führungs- und Leistungsbeurteilung.

Nach Auffassung des Bundesarbeitsgerichts macht das Fehlen von Schlusssätzen ein Endzeugnis nicht unvollständig; dies sei kein unzulässiges Geheimzeichen. Die Rechtsprechung zur unzulässigen Auslassung, dem „beredten Schweigen", betrifft nur den gesetzlich geschuldeten Zeugnisinhalt, d. h. die Art und Dauer der Tätigkeit sowie die Leistungs- und Führungsbeurteilung. Die Grundsätze dieser Rechtsprechung werden auf das Fehlen von Schlusssätzen nicht übertragen.

---

[40] Vgl. LAG Düsseldorf, Urteil v. 7.1.2009, 7 Sa 1258/08, BeckRS 2009 54461.
[41] Vgl. BAG Urteil v. 20.2.2001, 9 AZR 44/ 00, NZA 2001, 843.

Zwar erkennt auch das Bundesarbeitsgericht an, dass Schlusssätze nicht beurteilungsneutral sind, sondern geeignet, die objektiven Zeugnisaussagen zu Führung und Leistung des Mitarbeiters und die Angaben zum Grund der Beendigung des Anstellungsverhältnisses zu bestätigen oder zu relativieren. Aus der Tatsache, dass ein Zeugnis mit passenden Schlusssätzen aufgewertet werde, lässt sich nach Auffassung des Bundesarbeitsgerichts aber nicht folgern, dass ein Zeugnis *ohne* jede Schlussformulierung in unzulässiger Weise „entwertet" wird. Formulierung und Gestaltung des Zeugnisses obliegen dem Arbeitgeber; zu seiner Gestaltungsfreiheit gehört auch die Entscheidung, ob er das Endzeugnis um Schlusssätze anreichert. Diese Rechtsprechung des Bundesarbeitsgerichts ist umstritten. In der Schlussformulierung äußert der Arbeitgeber in der Regel nicht seine aufrichtigen Emotionen, sondern wahrt nur allgemeine Standards und Höflichkeitsformen, deren Weglassung als Distanzierung und Brüskierung des Mitarbeiters aufgefasst werden kann. Aber auch wenn man den Arbeitgeber für verpflichtet hält, in das qualifizierte Zeugnis eine bewertungsneutrale Schlussformulierung aufzunehmen, besteht ein Anspruch des Mitarbeiters jedenfalls dann nicht, wenn dem Mitarbeiter nur eine durchschnittliche Leistungs- und Verhaltensbeurteilung zusteht.[42]

Soweit Arbeitgeber Schlussformulierungen verwenden, müssen diese mit dem übrigen Zeugnisinhalt, insbesondere der Leistungs- und Führungsbewertung, schlüssig übereinstimmen. Unterlassene negative Werturteile dürfen nicht mit einer knappen und „lieblosen" Schlussformel versteckt nachgeholt werden – hier kann der Mitarbeiter eine entsprechende Korrektur auch gerichtlich durchsetzen. Das ist z. B. der Fall, wenn bei einem im Übrigen überdurchschnittlichen Zeugnisinhalt (nur) für die „Zukunft alles Gute" gewünscht wird, ohne dass auch der Dank für die vorangegangene Zusammenarbeit ausgesprochen wird.[43]

Schlusssätze müssen zur Bewertung passen

---

[42] Vgl. LAG Düsseldorf, Urteil v. 21.5.2008, 12 Sa 2008, NZA-RR 2009, 177.
[43] Vgl. LAG Köln, Urteil v. 29.2.2008, 4 Sa 1315/07, BeckRS 2008 56507.

Kann der Arbeitgeber ein Zeugnis zurückhalten?

Der Arbeitgeber hat kein Recht, das Zeugnis wegen etwaiger Gegenansprüche aus dem Anstellungsverhältnis (z. B. Rückzahlung von Fortbildungskosten) zurückzuhalten. Hier steht der dadurch möglicherweise beim Mitarbeiter verursachte Schaden nicht im Verhältnis zu den Ansprüchen des Arbeitgebers.

In welchen Fällen darf der Arbeitgeber das Zeugnis widerrufen oder ändern?

Nur wer sich in wichtigen Punkten geirrt hat, kann widerrufen

Der Widerruf eines Zeugnisses ist nur unter sehr eingeschränkten Voraussetzungen möglich. Hat sich der Arbeitgeber bei der Erstellung des Zeugnisses im Hinblick auf schwerwiegende, wesentliche Umstände geirrt, weil ihm nachträglich Tatsachen bekannt werden, die eine andere Beurteilung rechtfertigen würden und für einen zukünftigen Arbeitgeber von ausschlaggebender Bedeutung bei der Einstellungsentscheidung sein könnten[44] und es deshalb wesentliche Unrichtigkeiten enthält, kann er gegen Erteilung eines neuen Zeugnisses die Herausgabe des alten verlangen. Der Widerruf des Zeugnisses wird wirksam, wenn er dem Mitarbeiter zugeht. Deshalb sollte er aus Beweisgründen schriftlich erklärt werden.

Ein Zwischenzeugnis kann der Arbeitgeber bereits dann zurückverlangen, wenn die Beurteilung aufgrund des Verhaltens des Mitarbeiters *nach* Ausstellung nicht mehr den Tatsachen entspricht oder sich die Leistungsbeurteilung wegen nachhaltiger Mängel geändert hat.

Bewusst falsch ausgestellt Zeugnisse können nicht zurückgezogen werden

Wenn das Zeugnis allerdings bewusst falsch ausgestellt wurde, kann der Arbeitgeber im Nachhinein davon nicht mehr abrücken.[45] Das Gleiche gilt, wenn er durch Vergleich oder Urteil zu einer bestimmten Formulierung verpflichtet war. Will der Arbeitgeber trotzdem eine Änderung des Zeugnisses erreichen, muss er zunächst den Rechtstitel im Wege einer Vollstreckungsgegenklage vom Arbeitsgericht aufheben lassen. Die Beweislast für die Unrichtigkeit des Zeugnisses trägt hier der Arbeitgeber.

---

[44] Vgl. LAG Düsseldorf, Urteil v. 7.1.2009, 7 Sa 1258/08, BeckRS 2009 54461.
[45] Vgl. BAG, Urteil v. 3.3.1993, 5 AZR 182/92, DB 1993, 1624.

Die Beweislast für die Voraussetzungen des Widerrufs sowie für die Richtigkeit des neuen Zeugnisses trägt der Arbeitgeber.[46] Hat sich der Arbeitgeber dagegen in einem gerichtlichen Vergleich zur Erteilung eines Zeugnisses mit der zusammenfassenden Leistungsbeurteilung „zu meiner vollen Zufriedenheit" verpflichtet und stellt er erst danach erhebliche Leistungsmängel des Mitarbeiters fest, kann dies den Arbeitgeber zur Anfechtung des gerichtlichen Vergleiches wegen Irrtums über eine verkehrswesentliche Eigenschaft des Mitarbeiters gem. § 119 Abs. 2 BGB berechtigen. In einem solchen Fall ist dann der ursprüngliche Rechtsstreit fortzusetzen.[47]

Hat sich dagegen der Arbeitgeber in einem gerichtlichen Vergleich verpflichtet, ein Arbeitszeugnis nach einem Formulierungsvorschlag des Mitarbeiters zu erteilen, von dem er nur aus wichtigem Grund abweichen darf, dann sind Abweichungen nur möglich, soweit der Vorschlag Schreibfehler oder grammatikalische Fehler oder inhaltlich unrichtige Angaben enthält, für die der Arbeitgeber darlegungs- und beweispflichtig ist.[48] Dies gilt jedenfalls bis zur Grenze des groben und offenkundigen Rechtsmissbrauches.[49]

Haben sich Arbeitgeber und Mitarbeiter auf einen Wortlaut für das Zeugnis geeinigt und würde das Zeugnis dadurch eine objektiv unrichtige Leistungsbeurteilung beinhalten, dann liegt grundsätzlich trotz inhaltlicher Unrichtigkeit noch kein sittenwidriges Zeugnis vor. Der Arbeitgeber muss auf Verlangen des Mitarbeiters dann das Zeugnis wie vereinbart ausfertigen und kann keine Korrektur mehr vornehmen.[50]

Wie hoch sind die Kosten eines Gerichtsverfahrens?

Für die Höhe der Gerichtskosten und der Anwaltskosten kommt es auf den Gegenstandswert bzw. Streitwert an. Die Gerichtskosten sind je nach Ausgang des Verfahrens anteilig von beiden Parteien oder von einer Partei alleine zu tragen. Es entstehen keine Gerichts-

Gerichtskosten richten sich nach der Höhe des Streitwerts

---

[46] Vgl. LAG Hamm, Urteil v. 1.12.1994, 4 Sa 1540/94, LAGE Nr. 25 zu § 630 BGB.
[47] Vgl. LAG Köln, Urteil v. 7.5.2008, 9 Ta 126/08, BeckRS 2009 51879.
[48] Vgl. LAG Köln, Urteil v. 2.1.2009, 9 Ta 530/08, FD-ArbR 2009, 275948.
[49] Vgl. ArbG Berlin, Urteil v. 2.4.2008, 29 Ca 13850/07, BeckRS 2008 55724.
[50] Vgl. LAG Nürnberg, Urteil v. 16.6.2009, 7 Sa 641/08, BeckRS 2009 68723.

kosten, wenn das Verfahren ohne streitige Verhandlung durch einen im Gütetermin abgeschlossenen oder durch einen außergerichtlichen Vergleich beendet wird.

Der Gegenstandswert bei einem Zeugnisprozess um Zeugniserteilung oder Berichtigung des Zeugnisses wird in der Regel mit einem Bruttomonatsverdienst bewertet. Dagegen wird der Gegenstandswert für eine Klage auf Erteilung eines Zwischenzeugnisses regelmäßig nur mit einem halben Bruttomonatsverdienst festgesetzt.[51]

Wird ein Rechtsanwalt mit der Vertretung im Prozess beauftragt, entstehen für jede Instanz zumindest zwei Rechtsanwaltsgebühren (eine Verfahrensgebühr, eine Terminsgebühr nach unterschiedlichen Gebührensätzen auf Basis eines gesetzlichen Vergütungsverzeichnisses). Wird ein Vergleich geschlossen, kommt eine Einigungsgebühr hinzu. Zusätzlich kann der Rechtsanwalt eine Auslagenpauschale von 20 Euro beanspruchen. Zu diesen Gebühren ist die gesetzliche Umsatzsteuer hinzuzurechnen.

In der ersten Instanz vor dem Arbeitsgericht müssen die eigenen Anwaltsgebühren von jeder Partei selbst getragen werden. Dies gilt auch für den Fall des Obsiegens; die erstinstanzlichen Anwaltsgebühren im Arbeitsgerichtsverfahren werden nicht von der unterlegenen Partei ersetzt.

---

[51] Vgl. LAG Rheinland-Pfalz, Beschluss vom 25.5.2004, 2 Ta 113/04, NZA-RR 2005, 326.

Gerichtsgebühren für das arbeitsgerichtliche Verfahren

Bruttomonatsverdienst (= Streitwert) in Euro bis	1 Gerichtsgebühr (ist mit dem entsprechenden Faktor aus dem Kostenverzeichnis zu multiplizieren) in Euro	
3.000,--	89,--	Gerichts gebühren
3.500,--	97,--	
4.000,--	105,--	
4.500,--	113,--	
5.000,--	121,--	
6.000,--	136,--	
7.000,--	151,--	
8.000,--	166,--	
9.000,--	181,--	
10.000,--	196,--	
13.000,--	219,--	
16.000,--	242,--	

Anwaltsgebühren nach dem Rechtsanwaltsvergütungsgesetz (RVG)

Bruttomonatsverdienst in Euro	1,3 Verfahrensgebühr (§§ 2, 13 RVG i. V. m. Nr. 3100 RVG) (ohne MWSt.)	1,2 Terminsgebühr (§§ 2, 13 RVG i. V. m. Nr. 3104 RVG) (ohne MWSt.)	1 Einigungsgebühr (§§ 2, 13 RVG i. V. m. Nr. 1003 RVG) (ohne MWSt.)	
bis 3.000,--	245,--	226,--	189,--	Anwalts gebühren
bis 3.500,--	282,--	260,--	217,--	
bis 4.000,--	318,--	294,--	245,--	
bis 4.500,--	354,--	327,--	273,--	
bis 5.000,--	391,--	361,--	301,--	
bis 6.000,--	439,--	405,--	338,--	
bis 7.000,--	487,--	450,--	375,--	
bis 8.000,--	535,--	494,--	412,--	
bis 9.000,--	583,--	538,--	449,--	
bis 10.000,--	631,--	583,--	486,--	
bis 13.000,--	683,--	631,--	526,--	

1   Die Ablaufcheckliste: Wer muss was wann tun?

Was ist bei der Erstellung des Arbeitszeugnisses konkret zu tun? Wer ist für welche Arbeitsschritte zuständig? Und bis wann müssen die einzelnen Schritte ausgeführt worden sein?

Die Ablauf-
checkliste
finden Sie ab
Seite 45

Von der Kündigung Ihres Mitarbeiters bis hin zur Aushändigung des Zeugnisses und der Ablage von Zeugniskopien finden Sie in der Ablaufcheckliste alle notwendigen Schritte am zeitlichen Ablauf orientiert aufgelistet. So können Sie die Zeugniserstellung im Voraus planen und koordinieren. Die Ablaufcheckliste ist ebenfalls auf der CD-ROM enthalten. Sie können sie ausdrucken oder direkt an Ihrem PC weiter bearbeiten.

1.1   Wer ist an der Erstellung des Arbeitszeugnisses beteiligt?

Die Personalabteilung

Die Personalabteilung bzw. die Personalreferentin oder der Personalreferent haben den wichtigsten Part bei der Zeugniserstellung. Von hier aus wird der gesamte Ablauf gesteuert und darauf geachtet, dass fehlende Daten eingehen sowie Termine eingehalten werden. Die Personalabteilung teilt den Bewertungsbogen zum Ankreuzen aus, fordert ihn zurück, vergleicht die Daten und erstellt dann daraus das Zeugnis.

Anders sieht es aus, wenn Sie in einer kleinen Firma arbeiten, die keine/n Personalreferenten/in hat. Dann liegt die Verantwortung für das Arbeitszeugnis beim Fachvorgesetzten. In diesem Fall empfiehlt es sich, Aufgaben an den Mitarbeiter zu delegieren.

Der Fachvorgesetzte

Der Fachvorgesetzte ist vor allem gefragt, wenn es um die Zusammenstellung der Tätigkeitsbeschreibung, die Bewertung der Leistung des Mitarbeiters und um das Mitarbeitergespräch geht. Wenn es keinen Personalreferenten gibt, muss der Fachvorgesetzte dessen Aufgaben bei der Zeugniserstellung übernehmen.

Der Mitarbeiter bzw. die Mitarbeiterin

Der Mitarbeiter ist mindestens gefragt, das Zeugnis durchzusehen und Änderungen anzumelden. In etlichen Firmen (gerade in den kleinen ohne Personalabteilung) geht man dazu über, den Mitarbeiter bei der Erstellung des Zeugnisses zu beteiligen. Das ist sicherlich nicht jedermanns Sache. Und man kann dagegen einwenden, dass es die Zeugniserstellung nicht einfacher macht (viele Köche ...) und es ausreicht, wenn der Mitarbeiter das Zeugnis zuletzt durchsieht und dann seine Änderungswünsche anbringt (das ist der übliche Weg). Aber den Mitarbeiter anzufragen, einen Zeugnisentwurf oder zumindest Teile beizusteuern, kann auch eine deutliche Arbeitserleichterung für Sie bedeuten. Es kann ein Zeugnis insbesondere bei der Tätigkeitsbeschreibung plastischer und damit qualifizierter machen, weil es näher an der Praxis ist. Der Mitarbeiter hat die Möglichkeit, das Zeugnis entsprechend seinen beruflichen Plänen zu gewichten, und er wird am Ende zufriedener mit dem Zeugnis sein. Vor allem wird durch die Mitarbeiterbeteiligung möglichen späteren Auseinandersetzungen wirksam vorgebeugt.

Beteiligung des Mitarbeiters an der Zeugniserstellung

Der Geschäftsführer

Der Geschäftsführer oder der Unterschriftsberechtigte liest das Zeugnis durch und fordert eventuell noch einige kleinere Korrekturen. Wichtig aber ist, dass er das Zeugnis unterschreibt.

1.2   Zeitplanung mit der Ablaufcheckliste

Das Endzeugnis sollte ein Mitarbeiter möglichst am letzten Arbeitstag erhalten. Und da so ein Zeugnis etliche Stationen zu durchlaufen hat, bis es fertig ist, verstreicht die Zeit von der Kündigung bis zum letzten Arbeitstag schnell. Hat der Mitarbeiter außerdem noch Resturlaub oder Überstunden abzufeiern, ist dieses Ziel nur schwer zu erreichen. Damit es aber trotzdem klappt, bieten wir Ihnen eine Ablaufcheckliste an, die Sie am Ende dieses Kapitels finden.

Die Ablaufcheckliste unterstützt Sie bei der Erstellung des Arbeitszeugnisses, indem sie daran erinnert, wann welche Aufgaben und von wem zu erledigen sind. So haben Sie nicht nur die knappe Zeit im Blick, sondern können auch auf die Qualität des Zeugnisses Rücksicht nehmen und auf die positive Erfahrung des Mitarbeiters zurückgreifen. Die Ablaufcheckliste sagt Ihnen nicht nur, was wann von wem getan werden muss, sondern verweist Sie auch auf alle weiteren Checklisten und Arbeitsmittel im Buch und auf der CD-ROM, die Sie direkt einsetzen können.

So arbeiten Sie mit der Ablaufcheckliste

Drucken Sie die Ablaufcheckliste von der CD-ROM aus oder bearbeiten Sie diese direkt an Ihrem PC. Füllen Sie zunächst aus, für wen das Zeugnis erstellt wird und welche Personalreferenten und Fachvorgesetzte für die Erstellung verantwortlich sind. Bestimmen sie dann den zeitlichen Ablauf in 14 vorgegebenen Arbeitsschritten von der Kündigung Ihres Mitarbeiters bis zur Aushändigung und Archivierung des Zeugnisses. Tragen Sie dazu die einzelnen Termine rückwärts, beginnend mit dem letzten Arbeitstag des Mitarbeiters, in die Spalte oberhalb des Zeitstrahls ein. Wenn der letzte Arbeitstag der 21. Mai ist, so tragen Sie bei „eine Woche vor dem letzten Arbeitstag" den 14. Mai ein usw. Anhand des so erstellten Terminplans können Sie jederzeit überblicken, was gerade ansteht.

1.3 Arbeitsmittel: Ablaufcheckliste

Erstellung des Zeugnisses für:
Verantwortlich in der Personalabteilung ist:
Fachvorgesetzter ist:
Unterschriftsberechtigter ist:

	Was ist zu tun?	Wer macht es?	Konkret ist zu tun:	Bis wann?	o. k.?
1	Kündigung des Mitarbeiters	Arbeitgeber	Schriftliche Mitteilung durch Geschäftsführung/ Fachvorgesetzten an den Mitarbeiter		
		Mitarbeiter	Mitteilung des Mitarbeiters an Vorgesetzten oder Personalabteilung		
2	Verlangen eines Zwischen- bzw. Endzeugnisses	Mitarbeiter	Verlangen gegenüber Vorgesetztem oder Personalabteilung	sofort	
3	Wie ist der Informationsstand für die Zeugniserstellung?	Personalabteilung	Welche Informationen liegen vor? In der • Personalakte • Stellenbeschreibung	sofort	
			Erstellung einer Übersicht mit den Punkten, zu denen noch Informationen fehlen	sofort	

	Was ist zu tun?	Wer macht es?	Konkret ist zu tun:	Bis wann?	o. k.?
4	Anforderung fehlender Informationen für Zeugniserstellung	Personalabteilung	Schreiben an Fachvorgesetzten wegen Zuarbeit bei fehlenden Informationen	sofort	
5	Zusammenstellung fehlender Informationen für die Personalabteilung	Fachvorgesetzter	Übermittlung der fehlenden Informationen an die Personalabteilung	sofort	
6	ggf. Erinnerung an Fachvorgesetzten wegen Zuarbeit bei fehlenden Informationen	Personalabteilung	Erinnerung und Fristsetzung	(Termin eintragen)	
7	ggf. Bitte an Mitarbeiter, einen Zeugnisentwurf zu verfassen	Personalabteilung	Erinnerung und Fristsetzung	(Termin eintragen)	
	oder Erstellung eines ersten Zeugnisentwurfs	Personalabteilung	Abstimmung des ersten Entwurfs des Zeugnisses mit Fachvorgesetzten, ggf. Überarbeitung	drei Wochen vor Beendigungstermin	
8	Besprechung des Zeugnisentwurfs mit dem Mitarbeiter	Personalabteilung	ggf. Änderungen des Zeugnisentwurfs nach Rücksprache mit Fachvorgesetzten	zwei Wochen vor Beendigungstermin	
9	Übermittlung des Zeugnisentwurfs an Unterschriftsberechtigten zur Durchsicht	Personalabteilung	Besprechung des Zeugnisentwurfs mit Unterschriftsberechtigten	eine Woche vor Beendigungstermin	

	Was ist zu tun?	Wer macht es?	Konkret ist zu tun:	Bis wann?	o. k.?
10	Rückgabe der Endfassung des Zeugnisses an Personalabteilung zur Ausfertigung	Unterschriftsberechtigter	Mitteilung von Änderungswünschen für die Endfassung des Zeugnisses	sofort	
11	Ausfertigung des Zeugnisses	Personalabteilung	Ausdrucken des Zeugnisses auf Firmenpapier	sofort	
12	Unterzeichnung des Zeugnisses	Geschäftsführung/ Unterschriftsberechtigter	Unterzeichnung und Rückgabe an Personalabteilung	zwei Tage vor dem Beendigungstag	
13	Aushändigung des Zeugnisses zusammen mit den anderen Arbeitspapieren an Mitarbeiter	Personalabteilung	Prüfung der Laufzettel des Mitarbeiters, Übergabe der Dokumente/ Arbeitspapiere gegen Empfangsbestätigung	am letzten Tag des Anstellungsverhältniss.	
14	Ablage von Zeugniskopie und Empfangsbestätigung in der Personalakte	Personalabteilung	Ablage in der Personalakte, Schließen der Personalakte und Archivierung	sofort nach Aushändigung des Zeugnisses	

47

2 Bewertungsbogen und Begleitschreiben

Fachwissen, Weiterbildung, Auffassungsgabe – Wie schneidet Ihr Mitarbeiter in den einzelnen Bewertungskomponenten ab? Bei der Erstellung des Arbeitszeugnisses brauchen Sie Informationen aus unterschiedlichen Quellen. Sie können z. B. auf eine Stellenbeschreibung zurückgreifen oder ein Mitarbeitergespräch führen. In der Regel kennt der Fachvorgesetzte den Mitarbeiter am besten und wird die aussagekräftigste Beurteilung geben können.

Bewertungs-bogen und Begleitschrei-ben finden Sie am Ende dieses Kapitels

Am Ende dieses Kapitels finden Sie den Bewertungsbogen und ein Begleitschreiben für den Fachvorgesetzten. Mit dem Bewertungsbogen können Sie oder der Fachvorgesetzte die Fähigkeiten Ihres Mitarbeiters einschätzen und anschließend schnell und einfach das Arbeitszeugnis erstellen. Das Begleitschreiben erklärt das Vorgehen und gibt Tipps zur Bewertung.

2.1 Noten vergeben mit dem Bewertungsbogen

„Er besuchte mehrmals Seminarangebote unseres Unternehmens sowie externe Veranstaltungen, um sein Wissen stets auf dem neuesten Stand zu halten" Wer hätte gedacht, dass diese Aussage den Aspekt Weiterbildung mit der Note 5 bewertet? Die Zeugnissprache wirkt auf den Laien oftmals verwirrend, darum ist es sinnvoll, zunächst nur mit Noten zu bewerten. Dieses Vorgehen erleichtert besonders die Arbeit des Fachvorgesetzten, dessen Aufgabe es ist, die Fähigkeiten des Mitarbeiters einzuschätzen. Zu diesem Zweck geben wir Ihnen einen speziellen Bewertungsbogen für den Fachvorgesetzten an die Hand, auf dem – abgesehen von der stichwortartig auszufüllenden Tätigkeitsbeschreibung – nur noch die einzelnen Notenstufen angekreuzt werden müssen.

Sie finden den Bewertungsbogen sowohl hier im Buch, als auch auf der CD-ROM zum Ausdrucken oder zur direkten Bearbeitung an Ihrem PC. Leiten Sie diesen zum Ausfüllen an den betreffenden Vorgesetzten weiter. Sie können aber auch Ihren Mitarbeiter auffordern, sich selbst zu bewerten. Der ausgefüllte Bewertungsbogen dient Ihnen als Grundlage für die weitere Zeugnisbearbeitung.

Ein Begleitschreiben zum Bewertungsbogen, das Sie ebenfalls auf der CD-ROM finden, hilft ihm beim Ausfüllen der Liste, beschreibt das weitere Vorgehen und enthält wichtige Grundregeln und Tipps für die Bewertung.

Der Bewertungsbogen hat dieselbe Gliederung wie das Arbeitszeugnis. Mit dem Aufbau in 18 Bewertungskriterien folgt der Bewertungsbogen damit einem Urteil des Landesarbeitsgerichts Hamm – so können Sie sicher sein, dass der Fachvorgesetzte keinen der Bestandteile auslässt, die ein Zeugnis beinhalten muss. Im folgenden Abschnitt sind die wesentlichen inhaltlichen Komponenten eines qualifizierten Arbeitszeugnisses aufgeführt. Anhand einer Checkliste können Sie überprüfen, ob Sie alle Zeugnisbestandteile berücksichtigt haben.

2.2 Welche Bestandteile muss ein qualifiziertes Arbeitszeugnis enthalten?

Der Arbeitgeber hat nicht nur die Zeugnissprache, sondern auch die gebräuchliche Gliederung eines qualifizierten Zeugnisses zu beachten, da sich diese inzwischen weitgehend standardisiert hat. Dabei ist in dem einen oder anderen Punkt noch umstritten, welche Grundelemente ein qualifiziertes Zeugnis zwingend beinhalten muss. Nicht in jedem Zeugnis müssen alle Gesichtspunkte ausführlich enthalten sein. Einzelne Aspekte können auch zusammengefasst werden.

Das Landesarbeitsgericht Hamm (LAG Hamm) hat sich in der Vergangenheit intensiv und ausführlich mit Problemen des Zeugnisrechts auseinander gesetzt. Daher kommt seinen Entscheidungen im Zeugnisrecht eine gewisse Leit- und Orientierungsrolle zu.[52]

Für ein Arbeitszeugnis sind folgende Bestandteile notwendig:

- Auf dem Firmenpapier steht zunächst die Überschrift, je nachdem um was für ein Zeugnis es sich handelt: Zeugnis oder Schlusszeugnis, Zwischenzeugnis, vorläufiges Zeugnis, Ausbildungszeugnis.

- Es folgt die *Eingangsformel* mit den Personalien des Mitarbeiters, falls vorhanden dessen akademischer Titel, die Dauer des Anstellungsverhältnisses und evtl. die Vordienst- und Ausbildungszeiten und etwaige Beschäftigungsunterbrechungen.

- Nun kommt der erste große Teil, die *Tätigkeitsbeschreibung*. Hier sollen genannt werden: das Unternehmen, Branche, Aufgabengebiet; hierarchische Position, Kompetenzen und Verantwortung, Art der Tätigkeit; Berufsbild, Berufsbezeichnung, berufliche Entwicklung im Unternehmen.

Sechs Merkmale der Leistungsbeurteilung
- Im zweiten großen Teil geht es um die *Leistungsbeurteilung*: Das LAG Hamm differenziert die Leistungsbeurteilung nach sechs Merkmalen in jeweils zwei Begriffspaaren, wobei die Übergänge oft fließend und Unschärfen deshalb nicht zu vermeiden sind. Bei *Arbeitsbefähigung* (oder Können) geht es in erster Linie um die Darstellung des Fachwissens und der Fachkenntnisse und der Umsetzung des theoretischen Wissens als Einstieg in die Leistungsbeurteilung. Dabei werden in der Praxis Fachwissen und -können in der Regel gleich bewertet und hängen eng zusammen. Im Sprachgebrauch ist oft eine synonyme Verwendung der Kategorien festzustellen. *Arbeitsbereitschaft* (oder Wollen) verlangt die Bewertung des Arbeitseinsatzes, Engagements, der Initiative und der Einsatzbereitschaft des Mitarbeiters. Hier geht es z. B. um sein Interesse und seine Bereitschaft zur Weiterbildung. Mit *Arbeitsvermögen* sind Arbeitsausdauer und Belastbarkeit gemeint. Mit *Arbeitsweise* (oder Einsatz) sind Zuverlässigkeit, Selbstständigkeit und Gewissenhaftigkeit des Mitarbeiters zu bewerten. *Arbeitsergebnis* (oder Erfolg) meint Effizienz, Ökonomie

---

[52] Vgl. LAG Hamm, Urteil v. 1.12.1994, 4 Sa 1631/94, LAGE Nr. 28 zu § 630 BGB; Urteil v. 27.2.1997, 4 Sa 1691/96, NZA-RR 1998, 151 ff.

und Tempo. Unter *Arbeitserwartung* (oder Potential) versteht das LAG Hamm schließlich Auffassungsgabe, Auffassungsvermögen, Verhandlungsgeschick sowie Urteilsvermögen.

• Es sollten nun noch einige kürzere Passagen im Zeugnis benannt werden wie herausragende Erfolge (oder Ergebnisse: Patente, Verbesserungsvorschläge), falls es solche gab.

• Dann die Führungsleistung (aber nur bei Vorgesetzten) in Hinsicht auf die Motivation der Mitarbeiter, die Abteilungs- und Gruppenleistung und das Arbeitsklima.

• Nun kommt die zusammenfassende Leistungsbeurteilung (Zufriedenheitsaussage; Erwartungshaltung, Verhaltensbeurteilung), die Beurteilung der Vertrauenswürdigkeit, Verantwortungsbereitschaft (Loyalität, Ehrlichkeit, Pflichtbewusstsein, Gewissenhaftigkeit) und des

• Sozialverhaltens (Verhalten zu Vorgesetzten, Gleichgestellten, Mitarbeitern, Dritten (z. B. Kunden); mit der zusammenfassenden Führungsbeurteilung)

• Schließlich kommen die Aussagen zur Beendigungsmodalität beim Schlusszeugnis bzw. der Grund der Zeugniserteilung beim Zwischenzeugnis und die *Schlussformel* (nur beim Schlusszeugnis): Dank, Bedauern, Zukunftswünsche, Wiedereinstellungszusage/Einstellungsempfehlung.

Unter dem Text stehen dann noch Ort, Datum und Name des Ausstellers in maschinenlesbarer Form evtl. mit Vertretungszusatz und der Original-Unterschrift.

2.3   Checkliste: Inhalt des Arbeitszeugnisses

	Bestandteil	Kommentar	o.k.?
	Überschrift		
1	Einleitung		
2	Tätigkeitsbeschreibung		
3	Fachwissen und Fachkönnen	Ausbildung, Berufserfahrung, praktische Fähigkeiten, Nutzung und Anwendung des Fachwissens	
4	Besondere Fähigkeiten	relevante Fähigkeiten und Kenntnisse, die über den üblichen/erwarteten Rahmen hinausgehen	
5	Weiterbildung	Weiterbildung, Fortbildung	
6	Auffassungsgabe	logisch-analytisches Denkvermögen, Systematik, Methodik	
7	Denk- und Urteilsvermögen	Urteilsvermögen, Kreativität, Planung, Organisation	
8	Leistungsbereitschaft	Einsatzwille, Einsatzbereitschaft, Engagement, Elan, Initiative, Dynamik	
9	Belastbarkeit	Interesse, Bereitschaft zur Mehrarbeit, Stressfestigkeit	
10	Arbeitsweise	Selbstständigkeit, Schnelligkeit, Genauigkeit	
11	Zuverlässigkeit	Pflichtbewusstsein, Gewissenhaftigkeit, Vertrauenswürdigkeit, Loyalität	
12	Arbeitsergebnis	Zielerreichung, Arbeitsmenge, Arbeitsgüte, Termintreue, Qualität, Quantität, Zeitausnutzung	
13	Besondere Arbeitserfolge	herausragende Leistungen in der Projektarbeit oder besondere Ergebnisverbesserungen, Kosteneinsparungen, Innovationen, etc.	
14	Führungsfähigkeit	(nur bei Führungskräften)	
15	Soft Skills	Sozialverhalten, Anpassungsfähigkeit, Teamfähigkeit, Durchsetzungsfähigkeit	
16	Zusammenfassende Leistungsbeurteilung		
17	Persönliche Führung		
18	Beendigungsgrund	beim Zwischenzeugnis steht hier der Grund für die Erstellung des Zeugnisses	
19	Schlussformulierung		

2.4 Arbeitsmittel: Bewertungsbogen

Bewertungen für das Zeugnis von:

Tätigkeitsbeschreibung (bitte stichwortartig ausfüllen)

Fachwissen und Fachkönnen (bitte die entsprechende Note ankreuzen)

sehr gut	gut	befriedigend	ausreichend	mangelhaft	ungenügend

Besondere Fähigkeiten (bitte die entsprechende Note ankreuzen)

sehr gut	gut	befriedigend	ausreichend	mangelhaft	ungenügend

Weiterbildung (bitte die entsprechende Note ankreuzen)

sehr gut	gut	befriedigend	ausreichend	mangelhaft	ungenügend

Auffassungsgabe und Problemlösung (bitte die entsprechende Note ankreuzen)

sehr gut	gut	befriedigend	ausreichend	mangelhaft	ungenügend

Denk- und Urteilsvermögen (bitte die entsprechende Note ankreuzen)

sehr gut	gut	befriedigend	ausreichend	mangelhaft	ungenügend

Leistungsbereitschaft (bitte die entsprechende Note ankreuzen)

sehr gut	gut	befriedigend	ausreichend	mangelhaft	ungenügend

Belastbarkeit (bitte die entsprechende Note ankreuzen)

sehr gut	gut	befriedigend	ausreichend	mangelhaft	ungenügend

Arbeitsweise (bitte die entsprechende Note ankreuzen)

sehr gut	gut	befriedigend	ausreichend	mangelhaft	ungenügend

Zuverlässigkeit (bitte die entsprechende Note ankreuzen)

sehr gut	gut	befriedigend	ausreichend	mangelhaft	ungenügend

Arbeitsergebnis (bitte die entsprechende Note ankreuzen)

sehr gut	gut	befriedigend	ausreichend	mangelhaft	ungenügend

Besondere Arbeitserfolge (bitte die entsprechende Note ankreuzen)

sehr gut	gut	befriedigend	ausreichend	mangelhaft	ungenügend

Führungsfähigkeit (nur bei Führungskräften – bitte die entsprechende Note ankreuzen)

sehr gut	gut	befriedigend	ausreichend	mangelhaft	ungenügend

Soft Skills (bitte die entsprechende Note ankreuzen)

sehr gut	gut	befriedigend	ausreichend	mangelhaft	ungenügend

Zusammenfassende Leistungsbeurteilung (bitte die entsprechende Note ankreuzen)

sehr gut	gut	befriedigend	ausreichend	mangelhaft	ungenügend

Persönliche Führung (bitte die entsprechende Note ankreuzen)

sehr gut	gut	befriedigend	ausreichend	mangelhaft	ungenügend

Beendigungsgrund (bitte ankreuzen)

hat selbst gekündigt	Aufhebungsvertrag	wurde gekündigt

Schlussformulierung (bitte die entsprechende Note ankreuzen)

sehr gut	gut	befriedigend	ausreichend	mangelhaft	ungenügend

2.5 Arbeitsmittel: Begleitschreiben

Sehr geehrte/r Frau/Herr ...

Sie erhalten hier den Bewertungsbogen für das Arbeitszeugnis von Frau/Herrn ... .Meine Bitte an Sie als Fachvorgesetzter von Frau/Herrn ... ist die Bewertung für das Zeugnis vorzunehmen. Dazu möchte ich Ihnen zwei Wege vorschlagen:

Führen Sie ein Abschlussgespräch

mit Frau/Herrn ... in dem Sie unter anderem auch den Bewertungsbogen durchgehen und gemeinsam die Bewertungen vornehmen. Eine gemeinsame Bewertung steigert die Zufriedenheit des Zeugnisempfängers mit dem Zeugnis und mindert das Risiko eines gerichtlichen Prozesses.

Sie leiten dann den Bewertungsbogen an mich weiter, ich erstelle das Zeugnis und sowohl der Zeugnisempfänger als auch Sie erhalten es nochmals zur Durchsicht. In dem Abschlussgespräch ist es außerdem üblich, dem ausscheidenden Mitarbeiter Fragen zu stellen, auf die ein Mitarbeiter sonst eher zurückhaltend antworten wird, z. B. Kritik an der Firma und der Führungsweise. Durch solch ein Abschlussgespräch können Sie an wichtige Informationen für die Firma kommen.

Oder füllen Sie nur den Bewertungsbogen aus:

1. Beschreiben Sie die Tätigkeiten des Mitarbeiters und kreuzen Sie die jeweiligen Benotungen an. Beides leiten Sie bitte an mich zurück.

2. Ich erstelle das Zeugnis und lege es Ihnen zur Durchsicht vor.

3. Der Zeugnisempfänger erhält die Möglichkeit, Änderungswünsche schriftlich oder in einem Gespräch mit mir vorzubringen.

Termine:

Damit Frau/Herr ... das Zeugnis am letzten Arbeitstag erhält, bitte ich Sie, den Bewertungsbogen bis zum .... an mich zurückzugeben.

Hier noch ein paar Tipps und Grundregeln für die Bewertung:

Formulierung und Gestaltung des Zeugnisses obliegen dem Arbeitgeber.

Bewerten Sie sachlich. Lassen Sie sich möglichst nicht von der Sympathie (sowohl im Negativen wie im Positiven) leiten. Sicherlich wurden Sie selbst schon mal ungerecht bewertet.

Vergleichen Sie die Leistungen des Mitarbeiters mit denen der Kollegen.

Die beste Leistung unter sonst mangelhaften muss deswegen, weil sie die beste ist, noch lange nicht sehr gut sein.

Achten Sie darauf, dass die Bewertungen nicht allzu sehr voneinander abweichen: Die Bewertungen sollen ein stimmiges Gesamtbild ergeben.

Falls Sie Fragen haben, wenden Sie sich an mich.

Herzliche Grüße

(Unterschrift)

3 Textbausteine (männlich)

So arbeiten Sie mit den Textbausteinen

In Kapitel 5: Alle Textbausteine auf Englisch In diesem und in den beiden folgenden Kapiteln sowie auf der CD-ROM finden Sie über 2.000 vorgefertigte, rechtssichere Zeugnisformulierungen. Zusätzlich haben wir in Kapitel 5 alle Textbausteine in englischer Sprache abgedruckt.

Die Textbausteine sind Schritt für Schritt genau so angeordnet wie auf dem Bewertungsbogen, der wiederum der Gliederung des Arbeitszeugnisses entspricht. Jede Zeugniskomponente, mit Ausnahme der Tätigkeitsbeschreibung, können Sie mithilfe der Textbausteine bewerten. Dabei stehen Ihnen für jede der sechs Notenstufen jeweils fünf männliche und weibliche Formulierungsvarianten als Textbausteine zur Verfügung.

Nehmen Sie den von Ihrem Fachvorgesetzten ausgefüllten Bewertungsbogen als Vorlage und wählen Sie einfach für jeden der 18 Zeugnisbestandteile unter der entsprechenden Notenstufe jeweils eine passende Textvariante aus. Oder nutzen Sie die reichhaltige Auswahl an Sprachformeln, um das Zeugnis genau auf den Einzelfall abzustimmen.

Wenn Sie mit der CD-ROM arbeiten, öffnen Sie zuerst ein neues Textdokument. Wählen Sie anschließend den passenden Text aus der CD-Vorlage aus und kopieren Sie diesen in Ihr leeres Dokument.

Auf diese Weise setzen Sie die Bewertung nach Notenstufen schnell in ein rechtssicheres Arbeitszeugnis um und können es nun dem Mitarbeiter zur Durchsicht aushändigen.

3.1 Einleitung

a)	Herr (Name), geb. am (Datum) in (Ort), war vom (Datum) bis zum (Datum) in unserer Unternehmensgruppe tätig.
b)	Herr (Name), geb. am (Datum) in (Ort), trat am (Datum) in unser Unternehmen ein und war bis zum (Datum) als ... tätig.
c)	Herr (Name), geb. am (Datum) in (Ort), war vom (Datum) bis zum (Datum) in unserem Unternehmen tätig. Er war als ... eingesetzt.
d)	Herr (Name), geboren am (Datum) in (Ort), ist vom (Datum) bis zum (Datum) in unserem Unternehmen als ... tätig gewesen.
e)	Herr (Name), geboren am (Datum) in (Ort), war vom (Datum) bis zum (Datum) in unserem Unternehmen in verschiedenen Positionen tätig, seit (Datum) als ...

3.2   Kriterium: Fachwissen und Fachkönnen

3.2.1   Note 1

a)	Herr (Name) verfügt über ein äußerst profundes Fachwissen, das er stets effektiv und erfolgreich in der Praxis einsetzte. Dieses Fachwissen konnte er auch ohne Einschränkungen an seine Mitarbeiter weitergeben.
b)	Herr (Name) überzeugte uns durch sein auch in Nebenbereichen ausgezeichnetes Fachwissen, das er zudem immer sicher und gekonnt in der Praxis einsetzte.
c)	Herr (Name) setzte sein Fachwissen von ganz außerordentlicher Tiefe und Breite in seiner täglich anfallenden Arbeit immer sicher und sehr effizient ein.
d)	Herr (Name) verfügt über ein hervorragendes und auch in Randbereichen sehr tief gehendes Fachwissen, das er unserer Firma in höchst Gewinn bringender Weise zur Verfügung stellte.
e)	Herr (Name) verfügt über umfassende und vielseitige Fachkenntnisse, auch in Randbereichen und setzte sie stets sicher und zielgerichtet in der Praxis ein.

3.2.2 Note 2

a)	Herr (Name) verfügt über ein profundes Fachwissen, das er effektiv und erfolgreich in der Praxis einsetzte. Dieses Fachwissen konnte er gut an seine Mitarbeiter weitergeben.
b)	Herr (Name) überzeugte uns durch sein gutes Fachwissen, das er zudem sehr sicher und gekonnt in der Praxis einsetzte.
c)	Herr (Name) setzte sein bestechendes Fachwissen in seiner täglich anfallenden Arbeit sicher und effizient ein.
d)	Herr (Name) verfügt über ein auch in Randbereichen tief gehendes Fachwissen, das er unserer Firma in Gewinn bringender Weise zur Verfügung stellte.
e)	Herr (Name) verfügt über umfassende und vielseitige Fachkenntnisse, die er jederzeit sicher und zielgerichtet in der Praxis einsetzte.

Textbausteine (männlich)

59

3.2.3 Note 3

a)	Herr (Name) verfügt über ein weitreichendes Fachwissen, das er in der Praxis erfolgreich einsetzte. Diese Fachkenntnisse konnte er an seine Mitarbeiter weitergeben.
b)	Herr (Name) fand durch sein Fachwissen und seine ruhige und sichere Art, es in der Praxis einzusetzen, Anerkennung.
c)	Herr (Name) wendete sein tragfähiges Fachwissen in seiner täglich anfallenden Arbeit sicher an.
d)	Herr (Name) verfügt über ein tiefer gehendes Fachwissen, das er zum Vorteil unserer Firma einbrachte.
e)	Herr (Name) verfügt über solide Fachkenntnisse, die er sicher in der Praxis einsetzte.

3.2.4 Note 4

a)	Herr (Name) verfügt über ein in seinem Arbeitsbereich gutes Fachwissen, das er häufig in der Praxis einsetzte. Oft konnte er dieses Fachwissen an seine Mitarbeiter weitergeben.
b)	Herr (Name) fand durch sein weitreichendes Grundwissen und seine Fähigkeit, es in der Praxis einzusetzen, in Teilen der Firma Respekt.
c)	Herr (Name) wandte sein Fachwissen in seiner täglich anfallenden Arbeit an.
d)	Herr (Name) verfügt über Fachwissen, das er in unserer Firma einbrachte.
e)	Herr (Name) verfügt über ein solides Grundwissen in seinem Arbeitsbereich und setzte diese Fachkenntnisse auf zufriedenstellende Weise in der Praxis ein.

3.2.5 Note 5

a)	Herr (Name) war bemüht, sein Fachwissen weiterzuentwickeln und es in der Praxis einzusetzen.
b)	Herr (Name) war bestrebt, seine Fachkenntnisse im Gespräch mit Kollegen zu erweitern.
c)	Herr (Name) mühte sich redlich, seine Kenntnisse bei der täglichen Arbeit umzusetzen.
d)	Herr (Name) verfügt über ausreichende Grundkenntnisse, die er regelmäßig in seiner Arbeit anwendete.
e)	Herr (Name) verfügt über entwicklungsfähige Kenntnisse seines Arbeitsbereichs und setzte dieses Fachwissen im Wesentlichen sicher und zielgerichtet in der Praxis ein.

3.2.6 Note 6

a)	Herr (Name) hatte mehrere Angebote, sein Fachwissen weiterzuentwickeln, und er fand Unterstützung, um seine Kenntnisse in der Praxis zu erproben.
b)	Herr (Name) war bestrebt, seine Kenntnisse im Gespräch mit Kollegen darzulegen.
c)	Herr (Name) mühte sich, seine entwicklungsfähigen Kenntnisse bei der täglichen Arbeit umzusetzen.
d)	Herr (Name) verfügte über ausreichende Grundkenntnisse, die er des Öfteren in seiner Arbeit anwendete.
e)	Herr (Name) arbeitete immer an seinen fachlichen Grundkenntnissen und war um den Einsatz dieser Fachkenntnisse bemüht.

3.3 Kriterium: Besondere Fähigkeiten

3.3.1 Note 1

a)	Er besitzt eine außerordentlich hohe wirtschaftliche Sachkompetenz. Durch sein herausragendes unternehmerisches und strategisches Denken und Handeln erwarb er sich den höchsten Respekt der Geschäftsführung und seiner Mitarbeiter.
b)	Besonders hervorzuheben sind seine ausgezeichneten und verhandlungssicheren Kenntnisse in den Sprachen ... So war er jederzeit auch ein geschätzter Gesprächspartner für unsere internationalen Kunden und Geschäftspartner.
c)	Er verfügt über herausragende IT-Kenntnisse. Sowohl auf der Anwenderseite (Office-Produkte, Branchenlösungen) als auch bei der Neuanschaffung von Hard- und Software war er immer ein allseits geschätzter Ansprechpartner.
d)	Besonders beeindruckt haben uns seine hervorragenden rhetorischen Fähigkeiten: Sowohl bei Vertragsverhandlungen als auch bei Präsentationen/Vorträgen trat er äußerst souverän und überzeugend auf.
e)	Jederzeit überzeugte er uns durch seine außergewöhnlich stark ausgebildete Kreativität und Problemlösungsfähigkeit. Sowohl bei großen Herausforderungen (Neuproduktentwicklung) als auch bei alltäglichen Fragen (Prozessoptimierung) hatte er stets besonders kreative und schnell umsetzbare Vorschläge.
f)	Besonders hervorzuheben sind seine sehr guten Branchenkenntnisse. Jederzeit war er so ein äußerst wertvoller Ansprechpartner für Geschäftsführung, Marketing und Vertrieb.

Kriterium: Besondere Fähigkeiten

3

3.3.2 Note 2

a)	Er besitzt eine hohe wirtschaftliche Sachkompetenz. Durch sein ausgeprägtes unternehmerisches und strategisches Denken und Handeln erwarb er sich sehr großen Respekt bei der Geschäftsführung und bei seinen Mitarbeitern.
b)	Besonders hervorzuheben sind seine guten und verhandlungssicheren Kenntnisse in den Sprachen ... So war er jederzeit ein geschätzter Gesprächspartner für unsere internationalen Kunden und Geschäftspartner.
c)	Er verfügt über gute IT-Kenntnisse. Sowohl auf der Anwenderseite (Office-Produkte, Branchenlösungen) als auch bei der Neuanschaffung von Hard- und Software war er immer ein allseits geschätzter Ansprechpartner.
d)	Besonders beeindruckt haben uns seine guten rhetorischen Fähigkeiten: Sowohl bei Vertragsverhandlungen als auch bei Präsentationen/Vorträgen trat er stets souverän und überzeugend auf.
e)	Jederzeit überzeugte er uns durch seine sehr stark ausgebildete Kreativität und Problemlösungsfähigkeit. Sowohl bei großen Herausforderungen (Neuproduktentwicklung) als auch bei alltäglichen Fragen (Prozessoptimierung) hatte er stets kreative und schnell umsetzbare Vorschläge.
f)	Besonders hervorzuheben sind seine guten Branchenkenntnisse. Jederzeit war er so ein äußerst geschätzter Ansprechpartner für Geschäftsführung, Marketing und Vertrieb.

Textbausteine (männlich)

3.3.3 Note 3

a)	Er besitzt eine wirtschaftliche Sachkompetenz. Durch sein unternehmerisches und strategisches Denken und Handeln erwarb er sich großen Respekt bei der Geschäftsführung und seinen Mitarbeitern.
b)	Er besitzt solide Kenntnisse in den Sprachen ... So war er jederzeit ein geschätzter Gesprächspartner für unsere internationalen Kunden und Geschäftspartner.
c)	Er verfügt über gute IT-Kenntnisse. Sowohl auf der Anwenderseite (Office-Produkte, Branchenlösungen) als auch bei der Neuanschaffung von Hard- und Software war er ein gefragter Ansprechpartner.
d)	Hervorheben möchten wir seine rhetorischen Fähigkeiten: Sowohl bei Vertragsverhandlungen als auch bei Präsentationen/Vorträgen trat er souverän und überzeugend auf.
e)	Er überzeugte er uns durch seine solide ausgebildete Kreativität und Problemlösungsfähigkeit. Sowohl bei großen Herausforderungen (Neuproduktentwicklung) als auch bei alltäglichen Fragen (Prozessoptimierung) hatte er häufig kreative und schnell umsetzbare Vorschläge.
f)	Hervorzuheben sind seine soliden Branchenkenntnisse. Oft war er so ein geschätzter Ansprechpartner für Geschäftsführung, Marketing und Vertrieb.

3.3.4 Note 4

a)	Wir bestätigen ihm eine wirtschaftliche Sachkompetenz. Durch sein unternehmerisches Denken und Handeln erwarb er sich vor allem Respekt bei seinen Mitarbeitern.
b)	Hervorzuheben sind seine Kenntnisse in der englischen Sprache. So konnte er auf Anfrage mit unseren internationalen Geschäftspartnern sprechen.
c)	Er verfügt über zufrieden stellende IT-Kenntnisse auf der Anwenderseite (Office-Produkte, Branchenlösungen), die er jederzeit in der Praxis einsetzen konnte.
d)	Erwähnenswert sind seine rhetorischen Fähigkeiten, die er bei Vertragsverhandlungen zumeist souverän unter Beweis stellen konnte.
e)	Im Großen und Ganzen konnte er uns oft durch seine Kreativität überzeugen. Bei alltäglichen Fragen hatte er im Wesentlichen schnell umsetzbare Vorschläge.
f)	Bemerkenswert sind seine Branchenkenntnisse, die er im Laufe der Betriebszugehörigkeit auch ausbauen konnte.

Textbausteine (männlich)

3.3.5 Note 5

a)	Er war stets bemüht, seine wirtschaftliche Sachkompetenz zu entwickeln.
b)	Er bemühte sich stets, seine Kenntnisse in der englischen Sprache auszubauen, um so auch an internationalen Besprechungen teilnehmen zu können.
c)	Seine IT-Kenntnisse waren im Großen und Ganzen zufrieden stellend.
d)	Seine rhetorischen Fähigkeiten konnte er im Laufe der Zeit stark verbessern, so dass wir ihn auch bei Vertragsverhandlungen einsetzen konnten.
e)	Bemerkenswert war sein Bemühen um Kreativität.
f)	Erwähnenswert war sein Bemühen, seine Branchenkenntnisse im Laufe seiner Unternehmenszugehörigkeit immer mehr auszubauen.

3.3.6 Note 6

a)	Er war stets bemüht, seine wirtschaftliche Sachkompetenz unter Beweis zu stellen.
b)	Er bemühte sich, seine Kenntnisse in der englischen Sprache auszubauen, um so auch an internationalen Besprechungen teilnehmen zu können.
c)	Er bemühte sich stets, seine IT-Kenntnisse auszubauen.
d)	Seine rhetorischen Fähigkeiten konnte er im Laufe der Zeit stark verbessern.
e)	Bemerkenswert war sein Bemühen, uns immer wieder mit kreativen Vorschlägen zu beeindrucken.
f)	Erwähnenswert ist sein Bemühen, uns von seinen Branchenkenntnissen immer wieder zu überzeugen.

Textbausteine (männlich)

69

3.4 Kriterium: Weiterbildung

3.4.1 Note 1

a)	Zum Nutzen des Unternehmens erweiterte und aktualisierte er mit großem Gewinn seine umfassenden Fachkenntnisse durch regelmäßige Teilnahme an Weiterbildungsveranstaltungen.
b)	Besonders hervorheben möchten wir, dass er in eigener Initiative sein Fachwissen erfolgreich durch den regelmäßigen Besuch von Weiterbildungsseminaren erweiterte. Aktiv und mit sehr gutem Erfolg kümmerte er sich auch um die Fortbildung seiner Mitarbeiter.
c)	Er besuchte regelmäßig und sehr erfolgreich Weiterbildungsseminare, um seine Stärken weiter auszubauen und seine hervorragenden Fachkenntnisse zu erweitern.
d)	Hervorzuheben ist, dass er regelmäßig an den unterschiedlichsten fachbezogenen Weiterbildungsseminaren erfolgreich teilgenommen hat und immer mit neuen Impulsen die Arbeit in der Firma bereicherte.
e)	Er bildete sich stets in eigener Initiative durch den Besuch interner und externer Seminare beruflich weiter und war dabei immer sehr erfolgreich.

3.4.2 Note 2

Textbausteine (männlich)

a)	Er erweiterte und aktualisierte mit großem Gewinn seine guten Fachkenntnisse durch die Teilnahme an Weiterbildungsveranstaltungen zum Nutzen des Unternehmens.
b)	Hervorheben möchten wir, dass er sein Fachwissen mit Erfolg durch den regelmäßigen Besuch von Weiterbildungsseminaren erweiterte. Aktiv und mit gutem Erfolg kümmerte er sich auch um die Fortbildung seiner Mitarbeiter.
c)	Er besuchte regelmäßig und erfolgreich Weiterbildungsseminare, um seine Stärken auszubauen und seine guten Fachkenntnisse zu erweitern.
d)	Hervorzuheben ist, dass er regelmäßig an unterschiedlichen fachbezogenen Weiterbildungsseminaren Gewinn bringend teilgenommen hat.
e)	Er bildete sich stets aus eigener Initiative durch den Besuch interner und externer Seminare beruflich weiter und war dabei sehr erfolgreich.

3.4.3 Note 3

a)	Er erweiterte und aktualisierte mit Gewinn seine Fachkenntnisse durch die Teilnahme an Weiterbildungsveranstaltungen und nutzte so immer wieder dem Unternehmen.
b)	Hervorheben möchten wir, dass er sein Fachwissen durch den Besuch von Weiterbildungsseminaren vertiefte. Aktiv kümmerte er sich auch um die Fortbildung seiner Mitarbeiter.
c)	Er besuchte regelmäßig Weiterbildungsseminare, um seine Stärken auszubauen und seine Fachkenntnisse zu erweitern.
d)	Hervorzuheben ist, dass er regelmäßig an fachbezogenen Weiterbildungsseminaren teilgenommen hat.
e)	Er bildete sich aus eigener Initiative durch den Besuch interner und externer Seminare beruflich weiter und hatte dabei Erfolg.

3.4.4 Note 4

a)	Er erweiterte seine Kenntnisse durch die Teilnahme an Weiterbildungsveranstaltungen in Maßen.
b)	Er entwickelte sein Grundwissen, indem er fachbezogene Seminare besuchte.
c)	Er besuchte, wenn er eingeladen wurde, Weiterbildungsseminare, wodurch sein Wissen erweitert werden konnte.
d)	Er hat an einem fachbezogenen Weiterbildungsseminar teilgenommen.
e)	Er bildete sich aus eigener Initiative durch den Besuch interner und externer Seminare beruflich weiter und war dabei teilweise erfolgreich.

Textbausteine (männlich)

3.4.5 Note 5

a)	Es gelang ihm teilweise, seine Kenntnisse durch die Teilnahme an Weiterbildungsveranstaltungen in Maßen zu erweitern.
b)	Er festigte sein Grundwissen, indem er fachbezogene Seminare besuchte.
c)	Wenn er eingeladen wurde, besuchte er Weiterbildungsseminare.
d)	Er hat an einem Seminar zur beruflichen Weiterbildung teilgenommen.
e)	Er bildete sich durch den Besuch interner und externer Seminare beruflich weiter und war dabei im Großen und Ganzen erfolgreich.

3.4.6 Note 6

a)	Es gelang ihm teilweise, seine Kenntnisse durch die Teilnahme an einer Weiterbildungsveranstaltung in Maßen zu erweitern.
b)	Er war auf dem besten Wege, sein Grundwissen durch fachbezogene Seminare zu festigen.
c)	Er bemühte sich, an der beruflichen Weiterbildung teilzunehmen, zu der er eingeladen wurde.
d)	Er hat an einem Seminar zur beruflichen Weiterbildung teilgenommen.
e)	Er nahm sich den Besuch interner und externer Seminare zur beruflichen Weiterbildung vor.

Textbausteine (männlich)

75

3.5   Kriterium: Auffassungsgabe und Problemlösung

3.5.1   Note 1

a)	Aufgrund seiner präzisen Analysefähigkeiten und seiner sehr schnellen Auffassungsgabe fand er hervorragende Lösungen, die er konsequent und erfolgreich in die Praxis umsetzte.
b)	Durch seine äußerst rasche Auffassungsgabe und sein methodisches Vorgehen fand er auch für schwierige Probleme schnell eine kluge und zugleich elegante Lösung. Er hatte jederzeit einen sehr guten Überblick über die Aufgaben, die in seinem Bereich anfielen.
c)	Durch seine blitzschnelle Auffassungsgabe war Herr (Name) sofort in der Lage, neue Entwicklungen zu überschauen und Folgen präzise einzuschätzen.
d)	Durch seine ausgeprägten analytischen Denkfähigkeiten und seine sehr schnelle Auffassungsgabe hat er stets zu effektiven Lösungen gefunden, die wir Gewinn bringend einsetzen.
e)	Seine äußerst schnelle Auffassungsgabe ermöglichte es Herrn (Name), auch schwierigste Situationen sofort zu überblicken und dabei stets das Wesentliche zu erkennen.

3.5.2 Note 2

a)	Aufgrund seiner genauen Analysefähigkeiten und seiner schnellen Auffassungsgabe fand er gute Lösungen, die er konsequent und erfolgreich in die Praxis umsetzte.
b)	Die Verbindung von rascher Auffassungsgabe und gut ausgebildeter Methodik ließen ihn auftretende Probleme schnell einer eleganten Lösung zuführen. Er hatte jederzeit einen guten Überblick über die Aufgaben, die in seinem Bereich anfielen.
c)	Durch seine gute Auffassungsgabe war Herr (Name) immer in der Lage, neue Entwicklungen zu überschauen und deren Folgen einzuschätzen.
d)	Durch seine geschulte analytische Denkfähigkeit und seine schnelle Auffassungsgabe hat er effektive Lösungen gefunden, die wir mit Gewinn einsetzten.
e)	Seine sehr schnelle Auffassungsgabe ermöglichte es Herrn (Name), auch schwierige Sachverhalte sofort zu überblicken und dabei das Wesentliche zu erkennen.

3.5.3 Note 3

a)	Aufgrund seiner Fähigkeit, Situationen schnell zu erfassen und treffend zu analysieren hat er immer wieder solide Lösungen in die Praxis umsetzen können.
b)	Die Verbindung von rascher Auffassungsgabe und ausgebildeter Methodik ließen ihn auftretende Fragen einer guten Lösung zuführen. Er hatte einen guten Überblick über die Aufgaben, die in seinem Bereich anfielen.
c)	Durch seine solide Auffassungsgabe war Herr (Name) in der Lage, neue Entwicklungen zu überschauen und deren Folgen abzuschätzen.
d)	Durch sein geschultes analytisches Denkvermögen und seine schnelle Auffassungsgabe hat er effektive Lösungen gefunden, die wir mit Gewinn einsetzten.
e)	Seine schnelle Auffassungsgabe ermöglichte es Herrn (Name), auch schwierigere Sachverhalte sofort zu überblicken und dabei das Wesentliche zu erkennen.

3.5.4 Note 4

a)	Aufgrund seiner Fähigkeit, Situationen meist schnell zu erfassen und häufig trefflich zu analysieren, konnte er immer wieder Lösungen anbieten.
b)	Die Verbindung von rascher Auffassungsgabe mit geübter Methodik ermöglichte es ihm, auftretende Fragen in angemessener Zeit zu lösen.
c)	Durch seine befriedigende Auffassungsgabe war Herr (Name) in der Lage, neue Entwicklungen zu überschauen und deren Folgen einzugrenzen.
d)	Durch den häufigen Einsatz seines analytischen Denkvermögens und seiner meist raschen Auffassungsgabe hat er immer wieder Wege gefunden, die teilweise für Problemlösungen ausschlaggebend waren.
e)	Seine meist schnelle Auffassungsgabe ermöglichte es Herrn (Name), auch schwierigere Sachverhalte zu überblicken und dabei oft das Wesentliche zu erkennen.

Textbausteine (männlich)

3.5.5 Note 5

a)	Aufgrund seiner Fähigkeit, sich Problemen vorsichtig zu nähern und sie auch analytisch anzugehen, konnte er immer wieder Lösungen anbieten.
b)	Die Verbindung von rascher Auffassungsgabe und erprobter Methodik ermöglichte es ihm, auftretende Fragen mit Unterstützung seiner Vorgesetzten zu lösen.
c)	Durch seine ausreichende Auffassungsgabe war Herr (Name) häufiger in der Lage, neue Entwicklungen zu überschauen und deren Folgen einzugrenzen.
d)	Durch den gelegentlichen Einsatz seines analytischen Denkvermögens und seiner meist raschen Auffassungsgabe hat er verschiedentlich Wege gefunden, die teilweise für Problemlösungen wegweisend waren.
e)	Seine durchschnittliche Auffassungsgabe ermöglichte es Herrn (Name), auch schwierigere Sachverhalte zu überblicken und dabei mit Unterstützung seiner Vorgesetzten oft das Wesentliche zu erkennen.

3.5.6 Note 6

a)	Aufgrund seiner Bereitschaft, sich mit neuen Arbeitsbereichen zu befassen und sich ihnen auch analytisch zu nähern, hatte er immer die Möglichkeit, Lösungen anzubieten.
b)	Das Zusammentreffen von Auffassungsgabe und Methodik ermöglichte es ihm, auftretende Probleme oft rechtzeitig zu erkennen.
c)	Durch seine Auffassungsgabe war Herr (Name) verschiedentlich in der Lage, neue Entwicklungen nachzuvollziehen.
d)	Durch den Einsatz seines analytischen Denkvermögens und seine Versuche, Fragestellungen rasch aufzufassen, hat er verschiedentlich Wege gefunden, die teilweise für Problemlösungen wegweisend waren.
e)	Seine vorhandene Auffassungsgabe ermöglichte es Herrn (Name), sich zu bemühen, auch schwierigere Sachverhalte zu überblicken und dabei mit Unterstützung seiner Vorgesetzten oft das Wesentliche zu erkennen.

3.6   Kriterium: Denk- und Urteilsvermögen

3.6.1   Note 1

a)	Hervorzuheben sind seine hoch entwickelte Fähigkeit, stets konzeptionell und konstruktiv zu arbeiten, sowie seine immer präzise Urteilsfähigkeit.
b)	Durch sein konzeptionelles, kreatives und logisches Denken fand er für alle auftretenden Probleme stets ausgezeichnete Lösungen.
c)	Auch in prekären Situationen bewies er eine ganz beachtliche Weitsicht, die es ihm ermöglichte, immer zutreffend und zugleich verantwortungsvoll zu urteilen.
d)	Dank seiner stets ausgezeichneten Denkfähigkeit und seiner überaus sicheren Urteilsfähigkeit konnte er jede Problemlage brillant meistern.
e)	Durch sein ausgeprägt logisches und analytisches Denkvermögen kam Herr (Name) auch in schwierigen Situationen zu einem eigenständigen, abgewogenen und immer zutreffenden Urteil.

3.6.2 Note 2

a)	Hervorzuheben sind seine gut entwickelte Fähigkeit, konzeptionell und konstruktiv zu arbeiten, sowie seine präzise Urteilsfähigkeit.
b)	Durch sein konzeptionelles, kreatives und logisches Denken fand er für alle auftretenden Probleme ausgezeichnete Lösungen.
c)	Auch in prekären Situationen bewies er eine beachtliche Weitsicht, die es ihm ermöglichte zutreffend und verantwortungsvoll zu urteilen.
d)	Dank seiner hervorragenden Denkfähigkeit und seiner sicheren Urteilsfähigkeit konnte er jede Problemlage meistern.
e)	Durch sein logisches und analytisches Denkvermögen kam Herr (Name) auch in schwierigen Situationen zu einem eigenständigen, abgewogenen und immer zutreffenden Urteil.

Textbausteine (männlich)

83

3.6.3 Note 3

a)	Hervorzuheben sind seine befriedigend entwickelte Fähigkeit, konzeptionell und konstruktiv zu arbeiten, sowie seine Urteilsfähigkeit.
b)	Durch sein konzeptionelles, kreatives und logisches Denken fand er für alle auftretenden Probleme stets befriedigende Lösungen.
c)	Er bewies oft Weitsicht, die es ihm ermöglichte, zutreffend und verantwortungsvoll zu urteilen.
d)	Dank seiner Urteils- und Denkfähigkeit konnte er viele Problemlagen meistern.
e)	Durch sein logisches und analytisches Denkvermögen kam Herr (Name) auch in schwierigen Situationen zu einem eigenständigen, abgewogenen und zutreffenden Urteil.

3.6.4 Note 4

a)	Hervorzuheben sind seine sich entwickelnde Fähigkeit, konzeptionell und konstruktiv zu arbeiten, sowie seine Urteilsfähigkeit.
b)	Wenn er seine Fähigkeit, konzeptionell, kreativ und logisch zu denken einsetzte, fand er für auftretende Probleme auch Lösungen.
c)	Er bewies häufig Weitsicht, die es ihm ermöglichte, meist zutreffend und verantwortungsvoll zu urteilen.
d)	Dank seiner Urteils- und Denkfähigkeit fand er in manchen Problemlagen einen Ausweg.
e)	In allen ihm vertrauten Zusammenhängen konnte er sich auf seine Urteilsfähigkeit stützen.

Textbausteine (männlich)

3.6.5 Note 5

a)	Erwähnenswert ist seine Fähigkeit, im Wesentlichen konzeptionell und konstruktiv zu arbeiten.
b)	Immer wieder setzte er seine teilweise ausgeprägte Fähigkeit, konzeptionell, kreativ und logisch zu denken, ein.
c)	Er sah häufig über die Grenzen des ihm Bekannten hinaus, und gelangte so zu neuen Einschätzungen.
d)	Dank seiner Urteils- und Denkfähigkeit konnte er in vielen Problemlagen bestehen.
e)	In allen ihm vertrauten Zusammenhängen konnte er sich im Wesentlichen auf seine Urteilsfähigkeit stützen.

3.6.6 Note 6

a)	Erwähnenswert ist seine Fähigkeit, mit Kollegen zusammen konzeptionell und konstruktiv vorzugehen.
b)	Immer setzte er seine Fähigkeit ein, zentrale Aspekte einer Frage konzeptionell, kreativ und logisch anzugehen.
c)	Er sah gelegentlich über die Grenzen des ihm Bekannten hinaus, und gelangte so zu verschiedenen Einschätzungen.
d)	Dank seiner Urteils- und Denkfähigkeit konnte er in einigen Problemlagen bestehen.
e)	In allen ihm vertrauten Zusammenhängen versuchte er, sich auf seine Urteilsfähigkeit zu stützen.

3.7 Kriterium: Leistungsbereitschaft

3.7.1 Note 1

a)	Herr (Name) ist eine überdurchschnittlich engagierte Führungskraft, die ihre Aufgaben jederzeit mit voller Einsatzbereitschaft erfolgreich erfüllte.
b)	Herr (Name) erledigte seine Aufgaben mit beispielhaftem Engagement und sehr großem persönlichem Einsatz während seiner gesamten Beschäftigungszeit in unserem Unternehmen.
c)	Herr (Name) ergriff von sich aus die Initiative und setzte sich mit größter Leistungsbereitschaft für unser Unternehmen und unsere Kunden ein.
d)	Herr (Name) hat mit seinem äußerst hohen Engagement einen sehr guten Beitrag zum Erfolg unserer Produkte geleistet.
e)	Herr (Name) zeigte jederzeit hohe Eigeninitiative und identifizierte sich immer voll mit seinen Aufgaben sowie dem Unternehmen, wobei er auch durch seine große Einsatzfreude überzeugte.

3.7.2 Note 2

Textbausteine (männlich)

a)	Herr (Name) ist eine engagierte Führungskraft, die ihre Aufgaben jederzeit mit vollem Einsatz erfolgreich durchführte.
b)	Herr (Name) erledigte seine Aufgaben mit großem Engagement und persönlichem Einsatz während seiner gesamten Beschäftigungszeit in unserem Unternehmen.
c)	Herr (Name) ergriff von sich aus die Initiative und setzte sich mit großer Einsatzbereitschaft für unser Unternehmen und unsere Kunden ein.
d)	Herr (Name) hat mit seinem hohen Engagement einen guten Beitrag zum Erfolg unserer Produkte geleistet.
e)	Herr (Name) zeigte eine hohe Eigeninitiative und identifizierte sich voll mit seinen Aufgaben sowie dem Unternehmen, wobei er auch durch seine große Einsatzfreude überzeugte.

3.7.3 Note 3

a)	Herr (Name) ist eine engagierte Führungskraft, die ihre Aufgaben mit vollem Einsatz erfolgreich durchführte.
b)	Herr (Name) erledigte seine Aufgaben mit durchschnittlichem Engagement und persönlichem Einsatz während seiner gesamten Beschäftigungszeit in unserem Unternehmen.
c)	Herr (Name) ergriff selbst die Initiative und zeigte große Einsatzbereitschaft für unser Unternehmen und unsere Kunden.
d)	Herr (Name) hat mit bedeutendem Einsatzwillen immer wieder solide Beiträge zum Erfolg unserer Produkte geleistet.
e)	Herr (Name) zeigte Eigeninitiative und identifizierte sich mit seinen Aufgaben sowie dem Unternehmen, wobei er auch durch seine Einsatzfreude überzeugte.

3.7.4 Note 4

a)	Herr (Name) ist eine grundsätzlich engagierte Führungskraft, die ihre Aufgaben mit großer Leistungsbereitschaft durchführte.
b)	Herr (Name) erledigte seine Aufgaben und zeigte dabei Engagement und persönlichen Einsatz während seiner gesamten Beschäftigungszeit in unserem Unternehmen.
c)	Herr (Name) ergriff selbst die Initiative und zeigte Einsatzbereitschaft für unser Unternehmen und unsere Kunden.
d)	Herr (Name) hat mit Einsatzwillen immer wieder Beiträge zum Erfolg unserer Produkte geleistet.
e)	Herr (Name) zeigte Eigeninitiative und identifizierte sich mit seinen Aufgaben sowie dem Unternehmen, wobei er auch bezüglich seiner Einsatzfreude unsere Erwartungen erfüllen konnte.

3.7.5 Note 5

a)	Herr (Name) ist eine zumeist engagierte Führungskraft, die ihre Aufgaben mit großer Bereitschaft, viel zu leisten, durchführte.
b)	Herr (Name) erledigte im Wesentlichen seine Aufgaben und zeigte dabei oft Engagement und persönlichen Einsatz.
c)	Herr (Name) konnte auch aus eigener Initiative Einsatzbereitschaft für unser Unternehmen und unsere Kunden entwickeln.
d)	Herr (Name) hat häufig mit großem Einsatz Beiträge zum Erfolg unserer Produkte erbracht.
e)	Herr (Name) zeigte im Großen und Ganzen genügend Eigeninitiative und identifizierte sich mit seinen Aufgaben sowie dem Unternehmen, wobei er auch bezüglich seiner Einsatzfreude unsere Erwartungen im Wesentlichen erfüllen konnte.

3.7.6 Note 6

a)	Herr (Name) war darauf bedacht, seine Aufgaben mit großem Engagement durchzuführen.
b)	Herr (Name) erledigte im Wesentlichen seine Aufgaben mit Unterstützung seines Vorgesetzten und zeigte dabei auch Engagement und persönlichen Einsatz.
c)	Herr (Name) hat Absprachen über seine Einsatzbereitschaft häufig gegenüber unserer Firma und unseren Kunden eingehalten.
d)	Herr (Name) hat häufig seinen Willen gezeigt, Beiträge zum Erfolg unserer Produkte zu erbringen.
e)	Herr (Name) bemühte sich im Großen und Ganzen um Eigeninitiative und identifizierte sich mit seinen Aufgaben sowie dem Unternehmen, wobei er auch bezüglich seiner Einsatzfreude unsere Erwartungen im Großen und Ganzen erfüllen konnte.

3.8 Kriterium: Belastbarkeit

3.8.1 Note 1

a)	Auch in Stresssituationen erzielte er sehr gute Leistungen in qualitativer und quantitativer Hinsicht und war auch stärkstem Arbeitsanfall immer gewachsen.
b)	Er war ein äußerst belastbarer Mitarbeiter, der die hohen Anforderungen seiner wichtigen Position auch unter schwierigen Umständen und hohem Termindruck sehr gut meisterte.
c)	Auch unter schwierigsten Arbeitsbedingungen bewältigte er alle Aufgaben in hervorragender Weise.
d)	Auch unter schwierigsten Arbeitsbedingungen und stärkster Belastung erfüllte er unsere Erwartungen in bester Weise.
e)	Auch unter stärkster Belastung behielt er die Übersicht, handelte überlegt und bewältigte alle Aufgaben in hervorragender Weise.

3.8.2 Note 2

a)	Auch unter starker Belastung behielt er die Übersicht, handelte überlegt und bewältigte alle Aufgaben in guter Weise.
b)	Er war immer ein belastbarer Mitarbeiter, seine Arbeitsqualität war auch bei wechselnden Anforderungen immer gut.
c)	Auch unter schwierigen Arbeitsbedingungen bewältigte er alle Aufgaben in guter Weise.
d)	Auch unter schwierigen Arbeitsbedingungen und starker Belastung erfüllte er unsere Erwartungen in guter Weise.
e)	Auch unter starker Belastung erfüllte er unsere Erwartungen in guter Weise.

Textbausteine (männlich)

95

3.8.3 Note 3

a)	Auch starkem Arbeitsanfall war er gewachsen.
b)	Auch unter schwierigen Arbeitsbedingungen und starker Belastung erfüllte er unsere Erwartungen in zufrieden stellender Weise.
c)	Auch unter starker Belastung behielt er die Übersicht, handelte überlegt und bewältigte alle Aufgaben in zufrieden stellender Weise.
d)	Er zeigte sich auch bei der Bewältigung neuer Aufgabenbereiche flexibel und aufgeschlossen.
e)	Er war ein belastbarer Mitarbeiter, seine Arbeitsqualität war auch bei wechselnden Anforderungen zufrieden stellend.

3.8.4 Note 4

a)	Dem üblichen Arbeitsanfall war er gewachsen.
b)	Auch unter erschwerten Arbeitsbedingungen und starker Belastung erfüllte er unsere Erwartungen in zufrieden stellender Weise.
c)	Auch unter starker Belastung behielt er die Übersicht, handelte überlegt und bewältigte die wesentlichen Aufgaben in zufrieden stellender Weise.
d)	Er passte sich neuen Arbeitssituationen an.
e)	Auch unter schwierigen Arbeitsbedingungen und starker Belastung erfüllte er unsere Erwartungen im Wesentlichen in zufrieden stellender Weise.

Textbausteine (männlich)

3.8.5 Note 5

a)	Er war stets bemüht, den üblichen Arbeitsanfall zu bewältigen.
b)	Auch unter erschwerten Arbeitsbedingungen und starker Belastung erfüllte er unsere Erwartungen im Großen und Ganzen in zufrieden stellender Weise.
c)	Auch unter starker Belastung behielt er meistens die Übersicht, handelte überlegt und bewältigte die wesentlichen Aufgaben in zufrieden stellender Weise.
d)	Er hielt sich auch bei starkem Arbeitsanfall im Großen und Ganzen an zeitliche Vorgaben.
e)	Er passte sich den Arbeitssituationen meist ohne Schwierigkeiten an.

3.8.6 Note 6

a)	Er war bemüht, den üblichen Arbeitsanfall zu bewältigen.
b)	Auch unter erschwerten Arbeitsbedingungen und starker Belastung bemühte er sich, unsere Erwartungen im Großen und Ganzen zu erfüllen.
c)	Auch unter starker Belastung versuchte er meistens, die Übersicht zu behalten, überlegt zu handeln und die wesentlichen Aufgaben zu bewältigen.
d)	Er war bestrebt, sich den Arbeitssituationen anzupassen.
e)	Auch bei starkem Arbeitsanfall war er bemüht, gute Arbeitsergebnisse zu erzielen.

3.9 Kriterium: Arbeitsweise

3.9.1 Note 1

a)	Stets arbeitete Herr (Name) äußerst umsichtig, sehr gewissenhaft und genau. Seine Vorgehensweise war sehr gut durchdacht und praxisgerecht.
b)	Jederzeit war das Vorgehen von Herrn (Name) sehr gut geplant, äußerst zügig und ergebnisorientiert.
c)	Immer arbeitete Herr (Name) äußerst zügig, ergebnisorientiert und präzise.
d)	In allen Situationen handelte Herr (Name) außerordentlich verantwortungsbewusst, zielorientiert und gewissenhaft.
e)	In allen Situationen handelte Herr (Name) mit sehr großer Umsicht und Zielorientierung.

3.9.2 Note 2

a)	Stets arbeitete Herr (Name) sehr umsichtig, gewissenhaft und genau. Seine Vorgehensweise war gut durchdacht und praxisgerecht.
b)	Jederzeit war das Vorgehen von Herrn (Name) gut geplant, zügig und ergebnisorientiert.
c)	Immer arbeitete Herr (Name) sehr zügig, ergebnisorientiert und präzise.
d)	In allen Situationen handelte Herr (Name) sehr verantwortungsbewusst, zielorientiert und gewissenhaft.
e)	In allen Situationen handelte Herr (Name) mit großer Umsicht und Zielorientierung.

3.9.3 Note 3

a)	Bei der Erledigung seiner Aufgaben arbeitete Herr (Name) umsichtig, gewissenhaft und genau.
b)	Bei der Erledigung seiner Aufgaben ging Herr (Name) planvoll, systematisch und ergebnisorientiert vor.
c)	Bei der Erledigung seiner Aufgaben ging Herr (Name) zügig und dabei ergebnisorientiert und präzise vor.
d)	Bei der Erledigung seiner Aufgaben handelte Herr (Name) verantwortungsbewusst, zielorientiert und gewissenhaft.
e)	Bei der Erledigung seiner Aufgaben handelte Herr (Name) mit Umsicht und Zielorientierung.

3.9.4 Note 4

a)	Grundsätzlich arbeitete Herr (Name) umsichtig, gewissenhaft und genau.
b)	Im Allgemeinen ging Herr (Name) planvoll, systematisch und ergebnisorientiert vor.
c)	Prinzipiell war das Vorgehen von Herrn (Name) zügig, ergebnisorientiert und präzise.
d)	Generell agierte Herr (Name) verantwortungsbewusst, zielorientiert und gewissenhaft.
e)	Herr (Name) bewältigte grundsätzlich seine Aufgaben mit Sorgfalt und Genauigkeit.

Textbausteine (männlich)

3.9.5 Note 5

a)	In den meisten Fällen arbeitete Herr (Name) umsichtig, gewissenhaft und genau.
b)	Vorwiegend ging Herr (Name) planvoll, systematisch und ergebnisorientiert vor.
c)	Größtenteils war das Vorgehen von Herrn (Name) zügig, ergebnisorientiert und präzise.
d)	Meistens agierte Herr (Name) im Großen und Ganzen verantwortungsbewusst, zielorientiert und gewissenhaft.
e)	Herr (Name) erledigte die ihm anvertrauten Aufgaben zumeist sorgfältig und genau.

3.9.6 Note 6

a)	Er bemühte sich, umsichtig, gewissenhaft und genau zu arbeiten.
b)	Immer versuchte Herr, planvoll, systematisch und ergebnisorientiert vorzugehen.
c)	Herr (Name) war bestrebt, zügig, ergebnisorientiert und präzise zu arbeiten.
d)	Im Großen und Ganzen versuchte er, verantwortungsbewusst, zielorientiert und gewissenhaft vorzugehen.
e)	Herr (Name) war meist in der Lage, seine Aufgaben mit Engagement und Eigeninitiative zu erfüllen.

3.10 Kriterium: Zuverlässigkeit

3.10.1 Note 1

a)	Vertrauenswürdigkeit und absolute Zuverlässigkeit zeichneten seinen Arbeitsstil jederzeit aus.
b)	Er zeichnete sich stets durch seine außerordentliche Verlässlichkeit aus.
c)	Er arbeitete absolut zuverlässig und sehr genau.
d)	Er überzeugte stets durch seine sehr hohe Zuverlässigkeit.
e)	Er war in besonders hohem Maße zuverlässig.

3.10.2 Note 2

a)	Vertrauenswürdigkeit und Zuverlässigkeit zeichneten seinen Arbeitsstil aus.
b)	Er zeichnete sich stets durch seine hohe Verlässlichkeit aus.
c)	Er arbeitete stets zuverlässig und sehr genau.
d)	Er überzeugte durch seine sehr hohe Zuverlässigkeit.
e)	Er war in hohem Maße zuverlässig.

Textbausteine (männlich)

3.10.3 Note 3

a)	Vertrauenswürdigkeit und Zuverlässigkeit prägten sein Arbeiten.
b)	Er zeigte eine hohe Verlässlichkeit.
c)	Er arbeitete zuverlässig und genau.
d)	Er bewies Zuverlässigkeit und war vertrauenswürdig.
e)	Er war immer zuverlässig.

3.10.4 Note 4

a)	Er erwies sich in entscheidenden Situationen als zuverlässig.
b)	Er konnte durch seine Zuverlässigkeit in entscheidenden Situationen überzeugen.
c)	Er war verlässlich.
d)	Er zeichnete sich durch seine Zuverlässigkeit in einigen wichtigen Situationen aus.
e)	Er bearbeitete die wichtigsten Aufgaben mit großer Zuverlässigkeit und Sorgfältigkeit.

Textbausteine (männlich)

3.10.5 Note 5

a)	Er erwies sich in den entscheidenden Situationen im Großen und Ganzen als zuverlässig.
b)	Er konnte durch seine hohe Zuverlässigkeit in den entscheidenden Situationen im Großen und Ganzen überzeugen.
c)	Er war in den meisten Fällen verlässlich.
d)	Er zeichnete sich durch seine Verlässlichkeit in einigen Situationen aus.
e)	Er bewältigte die entscheidenden Aufgabengebiete in der Regel zuverlässig.

3.10.6 Note 6

a)	Er bemühte sich stets, zuverlässig zu sein.
b)	Er war um ein zuverlässiges Vorgehen immer sehr bemüht.
c)	Er war stets bereit, zuverlässige Mitarbeiter anzuerkennen.
d)	Er versuchte immer, unseren Anforderungen in Bezug auf die erwartete Zuverlässigkeit gerecht zu werden.
e)	Er bemühte sich stets, seine Aufgaben sorgfältig zu erfüllen.

Textbausteine (männlich)

3.11 Kriterium: Arbeitsergebnis

3.11.1 Note 1

a)	Selbst für schwierigste Problemstellungen fand und realisierte er sehr effektive Lösungen und kam daher immer zu ausgezeichneten Arbeitsergebnissen.
b)	Auch für schwierigste Problemstellungen fand Herr (Name) sehr effektive Lösungen, die er jederzeit erfolgreich in die Praxis umsetzte, wodurch er sehr gute Resultate erzielte.
c)	In allen Situationen erzielte Herr (Name) ausgezeichnete Arbeitsergebnisse.
d)	Auch für unvorhergesehene Probleme fand Herr (Name) sehr wirksame Lösungsansätze, die er stets erfolgreich in die Praxis umsetzte.
e)	Die Qualität seiner Arbeitsergebnisse lag, auch bei schwierigen Arbeiten, objektiven Problemhäufungen sowie unter Termindruck, sehr weit über unseren Anforderungen.

3.11.2 Note 2

a)	Selbst für schwierige Problemstellungen fand und realisierte er sehr effektive Lösungen und kam daher zu guten Arbeitsergebnissen.
b)	Auch für schwierige Problemstellungen fand Herr (Name) effektive Lösungen, die er erfolgreich in die Praxis umsetzte, wodurch er stets gute Resultate erzielte.
c)	In allen Situationen erzielte Herr (Name) gute Arbeitsergebnisse.
d)	Auch für unvorhergesehene Probleme fand Herr (Name) wirksame Lösungsansätze, die er erfolgreich in die Praxis umsetzte.
e)	Die Qualität seiner Arbeitsergebnisse lag, auch bei schwierigen Arbeiten, objektiven Problemhäufungen sowie unter Termindruck, deutlich über unseren Anforderungen.

Textbausteine (männlich)

3.11.3 Note 3

a)	Für Problemstellungen fand und realisierte Herr (Name) brauchbare Lösungen und kam stets zu zufrieden stellenden Arbeitsergebnissen.
b)	Auch für schwierigere Problemstellungen fand Herr (Name) effektive Lösungen, die er in die Praxis umsetzte, wodurch er stets sehr solide Resultate erzielte.
c)	In allen Situationen erzielte Herr (Name) zufriedenstellende Arbeitsergebnisse.
d)	Auch für unvorhergesehene Probleme fand Herr (Name) sehr zufriedenstellende Lösungsansätze, die er auch in die Praxis umsetzte.
e)	Die Qualität seiner Arbeitsergebnisse lag, auch bei schwierigen Arbeiten, objektiven Problemhäufungen sowie unter Termindruck, deutlich über unseren Anforderungen.

3.11.4 Note 4

a)	Für Problemstellungen fand und realisierte Herr (Name) Lösungen und kam zu zufrieden stellenden Arbeitsergebnissen.
b)	Für Problemstellungen fand Herr (Name) Lösungen, die er in die Praxis umsetzte, wodurch er solide Resultate erzielte.
c)	In den entscheidenden Situationen erzielte Herr (Name) zufrieden stellende Arbeitsergebnisse.
d)	Auch für unvorhergesehene Probleme fand Herr (Name) Lösungsansätze, die er in der Regel erfolgreich in die Praxis umsetzte.
e)	Herrn (Name)s Arbeitsqualität entsprach unseren Anforderungen.

3.11.5 Note 5

a)	Für einfache Problemstellungen fand und realisierte Herr (Name) Lösungen und kam im Großen und Ganzen zu brauchbaren Arbeitsergebnissen.
b)	Für einfache Problemstellungen fand Herr (Name) Lösungen, die er oft auch in die Praxis umsetzte, wodurch er im Großen und Ganzen solide Resultate erzielte.
c)	In den meisten Situationen erzielte Herr (Name) im Großen und Ganzen solide Arbeitsergebnisse.
d)	Auch bei unvorhergesehenen Problemen arbeitete Herr (Name) an Lösungsansätzen, die wir in die Praxis umsetzen konnten.
e)	Herrn (Name)s Arbeitsqualität entsprach im Großen und Ganzen unseren Anforderungen.

3.11.6 Note 6

a)	Für einfache Problemstellungen suchte Herr (Name) Lösungen, so dass er im Großen und Ganzen zu brauchbaren Arbeitsergebnissen kam.
b)	Für einfache Problemstellungen suchte Herr (Name) Lösungen, deren Umsetzung in die Praxis er anstrebte, wodurch er im Großen und Ganzen Resultate im Rahmen unserer Erwartungen erzielte.
c)	In den meisten Situationen bemühte sich Herr (Name) um solide Arbeitsergebnisse.
d)	Auch bei unvorhergesehenen Problemen arbeitete Herr (Name) an Lösungsansätzen, deren Umsetzung in die Praxis er anstrebte.
e)	Herrn (Name)s Arbeitsqualität entsprach meistens unseren Anforderungen.

3.12 Kriterium: Besondere Arbeitserfolge

3.12.1 Note 1

a)	Im Laufe seiner Unternehmenszugehörigkeit hat er viele wichtige Projekte mit sehr großem Erfolg geleitet. Durch sein überaus systematisches Vorgehen und seinen sehr kooperativen Führungsstil konnte er seine Projekte stets mit sehr hoher Zuverlässigkeit sowie zeitplan- und budgetgerecht abschließen.
b)	Jederzeit hatte er mit außerordentlichem Erfolg unsere wirtschaftlichen Belange im Blick. So konnte er mit seiner Abteilung stets die höchsten Deckungsbeiträge im Unternehmen erreichen. Besonders hervorheben möchten wir, dass er in der Sparte ... ein Umsatzwachstum von 20 Prozent in zwei Jahren verwirklichte.
c)	Er verwirklichte in seiner Abteilung unter anderem einen ausgezeichneten neuen Produktionsprozess, der die Herstellungsdauer um 20 Prozent verkürzte und es uns ermöglichte, regelmäßig vor der Konkurrenz auf dem Markt zu sein.
d)	Wir verdanken ihm insbesondere den derzeitigen technischen Spitzenstand unserer Produkte und unsere Vormachtsstellung auf dem Markt. Sein besonderer Verdienst liegt darin, unsere Produktentwicklungen stets sehr erfolgreich vorangetrieben und dabei auch jederzeit den Sinn für das wirtschaftlich Machbare beachtet zu haben.
e)	Besonders hervorzuheben sind seine exzellenten Erfolge im Krisenmanagement. So konnte er zum Beispiel während der letzten Rohstoffkrise mit sehr viel Geschick und hohem Verantwortungsbewusstsein sowohl unsere externen Partner (Lieferanten, Banken) als auch unsere Belegschaft davon überzeugen, weiterhin vertrauensvoll mit uns zusammenzuarbeiten.

3.12.2 Note 2

a)	Im Laufe seiner Unternehmenszugehörigkeit hat er wichtige Projekte mit großem Erfolg geleitet. Durch sein systematisches Vorgehen und seinen kooperativen Führungsstil konnte er seine Projekte stets mit großer Zuverlässigkeit sowie zeitplan- und budgetgerecht abschließen.
b)	Jederzeit hatte er mit großem Erfolg unsere wirtschaftlichen Belange im Blick. So konnte er mit seiner Abteilung mehrfach die höchsten Deckungsbeiträge im Unternehmen erreichen. Besonders hervorheben möchten wir, dass er in der Sparte … ein Umsatzwachstum von 20 Prozent in zwei Jahren verwirklichte.
c)	Er verwirklichte in seiner Abteilung unter anderem einen sehr rentablen neuen Produktionsprozess, der die Herstellungsdauer um 20 Prozent verkürzte und es uns ermöglichte, regelmäßig vor der Konkurrenz auf dem Markt zu sein.
d)	Wir verdanken ihm insbesondere den derzeitigen technischen Spitzenstand unserer Produkte und unsere Vormachtsstellung auf dem Markt. Sein besonderer Verdienst liegt darin, unsere Produktentwicklungen stets erfolgreich vorangetrieben und dabei auch jederzeit den Sinn für das wirtschaftlich Machbare beachtet zu haben.
e)	Besonders hervorzuheben sind seine sehr guten Erfolge im Krisenmanagement. So konnte er zum Beispiel während der letzten Rohstoffkrise mit viel Geschick und hohem Verantwortungsbewusstsein sowohl unsere externen Partner (Lieferanten, Banken) als auch unsere Belegschaft davon überzeugen, weiterhin vertrauensvoll mit uns zusammenzuarbeiten.

Textbausteine (männlich)

3.12.3   Note 3

a)	Im Laufe seiner Unternehmenszugehörigkeit hat er wichtige Projekte mit Erfolg geleitet. Durch sein systematisches Vorgehen und seinen kooperativen Führungsstil konnte er seine Projekte zeitplan- und budgetgerecht abschließen.
b)	Unsere wirtschaftlichen Belange behielt er im Blick. So konnte er mit seiner Abteilung mehrfach positiv zum Unternehmenserfolg beitragen.
c)	Durch die Umsetzung eines neuen Produktionsprozesses gelang es ihm, die Herstellungsdauer unserer Produkte zu verkürzen.
d)	Wir bestätigen ihm gern einen wichtigen Anteil an dem derzeitigen technischen Spitzenstand unserer Produkte und unserer Vormachtsstellung auf dem Markt.
e)	Besonders hervorzuheben sind seine Erfolge im Krisenmanagement. So konnte er zum Beispiel während der letzten Rohstoffkrise dazu betragen, dass unsere externen Partner (Lieferanten, Banken) weiterhin vertrauensvoll mit uns zusammenzuarbeiten.

120

3.12.4 Note 4

a)	Im Laufe seiner Unternehmenszugehörigkeit konnte er einige Projekte mit Erfolg leiten. Durch sein systematisches Vorgehen und seinen kooperativen Führungsstil konnte er diese überwiegend zeitplan- und budgetgerecht abschließen.
b)	Im Großen und Ganzen hatte er die wirtschaftlichen Belange seiner Firma im Blick. So arbeitete er mit seiner Abteilung zumeist rentabel.
c)	Durch die Umsetzung eines neuen Produktionsprozesses trug er dazu bei, dass wir die Herstellungsdauer unserer Produkte verkürzen konnten.
d)	Durch seine aktive Unterstützung bei unseren Produktentwicklungen können wir ihm durchaus einen Anteil an dem derzeitigen technischen Spitzenstand unserer Produkte und unserer Vormachtsstellung auf dem Markt bescheinigen.
e)	Hervorzuheben waren seine Bemühungen im Krisenmanagement. So konnte er zum Beispiel während der letzten Rohstoffkrise dazu betragen, dass unsere externen Partner (Lieferanten, Banken) weiterhin vertrauensvoll mit uns zusammenarbeiteten.

3.12.5   Note 5

a)	Im Laufe seiner Unternehmenszugehörigkeit konnten wir ihm einige Projekte anvertrauen, die er überwiegend zeitplan- und budgetgerecht abgeschlossen hat.
b)	Er bemühte sich stets, auch die wirtschaftlichen Belange seiner Firma im Blick zu behalten, um rentabel zu arbeiten.
c)	Durch die Umsetzung eines neuen Produktionsprozesses beabsichtigte er, die Herstellungsdauer unserer Produkte zu verkürzen.
d)	Durch seine Unterstützung bei unseren Produktentwicklungen können wir ihm durchaus einen Anteil an dem derzeitigen technischen Spitzenstand unserer Produkte und unserer Vormachtsstellung auf dem Markt bescheinigen.
e)	Hervorzuheben waren seine Bemühungen im Krisenmanagement. So konnte er zum Beispiel während der letzten Rohstoffkrise dazu beitragen, dass sowohl unsere externen Partner (Lieferanten, Banken) als auch unsere Belegschaft weiterhin mit uns zusammenarbeiten.

3.12.6 Note 6

a)	Im Laufe seiner Unternehmenszugehörigkeit konnten wir ihn an einigen Projekten beteiligen, die auch überwiegend zeitplan- und budgetgerecht abgeschlossen wurden.
b)	Er bemühte sich in der Regel, auch die wirtschaftlichen Belange seiner Firma im Blick zu behalten, um rentabel zu arbeiten.
c)	Durch seine Mitarbeit trug er dazu bei, dass wir die Herstellungsdauer unserer Produkte verkürzen konnten.
d)	Durch seine Mithilfe bei unseren Produktentwicklungen können wir ihm durchaus einen kleinen Anteil an dem derzeitigen technischen Spitzenstand unserer Produkte und unserer Vormachtsstellung auf dem Markt bescheinigen.
e)	Erwähnenswert waren seine Bemühungen im Krisenmanagement. So versuchte er zum Beispiel während der letzten Rohstoffkrise dazu beizutragen, dass sowohl unsere externen Partner (Lieferanten, Banken) als auch unsere Belegschaft weiterhin mit uns zusammenarbeiten.

3.13 Kriterium: Führungsfähigkeit

3.13.1 Note 1

a)	Seine Mitarbeiter motivierte und überzeugte er durch einen kooperativen Führungsstil. Herr (Name) war als Vorgesetzter jederzeit voll anerkannt, wobei sein Team unsere hohen Erwartungen nicht nur erfüllte, sondern oftmals sogar übertraf.
b)	Aufgrund seines kooperativen, sach- und personenbezogenen Führungsstils wurde Herr (Name) von seinen Mitarbeiterinnen und Mitarbeitern, die unter seiner Anleitung jederzeit hervorragende Leistungen erzielten, stets sehr anerkannt und respektiert. Herr (Name) informierte sein Team, regte Weiterbildungsmaßnahmen an und delegierte Aufgaben sowie Verantwortung sinnvoll.
c)	Er überzeugte seine Mitarbeiterinnen und Mitarbeiter und förderte sehr erfolgreich die Zusammenarbeit. Herr (Name) informierte sein Team, regte Weiterbildungsmaßnahmen an, delegierte Aufgaben und Verantwortung sinnvoll und erreichte so ein sehr hohes Abteilungsergebnis.
d)	Er motivierte sein Team durch einen kooperativen, sach- und personenbezogenen Führungsstil sowie anhand gemeinsam vereinbarter, klarer Zielvorgaben zu anhaltend sehr guten Ergebnissen, wobei er als Vorgesetzter jederzeit sehr respektiert wurde.
e)	Er motivierte sein Team durch einen straffen Führungsstil und klare Zielvorgaben zu anhaltend sehr guten Ergebnissen, wobei er als Vorgesetzter jederzeit sehr respektiert wurde.

3.13.2 Note 2

a)	Seine Mitarbeiter motivierte und überzeugte er durch einen kooperativen Führungsstil. Herr (Name) war als Vorgesetzter sehr anerkannt, und er erfüllte mit seinem Team unsere hohen Erwartungen bestens.
b)	Aufgrund seines kooperativen, sach- und personenbezogenen Führungsstils wurde Herr (Name) von seinen Mitarbeiterinnen und Mitarbeitern, die unter seiner Anleitung jederzeit hervorragende Leistungen erzielten, stets sehr anerkannt und respektiert. Herr (Name) informierte sein Team, regte Weiterbildungsmaßnahmen an und delegierte Aufgaben sowie Verantwortung sinnvoll.
c)	Er überzeugte seine Mitarbeiterinnen und Mitarbeiter und förderte die Zusammenarbeit. Herr (Name) informierte sein Team, regte Weiterbildungsmaßnahmen an, delegierte Aufgaben und Verantwortung sinnvoll und erreichte so ein hohes Abteilungsergebnis.
d)	Er motivierte sein Team durch einen kooperativen, sach- und personenbezogenen Führungsstil sowie anhand gemeinsam vereinbarter, klarer Zielvorgaben zu anhaltend guten Ergebnissen, wobei er als Vorgesetzter jederzeit sehr respektiert wurde.
e)	Er motivierte sein Team durch einen straffen Führungsstil und klare Zielvorgaben zu anhaltend guten Ergebnissen, wobei er als Vorgesetzter jederzeit sehr respektiert wurde.

Textbausteine (männlich)

3.13.3 Note 3

a)	Seine Mitarbeiterinnen und Mitarbeiter führte er zielbewusst zu überdurchschnittlichen Leistungen.
b)	Er war jederzeit in der Lage, seine Mitarbeiterinnen und Mitarbeiter zu motivieren und zu sehr soliden Ergebnissen zu führen.
c)	Er pflegte einen kooperativen Führungsstil und erzielte mit seinem Team sehr zufrieden stellende Ergebnisse.
d)	Er war als Vorgesetzter anerkannt und führte sein Team sach- und personenbezogen zu stets zufrieden stellenden Leistungen.
e)	Herr (Name) verstand es, seine Mitarbeiterinnen und Mitarbeiter entsprechend ihren Fähigkeiten einzusetzen und sie zu motivieren.

3.13.4 Note 4

a)	Er war in der Lage, seine Mitarbeiterinnen und Mitarbeiter sachgerecht anzuleiten.
b)	Er motivierte seine Mitarbeiterinnen und Mitarbeiter und erreichte so befriedigende Leistungen.
c)	Er motivierte seine Mitarbeiterinnen und Mitarbeiter zu zufrieden stellenden Leistungen.
d)	Bei Bedarf leitete er seine Mitarbeiterinnen und Mitarbeiter fachlich an und führte sie zu soliden Ergebnissen.
e)	Er verstand es, seine Mitarbeiterinnen und Mitarbeiter entsprechend ihren Fähigkeiten ordnungsgemäß einzusetzen und sie sachgerecht zu motivieren.

3.13.5   Note 5

a)	Seinen Mitarbeiterinnen und Mitarbeitern war er ein verständnisvoller Vorgesetzter.
b)	Er wurde von seinen Mitarbeiterinnen und Mitarbeitern anerkannt und bewältigte im Wesentlichen die seiner Abteilung vorgegeben Ziele.
c)	Er war als Vorgesetzter anerkannt und führte sein Team im Großen und Ganzen zu zufrieden stellenden Leistungen.
d)	Er war seinem Team ein verständnisvoller, angenehmer und sehr entgegenkommender Vorgesetzter.
e)	Er war in der Lage, seinen Mitarbeiterinnen und Mitarbeitern die in seiner Abteilung vorgegebenen Ziele im Wesentlichen zu vermitteln und sie bei der Umsetzung der Ziele sachgerecht anzuleiten.

3.13.6 Note 6

a)	Er bemühte sich stets um die Anerkennung seitens seiner Mitarbeiterinnen und Mitarbeiter.
b)	Er war stets bestrebt, sein Team zu den von uns erwarteten Leistungen zu führen.
c)	Er konnte sein Team in den meisten Fällen motivieren und war bestrebt, jeden Mitarbeiter zu guten Leistungen zu führen.
d)	Er versuchte immer, seinen Mitarbeiterinnen und Mitarbeitern ein verständnisvoller und angenehmer Vorgesetzter zu sein.
e)	Er kontrollierte die Arbeitsweise seiner Mitarbeiterinnen und Mitarbeiter im Wesentlichen zutreffend.

Textbausteine (männlich)

129

3.14 Kriterium: Soft Skills

3.14.1 Note 1

a)	Als Führungskraft bewies Herr (Name) seine ausgezeichnete Integrationsfähigkeit. Er verstand es jederzeit, alle Mitarbeiter seines Teams entsprechend ihrer Persönlichkeit und Kompetenz bei der Entscheidungsfindung einzubeziehen und konnte so ein hervorragendes Arbeitsklima in seinem Team schaffen.
b)	Herr (Name) war stets in der Lage, die in heterogenen Teams notwendig auftretenden Konflikte erfolgreich zu bewältigen. Durch sein sehr konstruktives Verhalten, überlegtes Handeln und Wertschätzung seiner Gesprächspartner schuf er ein sehr positives Arbeitsklima in seinem Team.
c)	Als Vorgesetzter war Herr (Name) stets offen für Rückmeldungen und Verbesserungsvorschläge seiner Mitarbeiter. Notwendige Kritik im Team, wie sie immer bei Veränderungsprozessen auftritt, verstand er als Chance zur Verbesserung und Weiterentwicklung. Dabei war er jederzeit in der Lage, seinen Mitarbeitern seinerseits eine zielführende Rückmeldung zu geben und eine produktive, harmonische Arbeitsatmosphäre aktiv zu fördern.
d)	Insbesondere im Rahmen der Projektarbeit konnte Herr (Name) uns von seiner hervorragenden sozialen Kompetenz überzeugen. Stets wusste er alle Beteiligten mit Teamgeist und Begeisterungsfähigkeit zu vollem Einsatz und sehr guten Leistungen zu motivieren.
e)	Seinen Mitarbeitern gegenüber war Herr (Name) immer sehr offen und kollegial, er verstand es dabei zugleich, wenn notwendig, sich in den richtigen Momenten durchzusetzen. Auf diese Weise konnte er die Mitarbeiter seines Bereiches stets zu Höchstleistungen anspornen.

3.14.2 Note 2

a)	Als Führungskraft bewies Herr (Name) seine gute Integrationsfähigkeit. Er verstand es jederzeit, alle Mitarbeiter seines Teams entsprechend ihrer Persönlichkeit und Kompetenz bei der Entscheidungsfindung einzubeziehen und konnte so ein hervorragendes Arbeitsklima in seinem Team schaffen.
b)	Herr (Name) war stets in der Lage, die in heterogenen Teams notwendig auftretenden Konflikte erfolgreich zu bewältigen. Durch sein konstruktives Verhalten, überlegtes Handeln und Wertschätzung seiner Gesprächspartner schuf er ein positives Arbeitsklima in seinem Team.
c)	Als Vorgesetzter war Herr (Name) offen für Rückmeldungen und Verbesserungsvorschläge seiner Mitarbeiter. Notwendige Kritik im Team, wie sie immer bei Veränderungsprozessen auftritt, verstand er als Chance zur Verbesserung und Weiterentwicklung. Dabei war er in der Lage, seinen Mitarbeitern seinerseits eine zielführende Rückmeldung zu geben und eine produktive, harmonische Arbeitsatmosphäre aktiv zu fördern.
d)	Insbesondere im Rahmen der Projektarbeit konnte Herr (Name) uns von seiner hohen sozialen Kompetenz überzeugen. Stets wusste er alle Beteiligten mit Teamgeist und Begeisterungsfähigkeit zu vollem Einsatz und guten Leistungen zu motivieren.
e)	Seinen Mitarbeitern gegenüber war Herr (Name) sehr offen und kollegial, er verstand es dabei zugleich, wenn notwendig, sich in den richtigen Momenten durchzusetzen. Auf diese Weise konnte er die Mitarbeiter seines Bereiches zu Höchstleistungen anspornen.

Textbausteine (männlich)

3.14.3 Note 3

a)	Als Führungskraft bewies Herr (Name) seine Integrationsfähigkeit. Er verstand es, alle Mitarbeiter seines Teams entsprechend ihrer Persönlichkeit und Kompetenz bei der Entscheidungsfindung einzubeziehen, und konnte so ein förderliches Arbeitsklima in seinem Team schaffen.
b)	Herr (Name) war in der Lage, die in heterogenen Teams notwendig auftretenden Konflikte zu bewältigen. Durch sein konstruktives Verhalten, überlegtes Handeln und Wertschätzung seiner Gesprächspartner schuf er ein positives Arbeitsklima in seinem Team.
c)	Als Vorgesetzter war Herr (Name) offen für Rückmeldungen und Verbesserungsvorschläge seiner Mitarbeiter. Notwendige Kritik im Team, wie sie immer bei Veränderungsprozessen auftritt, griff er auf. Dabei war er in der Lage, seinen Mitarbeitern seinerseits Rückmeldung zu geben und eine produktive Arbeitsatmosphäre zu fördern.
d)	Insbesondere im Rahmen der Projektarbeit konnte Herr (Name) uns von seiner sozialen Kompetenz überzeugen. Er wusste alle Beteiligten mit Teamgeist und Begeisterungsfähigkeit zu vollem Einsatz und guten Leistungen zu motivieren.
e)	Seinen Mitarbeitern gegenüber war Herr (Name) sehr offen und kollegial, er verstand es dabei zugleich, wenn notwendig, sich in den richtigen Momenten durchzusetzen. Auf diese Weise konnte er die Mitarbeiter seines Bereiches zu Höchstleistungen anspornen.

3.14.4 Note 4

a)	Als Führungskraft bewies uns Herr (Name) seine Integrationsfähigkeit. Er verstand es, die Mitarbeiter seines Teams bei der Entscheidungsfindung einzubeziehen und konnte das Arbeitsklima in seinem Team verbessern.
b)	Herr (Name) war in der Lage, Konflikte zu bewältigen. Durch sein konstruktives Verhalten und überlegtes Handeln konnte er so das Arbeitsklima in seinem Team fördern.
c)	Als Vorgesetzter war Herr (Name) offen für Rückmeldungen und Verbesserungsvorschläge seiner Mitarbeiter. Im Gegenzug war er aber auch in der Lage, seinen Mitarbeitern positive und negative Rückmeldungen zu geben.
d)	Insbesondere im Rahmen der Projektarbeit konnte Herr (Name) uns von seiner sozialen Kompetenz überzeugen. Im Großen und Ganzen wusste er alle Beteiligten mit Teamgeist und Begeisterungsfähigkeit zu zufrieden stellenden Leistungen zu motivieren.
e)	Seinen Mitarbeitern gegenüber war Herr (Name) immer offen und kollegial, er verstand es jedoch auch, sich in den richtigen Momenten durchzusetzen. Auf diese Weise konnte er die Mitarbeiter seines Bereiches zu hohen Arbeitsleistungen anspornen.

3.14.5 Note 5

a)	Als Führungskraft war Herr (Name) stets um Integrationsfähigkeit bemüht. Er verstand es zumeist, die Mitarbeiter seines Teams bei der Entscheidungsfindung einzubeziehen und konnte so die Leistungsfähigkeit seines Bereiches gewährleisten.
b)	Herr (Name) war im Großen und Ganzen in der Lage, Konflikte zu bewältigen. Durch sein konstruktives Verhalten konnte er so zu einem recht positiven Arbeitsklima in seinem Team beitragen.
c)	Als Vorgesetzter war Herr (Name) jederzeit bemüht, Rückmeldungen und Verbesserungsvorschläge seiner Mitarbeiter ernst zu nehmen.
d)	Insbesondere im Rahmen der Projektarbeit konnte Herr (Name) uns von seiner sozialen Kompetenz überzeugen. Im Großen und Ganzen wusste er alle Beteiligten zu zufrieden stellenden Leistungen zu motivieren.
e)	Seinen Mitarbeitern gegenüber war Herr (Name) offen und kollegial, durch diesen Führungsstil konnte er das Arbeitsniveau in seinem Bereich gewährleisten.

3.14.6 Note 6

a)	Als Führungskraft war Herr (Name) um Integrationsfähigkeit bemüht. Er verstand es zumeist, die Mitarbeiter seines Teams bei der Entscheidungsfindung einzubeziehen und konnte so die Leistungsfähigkeit seines Bereiches gewährleisten.
b)	Herr (Name) war im Großen und Ganzen bemüht, Konflikte zu bewältigen. Durch sein konstruktives Verhalten konnte er so zu einem recht positiven Arbeitsklima in seinem Team beitragen.
c)	Als Vorgesetzter war Herr (Name) zumeist bemüht, Rückmeldungen und Verbesserungsvorschläge seiner Mitarbeiter ernst zu nehmen.
d)	Insbesondere im Rahmen der Projektarbeit konnte Herr (Name) uns von seiner sozialen Kompetenz überzeugen.
e)	Seinen Mitarbeitern gegenüber war Herr (Name) offen und kollegial, durch diesen Führungsstil konnte er im Großen und Ganzen das Arbeitsniveau in seinem Bereich gewährleisten.

Textbausteine (männlich)

3.15 Kriterium: Zusammenfassende Leistungsbeurteilung

3.15.1 Note 1

a)	Herr (Name) hat alle Aufgaben stets zur unserer vollsten Zufriedenheit erfüllt.
b)	Herr (Name) hat die ihm übertragenen Aufgaben stets zur vollsten Zufriedenheit erfüllt.
c)	Herr (Name) hat unsere sehr hohen Erwartungen stets in bester Weise erfüllt und teilweise sogar übertroffen. Seine Leistungen waren jederzeit sehr gut.
d)	Wir waren mit den Leistungen von Herrn (Name) stets äußerst zufrieden.
e)	Die Leistungen von Herrn (Name) haben stets und in jeder Hinsicht unsere volle Anerkennung gefunden.

3.15.2 Note 2

a)	Herr (Name) hat alle Aufgaben stets zur unserer vollen Zufriedenheit erfüllt.
b)	Herr (Name) hat die ihm übertragenen Aufgaben stets zur vollen Zufriedenheit erfüllt.
c)	Herr (Name) hat unsere sehr hohen Erwartungen stets voll erfüllt. Seine Leistungen waren jederzeit gut.
d)	Wir waren mit den Leistungen von Herrn (Name) stets und in jeder Hinsicht sehr zufrieden.
e)	Die Leistungen von Herrn (Name) haben stets und in jeder Hinsicht unsere hohe Anerkennung gefunden.

3.15.3 Note 3

a)	Herr (Name) hat alle Aufgaben stets zu unserer Zufriedenheit erfüllt.
b)	Herr (Name) hat die ihm übertragenen Aufgaben stets zur Zufriedenheit bewältigt.
c)	Herr (Name) hat unsere Erwartungen umfänglich erfüllt. Seine Leistungen waren voll zufriedenstellend.
d)	Wir waren mit den Leistungen von Herrn (Name) stets zufrieden.
e)	Die Leistungen von Herrn (Name) haben unsere hohe Anerkennung gefunden.

3.15.4 Note 4

a)	Herr (Name) hat die ihm übertragenen Aufgaben zu unserer Zufriedenheit erledigt.
b)	Mit Herrn (Name)s Leistungen waren wir zufrieden.
c)	Herr (Name) hat unseren Erwartungen entsprochen.
d)	Herrn (Name)s Leistungen werden zusammengefasst als ausreichend bewertet.
e)	Herr (Name) hat seine Aufgaben zufrieden stellend bewältigt.

3.15.5 Note 5

a)	Herr (Name) hat die ihm übertragenen Aufgaben im Großen und Ganzen zu unserer Zufriedenheit erledigt.
b)	Herr (Name) hat die ihm übertragenen Aufgaben überwiegend zu unserer Zufriedenheit erledigt.
c)	Herr (Name) hat unsere Erwartungen im Wesentlichen erfüllt.
d)	Herr (Name) führte die ihm übertragenen Aufgaben mit Fleiß und Interesse durch.
e)	Herr (Name) war stets bemüht, die Arbeiten zu unserer vollen Zufriedenheit zu erledigen.

3.15.6 Note 6

a)	Herr (Name) zeigte für seine Arbeit großes Verständnis und Interesse.
b)	Herr (Name) hat sich bemüht, den Anforderungen gerecht zu werden.
c)	Neue Aufgaben betrachtete Herr (Name) stets als Herausforderung, der er sich mutig stellte.
d)	Herr (Name) versuchte immer mit großem Eifer, unsere Erwartungen zu erfüllen.
e)	Herr (Name) hat seine Aufgaben zu unserer Zufriedenheit zu erledigen versucht.

3.16 Kriterium: Persönliche Führung

3.16.1 Note 1

a)	Das Verhalten von Herrn (Name) war immer vorbildlich. Von Vorgesetzten, Kollegen und Kunden wurde er sehr geschätzt. Herr (Name) förderte aktiv die Zusammenarbeit, war stets hilfsbereit und stellte persönliche Interessen, wann immer erforderlich, zurück.
b)	Aufgrund seiner stets freundlichen und ausgeglichenen Art wurde Herr (Name) allseits sehr geschätzt, er förderte stets aktiv die gute Zusammenarbeit und Teamatmosphäre. Sein persönliches Verhalten war immer vorbildlich.
c)	Herrn (Name)s Verhalten gegenüber Vorgesetzten, Mitarbeitern und Kunden war stets vorbildlich. Er war absolut vertrauenswürdig und integer.
d)	Mit allen Ansprechpartnern kam Herr (Name) sehr gut zurecht und begegnete ihnen immer mit seiner freundlichen, offenen und zuvorkommenden Art. Dabei wahrte er stets die Interessen des Unternehmens und zeigte eine sehr hohe Integrität. Sein Verhalten gegenüber Vorgesetzten, Kollegen und Externen war jederzeit vorbildlich.
e)	Wir kennen Herrn (Name) als kommunikative, kontaktstarke und aufgeschlossene Persönlichkeit, er bestätigte das volle Vertrauen seiner Vorgesetzten/der Geschäftsführung/des Vorstandes jederzeit. Innerhalb wie außerhalb des Unternehmens war er ein angesehener und sehr geschätzter Ansprechpartner. Sein Verhalten gegenüber Vorgesetzten, Kollegen und Externen war jederzeit vorbildlich.

3.16.2 Note 2

a)	Das Verhalten von Herrn (Name) war stets einwandfrei. Von Vorgesetzten, Kollegen und Kunden wurde er sehr geschätzt. Herr (Name) förderte aktiv die Zusammenarbeit, war stets hilfsbereit und stellte persönliche Interessen, wann immer erforderlich, zurück.
b)	Aufgrund seiner stets freundlichen und ausgeglichenen Art wurde Herr (Name) allseits sehr geschätzt, er förderte stets aktiv die gute Zusammenarbeit und Teamatmosphäre. Sein persönliches Verhalten war stets einwandfrei.
c)	Herrn (Name)s Verhalten zu Vorgesetzten, Mitarbeitern und Kunden war stets und in jeder Hinsicht einwandfrei. Er war absolut vertrauenswürdig und integer.
d)	Mit allen Ansprechpartnern kam Herr (Name) gut zurecht und begegnete ihnen immer mit seiner freundlichen, offenen und zuvorkommenden Art. Dabei wahrte er stets die Interessen des Unternehmens und zeigte eine hohe Integrität. Sein Verhalten gegenüber Vorgesetzten, Kollegen und Externen war jederzeit einwandfrei.
e)	Wir kennen Herrn (Name) als kommunikative, kontaktstarke und aufgeschlossene Persönlichkeit, er bestätigte das volle Vertrauen seiner Vorgesetzten/der Geschäftsführung/des Vorstandes jederzeit. Innerhalb wie außerhalb des Unternehmens war er ein angesehener und sehr geschätzter Ansprechpartner. Sein Verhalten gegenüber Vorgesetzten, Kollegen und Externen war jederzeit einwandfrei.

3.16.3   Note 3

a)	Das Verhalten von Herrn (Name) war einwandfrei. Von Vorgesetzten, Kollegen und Kunden wurde er geschätzt. Herr (Name) förderte die Zusammenarbeit, war stets hilfsbereit und stellte persönliche Interessen, wann immer erforderlich, zurück.
b)	Aufgrund seiner freundlichen und ausgeglichenen Art wurde Herr (Name) allseits geschätzt, er förderte die gute Zusammenarbeit und Teamatmosphäre. Sein persönliches Verhalten war einwandfrei.
c)	Herrn (Name)s Verhalten zu Vorgesetzten, Mitarbeitern und Kunden war einwandfrei. Er war vertrauenswürdig und integer.
d)	Mit allen Ansprechpartnern kam Herr (Name) gut zurecht und begegnete ihnen mit seiner freundlichen, offenen und zuvorkommenden Art. Dabei wahrte er die Interessen des Unternehmens und zeigte eine hohe Integrität. Sein Verhalten gegenüber Vorgesetzten, Kollegen und Externen war einwandfrei.
e)	Wir kennen Herrn (Name) als kommunikative, kontaktstarke und aufgeschlossene Persönlichkeit, er bestätigte das volle Vertrauen seiner Vorgesetzten/der Geschäftsführung/des Vorstandes jederzeit. Innerhalb wie außerhalb des Unternehmens war er ein geschätzter Ansprechpartner. Sein Verhalten gegenüber Vorgesetzten, Kollegen und Externen war einwandfrei.

3.16.4 Note 4

a)	Wegen seines freundlichen Auftretens wurde Herr (Name) von den meisten Ansprechpartnern geschätzt.
b)	Wegen seines freundlichen und ausgeglichenen Wesens war Herr (Name) geschätzt, wobei er die Zusammenarbeit und Teamatmosphäre immer förderte.
c)	Herr (Name) hatte stets ein gutes Verhältnis zu seinen Kollegen, was zu einem produktiven Arbeits- und Betriebsklima führte.
d)	Das Verhalten von Herrn (Name) gab zu Beanstandungen keinen Anlass.
e)	Das Verhalten von Herrn (Name) gegenüber Vorgesetzten, Kollegen und Kunden war höflich und korrekt.

Textbausteine (männlich)

3.16.5 Note 5

a)	Wegen seines freundlichen Auftretens wurde Herr (Name) im Großen und Ganzen geschätzt.
b)	Wegen seines freundlichen und ausgeglichenen Wesens wurde Herr (Name) akzeptiert, wobei er die Zusammenarbeit und Teamatmosphäre immer aktiv zu fördern versuchte.
c)	Herrn (Name)s persönliches Verhalten war im Wesentlichen einwandfrei.
d)	Herrn (Name)s Zusammenarbeit mit Vorgesetzten und Kollegen war im Großen und Ganzen zufrieden stellend.
e)	Das Verhalten von Herrn (Name) gegenüber seinen Vorgesetzten und Mitarbeitern war grundsätzlich korrekt.

3.16.6 Note 6

a)	Wegen seines freundlichen Auftretens wurde Herr (Name) im Großen und Ganzen akzeptiert.
b)	Wegen seines meist freundlichen und ausgeglichenen Wesens wurde Herr (Name) akzeptiert, wobei er die Zusammenarbeit und Teamatmosphäre immer aktiv zu fördern versuchte.
c)	Das Verhalten von Herrn (Name) gegenüber seinen Vorgesetzten und Mitarbeitern war im Wesentlichen einwandfrei.
d)	Das Verhalten von Herrn (Name) war nicht frei von Beanstandungen. Er hatte Probleme, sich in die Teamarbeit einzufügen.
e)	Das Verhalten von Herrn (Name) war immer überaus freundlich und oft korrekt.

Textbausteine (männlich)

3.17 Kriterium: Beendigungsgrund

a)	Herr (Name) verlässt unser Unternehmen mit dem heutigen Tage auf eigenen Wunsch.
b)	Herr (Name) verlässt unser Unternehmen mit dem heutigen Tage, um eine neue Herausforderung annehmen zu können.
c)	Leider können wir Herrn (Name) aufgrund der derzeit sehr schwierigen konjunkturellen Situation, die auch unser Unternehmen betrifft, keine Perspektive mehr bieten. Das Arbeitsverhältnis mit Herrn (Name) endet daher aus betriebsbedingten Gründen.
d)	Das Arbeitsverhältnis mit Herrn (Name) endet aus betriebsbedingten Gründen.
e)	Herr (Name) verlässt das Unternehmen aufgrund strategischer Differenzen mit dem neuen Eigentümer. Zugleich betonen wir das auf persönlicher Ebene bestehende beste beiderseitige Einvernehmen.

3.18 Kriterium: Schlussformulierung

3.18.1 Note 1

a)	Wir danken Herrn (Name) für die stets sehr gute, langjährige Arbeit und bedauern sein Ausscheiden sehr. Wir wünschen ihm beruflich wie persönlich alles Gute und weiterhin viel Erfolg.
b)	Es ist uns ein besonderes Anliegen, Herrn (Name) für seine Mitarbeit unseren großen Dank auszusprechen. Seinen Weggang bedauern wir außerordentlich. Für seine berufliche und persönliche Zukunft wünschen wir ihm persönlich alles Gute und weiterhin viel Erfolg.
c)	Wir bedauern seine Entscheidung außerordentlich, weil wir mit ihm eine wertvolle Führungskraft verlieren. Wir bedanken uns bei ihm für seine zu jeder Zeit sehr gute Arbeit und wünschen ihm für seine berufliche wie persönliche Zukunft alles Gute und weiterhin viel Erfolg.
d)	Wir danken Herrn (Name) für die hervorragende Zusammenarbeit, bedauern sein Ausscheiden außerordentlich und wünschen Herrn (Name) auf seinem zukünftigen Berufs- und Lebensweg alles Gute und weiterhin viel Erfolg.
e)	Gleichwohl bedanken wir uns für seine geleistete hervorragende Aufbauarbeit und wünschen ihm für die Zukunft alles Gute sowie weiterhin viel Erfolg. Falls erforderlich und möglich, würden wir jederzeit auf ihn als externen Berater zurückgreifen.

Textbausteine (männlich)

3.18.2   Note 2

a)	Wir danken Herrn (Name) für die stets gute, langjährige Arbeit und bedauern sein Ausscheiden sehr. Wir wünschen ihm beruflich wie persönlich alles Gute und weiterhin viel Erfolg.
b)	Es ist uns ein besonderes Anliegen, Herrn (Name) für seine Mitarbeit unseren Dank auszusprechen. Seinen Weggang bedauern wir sehr. Für seine berufliche und persönliche Zukunft wünschen wir ihm persönlich alles Gute und weiterhin viel Erfolg.
c)	Wir bedauern seine Entscheidung sehr, weil wir mit ihm eine wertvolle Führungskraft verlieren. Wir bedanken uns bei ihm für seine zu jeder Zeit gute Arbeit und wünschen ihm für seine berufliche wie persönliche Zukunft alles Gute und weiterhin viel Erfolg.
d)	Wir danken Herrn (Name) für die gute Zusammenarbeit, bedauern sein Ausscheiden sehr und wünschen Herrn (Name) auf seinem zukünftigen Berufs- und Lebensweg alles Gute und weiterhin viel Erfolg.
e)	Gleichwohl bedanken wir uns für seine geleistete wichtige Aufbauarbeit und wünschen ihm für die Zukunft alles Gute sowie weiterhin viel Erfolg. Falls erforderlich und möglich, würden wir jederzeit auf ihn als externen Berater zurückgreifen.

3.18.3 Note 3

a)	Wir bedauern sein Ausscheiden, da wir mit ihm eine gute Fachkraft verlieren. Wir danken ihm für seine Unterstützung. Für seinen weiteren Berufs- und Lebensweg wünschen wir ihm alles Gute und viel Erfolg.
b)	Wir bedauern seinen Entschluss, danken Herrn (Name) für seine Mitarbeit und wünschen ihm für seine Zukunft alles Gute und weiterhin Erfolg.
c)	Wir danken Herrn (Name) für die Zusammenarbeit und be- dauern seinen Entschluss. Für die Zukunft wünschen wir ihm alles Gute und den verdienten Erfolg.
d)	Gleichwohl bedauern wir seinen Weggang, danken Herrn (Name) für seine Mitarbeit und wünschen ihm für seine Zu- kunft beruflich wie persönlich alles Gute und weiterhin viel Erfolg.
e)	Wir bedauern sein Ausscheiden, bedanken uns für seine Mit- arbeit und wünschen ihm für seine berufliche und private Zukunft weiterhin Erfolg und alles Gute.

3.18.4   Note 4

a)	Wir danken Herrn (Name) für seine Mitarbeit und wünschen ihm für die Zukunft alles Gute.
b)	Für seine Mitarbeit bedanken wir uns und wünschen Herrn (Name) für seinen beruflichen Lebensweg alles Gute.
c)	Wir danken ihm für seine Tätigkeit. Für die Zukunft wünschen wir ihm alles Gute.
d)	Wir bedanken uns für seine Arbeit und wünschen ihm für seine weitere Zukunft viel Erfolg.
e)	Wir danken ihm für die Tätigkeit in unserem Unternehmen und wünschen ihm für die Zukunft viel Erfolg.

3.18.5 Note 5

a)	Wir wünschen ihm für die Zukunft alles Gute.
b)	Für die Zukunft wünschen wir ihm beruflich wie persönlich alles Gute und weiterhin viel Erfolg.
c)	Wir wünschen ihm für seinen weiteren Lebensweg alles Gute.
d)	Wir wünschen ihm viel Erfolg.
e)	Wir wünschen ihm für sein weiteres Arbeitsleben alles Gute.

3.18.6 Note 6

a)	Wir bedauern, auf die weitere Zusammenarbeit mit Herrn (Name) verzichten zu müssen. Unsere besten Wünsche sind mit ihm.
b)	Wir wünschen Herrn (Name), dass er seine Leistungsfähigkeit zukünftig voll entfalten kann.
c)	Wir wünschen Herrn (Name) auch Erfolg für die Zukunft.
d)	Wir wünschen Herrn (Name) Erfolg für seinen beruflichen Lebensweg.
e)	Wir wünschen ihm für seine Zukunft alles erdenklich Gute.

4 Textbausteine (weiblich)

4.1 Einleitung

a)	Frau (Name), geb. am (Datum) in (Ort), war vom (Datum) bis zum (Datum) in unserer Unternehmensgruppe tätig.
b)	Frau (Name), geb. am (Datum) in (Ort), trat am (Datum) in unser Unternehmen ein und war bis zum (Datum) als ... tätig.
c)	Frau (Name), geb. am (Datum) in (Ort), war vom (Datum) bis zum (Datum) in unserem Unternehmen tätig. Sie war als ... eingesetzt.
d)	Frau (Name), geboren am (Datum) in (Ort), ist vom (Datum) bis zum (Datum) in unserem Unternehmen als ... tätig gewesen.
e)	Frau (Name), geboren am (Datum) in (Ort), war vom (Datum) bis zum (Datum) in unserem Unternehmen in verschiedenen Positionen tätig, seit (Datum) als ...

4.2   Kriterium: Fachwissen und Fachkönnen

4.2.1   Note 1

a)	Frau (Name) verfügt über ein äußerst profundes Fachwissen, welches sie stets effektiv und erfolgreich in der Praxis einsetzte. Dieses Fachwissen konnte sie ohne Einschränkungen an ihre Mitarbeiter weitergeben.
b)	Frau (Name) überzeugte uns stets durch ihr auch in Nebenbereichen ausgezeichnetes Fachwissen, das sie zudem immer sicher und gekonnt in der Praxis einsetzte.
c)	Frau (Name) setzte ihr Fachwissen von ganz außerordentlicher Tiefe und Breite in ihrer täglich anfallenden Arbeit immer sicher und sehr effizient ein.
d)	Frau (Name) verfügt über ein hervorragendes und auch in Randbereichen sehr tief gehendes Fachwissen, das sie unserer Firma stets in höchst Gewinn bringender Weise zur Verfügung stellte.
e)	Frau (Name) verfügt über umfassende und vielseitige Fachkenntnisse, auch in Randbereichen, und setzte sie stets sicher und zielgerichtet in der Praxis ein.

4.2.2 Note 2

a)	Frau (Name) verfügt über ein profundes Fachwissen, das sie effektiv und erfolgreich in der Praxis einsetzte. Dieses Fachwissen konnte sie gut an ihre Mitarbeiter weitergeben.
b)	Frau (Name) überzeugte uns durch ihr sehr gutes Fachwissen, das sie zudem sehr sicher und gekonnt in der Praxis einsetzte.
c)	Frau (Name) setzte ihr bestechendes Fachwissen in ihrer täglich anfallenden Arbeit sicher und effizient ein.
d)	Frau (Name) verfügt über ein auch in Randbereichen tief gehendes Fachwissen, das sie unserer Firma in Gewinn bringender Weise zur Verfügung stellte.
e)	Frau (Name) verfügt über umfassende und vielseitige Fachkenntnisse, die sie jederzeit sicher und zielgerichtet in der Praxis einsetzte.

Textbausteine (weiblich)

4.2.3 Note 3

a)	Frau (Name) verfügt über ein recht weitreichendes Fachwissen, das sie in der Praxis erfolgreich einsetzte. Dieses Fachwissen konnte sie an ihre Mitarbeiter weitergeben.
b)	Frau (Name) fand durch ihr Fachwissen und ihre ruhige und sichere Art, es in der Praxis einzusetzen, Anerkennung.
c)	Frau (Name) wendete ihr tragfähiges Fachwissen in ihrer täglich anfallenden Arbeit sicher an.
d)	Frau (Name) verfügt über ein tiefer gehendes Fachwissen, das sie zum Vorteil unserer Firma einbrachte.
e)	Frau (Name) verfügt über solide Fachkenntnisse, die sie sicher in der Praxis einsetzte.

4.2.4 Note 4

a)	Frau (Name) verfügt über ein in ihrem Arbeitsbereich gutes Fachwissen, das sie häufig in der Praxis einsetzte. Oft konnte sie dieses Fachwissen an ihre Mitarbeiter weitergeben.
b)	Frau (Name) fand durch ihr weitreichendes Grundwissen und ihre Fähigkeit, es in der Praxis einzusetzen, in Teilen der Firma Respekt.
c)	Frau (Name) wandte ihr Fachwissen in ihrer täglich anfallenden Arbeit an.
d)	Frau (Name) verfügt über Fachwissen, das sie in unserer Firma einbrachte.
e)	Frau (Name) verfügt über ein solides Grundwissen in ihrem Arbeitsbereich und setzte diese Fachkenntnisse auf zufriedenstellende Weise in der Praxis ein.

Textbausteine (weiblich)

159

4.2.5 Note 5

a)	Frau (Name) war bemüht, ihr Fachwissen weiterzuentwickeln und es in der Praxis einzusetzen.
b)	Frau (Name) war bestrebt, ihre Fachkenntnisse im Gespräch mit Kollegen zu erweitern.
c)	Frau (Name) mühte sich redlich, ihre Kenntnisse bei der täglichen Arbeit umzusetzen.
d)	Frau (Name) verfügt über ausreichende Grundkenntnisse, die sie regelmäßig in ihrer Arbeit anwendete.
e)	Frau (Name) verfügt über entwicklungsfähige Kenntnisse ihres Arbeitsbereichs und setzte diese Fachkenntnisse im Wesentlichen sicher und zielgerichtet in der Praxis ein.

4.2.6 Note 6

a)	Frau (Name) hatte mehrere Angebote, ihr Fachwissen weiterzuentwickeln, und sie fand Unterstützung, um ihre Kenntnisse in der Praxis zu erproben.
b)	Frau (Name) war bestrebt, ihre Kenntnisse im Gespräch mit Kollegen darzulegen.
c)	Frau (Name) mühte sich, ihre entwicklungsfähigen Kenntnisse bei der täglichen Arbeit umzusetzen.
d)	Frau (Name) verfügte über ausreichende Grundkenntnisse, die sie des Öfteren in ihrer Arbeit anwendete.
e)	Frau (Name) arbeitete immer an ihren fachlichen Grundkenntnissen und war um den Einsatz dieser Fachkenntnisse bemüht.

Textbausteine (weiblich)

4.3 Kriterium: Besondere Fähigkeiten

4.3.1 Note 1

a)	Sie besitzt eine außerordentlich hohe wirtschaftliche Sachkompetenz. Durch ihr herausragendes unternehmerisches und strategisches Denken und Handeln erwarb sie sich den höchsten Respekt der Geschäftsführung und seiner Mitarbeiter.
b)	Besonders hervorzuheben sind ihre ausgezeichneten und verhandlungssicheren Kenntnisse in den Sprachen ... So war sie jederzeit ein geschätzter Gesprächspartner für unsere internationalen Kunden und Geschäftspartner.
c)	Sie verfügt über herausragende IT-Kenntnisse. Sowohl auf der Anwenderseite (Office-Produkte, Branchenlösungen) als auch bei der Neuanschaffung von Hard- und Software war sie immer ein allseits geschätzter Ansprechpartner.
d)	Besonders beeindruckt haben uns ihre hervorragenden rhetorischen Fähigkeiten: Sowohl bei Vertragsverhandlungen als auch bei Präsentationen/Vorträgen trat sie stets äußerst souverän und überzeugend auf.
e)	Jederzeit überzeugte sie uns durch ihre außergewöhnlich stark ausgebildete Kreativität und Problemlösungsfähigkeit. Sowohl bei großen Herausforderungen (Neuproduktentwicklung) als auch bei alltäglichen Fragen (Prozessoptimierung) hatte sie stets besonders kreative und schnell umsetzbare Vorschläge.
f)	Besonders hervorzuheben sind ihre exzellenten Branchenkenntnisse. Jederzeit war sie so ein äußerst wertvoller Ansprechpartner für Geschäftsführung, Marketing und Vertrieb.

4.3.2 Note 2

a)	Sie besitzt eine hohe wirtschaftliche Sachkompetenz. Durch ihr ausgeprägtes unternehmerisches und strategisches Denken und Handeln erwarb sie sich sehr großen Respekt bei der Geschäftsführung und bei ihren Mitarbeitern.
b)	Besonders hervorzuheben sind ihre guten und verhandlungssicheren Kenntnisse in den Sprachen ... So war sie jederzeit ein geschätzter Gesprächspartner für unsere internationalen Kunden und Geschäftspartner.
c)	Sie verfügt über gute IT-Kenntnisse. Sowohl auf der Anwenderseite (Office-Produkte, Branchenlösungen) als auch bei der Neuanschaffung von Hard- und Software war sie immer ein allseits geschätzter Ansprechpartner.
d)	Besonders beeindruckt haben uns ihre guten rhetorischen Fähigkeiten: Sowohl bei Vertragsverhandlungen als auch bei Präsentationen/Vorträgen trat sie stets souverän und überzeugend auf.
e)	Jederzeit überzeugte sie uns durch ihre stark ausgebildete Kreativität und Problemlösungsfähigkeit. Sowohl bei großen Herausforderungen (Neuproduktentwicklung) als auch bei alltäglichen Fragen (Prozessoptimierung) hatte sie stets kreative und schnell umsetzbare Vorschläge.
f)	Besonders hervorzuheben sind ihre sehr guten Branchenkenntnisse. Jederzeit war sie so ein äußerst geschätzter Ansprechpartner für Geschäftsführung, Marketing und Vertrieb.

Textbausteine (weiblich)

4.3.3 Note 3

a)	Sie besitzt eine wirtschaftliche Sachkompetenz. Durch ihr unternehmerisches und strategisches Denken und Handeln erwarb sie sich großen Respekt bei der Geschäftsführung und ihren Mitarbeitern.
b)	Sie besitzt solide Kenntnisse in den Sprachen ... So war sie jederzeit ein geschätzter Gesprächspartner für unsere internationalen Kunden und Geschäftspartner.
c)	Sie verfügt über gute IT-Kenntnisse. Sowohl auf der Anwenderseite (Office-Produkte, Branchenlösungen) als auch bei der Neuanschaffung von Hard- und Software war sie ein gefragter Ansprechpartner.
d)	Hervorheben möchten wir ihre rhetorischen Fähigkeiten: Sowohl bei Vertragsverhandlungen als auch bei Präsentationen/Vorträgen trat sie souverän und überzeugend auf.
e)	Sie überzeugte uns durch ihre solide ausgebildete Kreativität und Problemlösungsfähigkeit. Sowohl bei großen Herausforderungen (Neuproduktentwicklung) als auch bei alltäglichen Fragen (Prozessoptimierung) hatte sie häufig kreative und schnell umsetzbare Vorschläge.
f)	Hervorzuheben sind ihre soliden Branchenkenntnisse. Oft war sie so ein geschätzter Ansprechpartner für Geschäftsführung, Marketing und Vertrieb.

4.3.4 Note 4

a)	Wir bestätigen ihr eine wirtschaftliche Sachkompetenz. Durch ihr unternehmerisches Denken und Handeln erwarb sie sich vor allem Respekt bei ihren Mitarbeitern.
b)	Hervorzuheben sind ihre Kenntnisse in der englischen Sprache. So konnte sie auf Anfrage mit unseren internationalen Geschäftspartnern sprechen.
c)	Sie verfügt über zufrieden stellende IT-Kenntnisse auf der Anwenderseite (Office-Produkte, Branchenlösungen), die sie jederzeit in der Praxis einsetzen konnte.
d)	Erwähnenswert sind ihre rhetorischen Fähigkeiten, die sie bei Vertragsverhandlungen zumeist souverän unter Beweis stellen konnte.
e)	Im Großen und Ganzen konnte sie uns oft durch seine Kreativität überzeugen. Bei alltäglichen Fragen hatte sie im Wesentlichen schnell umsetzbare Vorschläge.
f)	Bemerkenswert sind ihre Branchenkenntnisse, die sie im Laufe der Betriebszugehörigkeit auch ausbauen konnte.

Textbausteine (weiblich)

165

4.3.5 Note 5

a)	Sie war stets bemüht, ihre wirtschaftliche Sachkompetenz zu entwickeln.
b)	Sie bemühte sich stets, ihre Kenntnisse in der englischen Sprache auszubauen, um so auch an internationalen Besprechungen teilnehmen zu können.
c)	Ihre IT-Kenntnisse waren im Großen und Ganzen zufrieden stellend.
d)	Ihre rhetorischen Fähigkeiten konnte sie im Laufe der Zeit stark verbessern, so dass wir sie auch bei Vertragsverhandlungen einsetzen konnten.
e)	Bemerkenswert war ihr Bemühen um Kreativität.
f)	Erwähnenswert war ihr Bemühen, ihre Branchenkenntnisse im Laufe ihrer Unternehmenszugehörigkeit immer mehr auszubauen.

4.3.6 Note 6

a)	Sie war stets bemüht, ihre wirtschaftliche Sachkompetenz unter Beweis zu stellen.
b)	Sie bemühte sich, ihre Kenntnisse in der englischen Sprache auszubauen, um so auch an internationalen Besprechungen teilnehmen zu können.
c)	Sie bemühte sich stets, ihre IT-Kenntnisse auszubauen.
d)	Ihre rhetorischen Fähigkeiten konnte sie im Laufe der Zeit stark verbessern.
e)	Bemerkenswert war ihr Bemühen, uns immer wieder mit kreativen Vorschlägen zu beeindrucken.
f)	Erwähnenswert ist ihr Bemühen, uns von ihren Branchenkenntnissen immer wieder zu überzeugen.

Textbausteine (weiblich)

4.4 Kriterium: Weiterbildung

4.4.1 Note 1

a)	Zum Nutzen des Unternehmens erweiterte und aktualisierte sie immer mit großem Gewinn ihre umfassenden Fachkenntnisse durch regelmäßige Teilnahme an Weiterbildungsveranstaltungen.
b)	Besonders hervorheben möchten wir, dass sie in eigener Initiative ihr Fachwissen immer erfolgreich durch den regelmäßigen Besuch von Weiterbildungsseminaren erweiterte. Aktiv und mit sehr gutem Erfolg kümmerte sie sich auch um die Fortbildung ihrer Mitarbeiter.
c)	Sie besuchte regelmäßig und sehr erfolgreich Weiterbildungsseminare, um ihre Stärken weiter auszubauen und ihre hervorragenden Fachkenntnisse zu erweitern.
d)	Hervorzuheben ist, dass sie regelmäßig an den unterschiedlichsten fachbezogenen Weiterbildungsseminaren erfolgreich teilgenommen hat und immer mit neuen Impulsen die Arbeit in der Firma bereicherte.
e)	Sie bildete sich stets in eigener Initiative durch den Besuch interner und externer Seminare beruflich weiter und war dabei immer sehr erfolgreich.

4.4.2 Note 2

a)	Sie erweiterte und aktualisierte mit großem Gewinn ihre guten Fachkenntnisse durch die Teilnahme an Weiterbildungsveranstaltungen zum Nutzen des Unternehmens.
b)	Hervorheben möchten wir, dass sie ihr Fachwissen mit Erfolg durch den regelmäßigen Besuch von Weiterbildungsseminaren erweiterte. Aktiv und mit gutem Erfolg kümmerte sie sich auch um die Fortbildung ihrer Mitarbeiter.
c)	Sie besuchte regelmäßig und erfolgreich Weiterbildungsseminare, um ihre Stärken auszubauen und ihre guten Fachkenntnisse zu erweitern.
d)	Hervorzuheben ist, dass sie regelmäßig an unterschiedlichen fachbezogenen Weiterbildungsseminaren Gewinn bringend teilgenommen hat.
e)	Sie bildete sich stets aus eigener Initiative durch den Besuch interner und externer Seminare beruflich weiter und war dabei sehr erfolgreich.

Textbausteine (weiblich)

169

4.4.3 Note 3

a)	Sie erweiterte und aktualisierte mit Gewinn ihre Fachkenntnisse durch die Teilnahme an Weiterbildungsveranstaltungen und nutzte so immer wieder dem Unternehmen.
b)	Hervorheben möchten wir, dass sie ihr Fachwissen durch den Besuch von Weiterbildungsseminaren vertiefte. Aktiv kümmerte sie sich auch um die Fortbildung ihrer Mitarbeiter.
c)	Sie besuchte regelmäßig Weiterbildungsseminare, um ihre Stärken auszubauen und ihre Fachkenntnisse zu erweitern.
d)	Hervorzuheben ist, dass sie regelmäßig an fachbezogenen Weiterbildungsseminaren teilgenommen hat.
e)	Sie bildete sich aus eigener Initiative durch den Besuch interner und externer Seminare beruflich weiter und hatte dabei Erfolg.

4.4.4 Note 4

a)	Sie erweiterte ihre Kenntnisse durch die Teilnahme an Weiterbildungsveranstaltungen in Maßen.
b)	Sie entwickelte ihr Grundwissen, indem sie fachbezogene Seminare besuchte.
c)	Sie besuchte, wenn sie eingeladen wurde, Weiterbildungsseminare, wodurch ihr Wissen erweitert werden konnte.
d)	Sie hat an einem fachbezogenen Weiterbildungsseminar teilgenommen.
e)	Sie bildete sich aus eigener Initiative durch den Besuch interner und externer Seminare beruflich weiter und war dabei teilweise erfolgreich.

Textbausteine (weiblich)

171

4.4.5 Note 5

a)	Es gelang ihr teilweise, ihre Kenntnisse durch die Teilnahme an Weiterbildungsveranstaltungen in Maßen zu erweitern.
b)	Sie festigte ihr Grundwissen, indem sie fachbezogene Seminare besuchte.
c)	Wenn sie eingeladen wurde, besuchte sie Weiterbildungsseminare.
d)	Sie hat an einem Seminar zur beruflichen Weiterbildung teilgenommen.
e)	Sie bildete sich durch den Besuch interner und externer Seminare beruflich weiter und war dabei im Großen und Ganzen erfolgreich.

4.4.6 Note 6

a)	Es gelang ihr teilweise, ihre Kenntnisse durch die Teilnahme an einer Weiterbildungsveranstaltung in Maßen zu erweitern.
b)	Sie war auf dem besten Wege, ihr Grundwissen durch fachbezogene Seminare zu festigen.
c)	Sie bemühte sich, an der beruflichen Weiterbildung teilzunehmen, zu der sie eingeladen wurde.
d)	Sie hat an einem Seminar zur beruflichen Weiterbildung teilgenommen.
e)	Sie nahm sich den Besuch interner und externer Seminare zur beruflichen Weiterbildung vor.

Textbausteine (weiblich)

4.5   Kriterium: Auffassungsgabe und Problemlösung

4.5.1 Note 1

a)	Aufgrund ihrer präzisen Analysefähigkeiten und ihrer sehr schnellen Auffassungsgabe fand sie hervorragende Lösungen, die sie konsequent und erfolgreich in die Praxis umsetzte.
b)	Durch ihre äußerst rasche Auffassungsgabe und ihr methodisches Vorgehen fand sie auch für schwierige Probleme schnell eine kluge und zugleich elegante Lösung. Sie hatte jederzeit einen sehr guten Überblick über die Aufgaben, die in ihrem Bereich anfielen.
c)	Durch ihre blitzschnelle Auffassungsgabe war Frau (Name) sofort in der Lage, neue Entwicklungen zu überschauen und Folgen präzise einzuschätzen.
d)	Durch ihre ausgeprägten analytischen Denkfähigkeiten und ihre sehr schnelle Auffassungsgabe hat sie stets zu effektiven Lösungen gefunden, die wir Gewinn bringend einsetzen.
e)	Ihre äußerst schnelle Auffassungsgabe ermöglichte es Frau (Name), auch schwierigste Situationen sofort zu überblicken und dabei stets das Wesentliche zu erkennen.

4.5.2 Note 2

a)	Aufgrund ihrer genauen Analysefähigkeiten und ihrer schnellen Auffassungsgabe fand sie gute Lösungen, die sie konsequent und erfolgreich in die Praxis umsetzte.
b)	Die Verbindung von rascher Auffassungsgabe und gut ausgebildeter Methodik ließen sie auftretende Probleme schnell einer eleganten Lösung zuführen. Sie hatte jederzeit einen guten Überblick über die Aufgaben, die in ihrem Bereich anfielen.
c)	Durch ihre gute Auffassungsgabe war Frau (Name) immer in der Lage, neue Entwicklungen zu überschauen und deren Folgen einzuschätzen.
d)	Durch ihre geschulten analytischen Denkfähigkeiten und ihre schnelle Auffassungsgabe hat sie effektive Lösungen gefunden, die wir stets mit Gewinn einsetzten.
e)	Ihre sehr schnelle Auffassungsgabe ermöglichte es Frau (Name), auch schwierige Sachverhalte sofort zu überblicken und dabei das Wesentliche zu erkennen.

Textbausteine (weiblich)

4.5.3 Note 3

a)	Aufgrund ihrer Fähigkeit, Situationen schnell zu erfassen und treffend zu analysieren hat sie immer wieder gute Lösungen in die Praxis umsetzen können.
b)	Die Verbindung von rascher Auffassungsgabe und ausgebildeter Methodik ließen sie auftretende Fragen einer guten Lösung zuführen. Sie hatte einen guten Überblick über die Aufgaben, die in ihrem Bereich anfielen.
c)	Durch ihre befriedigende Auffassungsgabe war Frau (Name) in der Lage, neue Entwicklungen zu überschauen und deren Folgen abzuschätzen.
d)	Durch ihr geschultes analytisches Denkvermögen und ihre schnelle Auffassungsgabe hat sie effektive Lösungen gefunden, die wir mit Gewinn einsetzten.
e)	Ihre schnelle Auffassungsgabe ermöglichte es Frau (Name), auch schwierigere Sachverhalte sofort zu überblicken und dabei das Wesentliche zu erkennen.

4.5.4 Note 4

a)	Aufgrund ihrer Fähigkeit, Situationen meist schnell zu erfassen und häufig trefflich zu analysieren, konnte sie immer wieder gute Lösungen anbieten.
b)	Die Verbindung von rascher Auffassungsgabe mit geübter Methodik ermöglichte es ihr, auftretende Fragen in angemessener Zeit zu lösen.
c)	Durch ihre befriedigende Auffassungsgabe war Frau (Name) in der Lage, neue Entwicklungen zu überschauen und deren Folgen einzugrenzen.
d)	Durch den häufigen Einsatz ihres analytischen Denkvermögens und ihrer meist raschen Auffassungsgabe hat sie immer wieder Wege gefunden, die teilweise für Problemlösungen ausschlaggebend waren.
e)	Ihre meist schnelle Auffassungsgabe ermöglichte es Frau (Name), auch schwierigere Sachverhalte zu überblicken und dabei sehr oft das Wesentliche zu erkennen.

Textbausteine (weiblich)

177

4.5.5 Note 5

a)	Aufgrund ihrer Fähigkeit, sich Problemen vorsichtig zu nähern und sie auch analytisch anzugehen, konnte sie immer wieder gute Lösungen anbieten.
b)	Die Verbindung von rascher Auffassungsgabe und erprobter Methodik ermöglichte es ihr, auftretende Fragen mit Unterstützung ihrer Vorgesetzten zu lösen.
c)	Durch ihre ausreichende Auffassungsgabe war Frau (Name) häufiger in der Lage, neue Entwicklungen zu überschauen und deren Folgen einzugrenzen.
d)	Durch den gelegentlichen Einsatz ihres analytischen Denkvermögens und ihrer meist raschen Auffassungsgabe hat sie verschiedentlich Wege gefunden, die teilweise für Problemlösungen wegweisend waren.
e)	Ihre durchschnittliche Auffassungsgabe ermöglichte es Frau (Name), auch schwierigere Sachverhalte zu überblicken und dabei mit Unterstützung ihrer Vorgesetzten sehr oft das Wesentliche zu erkennen.

Textbausteine (weiblich)

4.5.6 Note 6

a)	Aufgrund ihrer Bereitschaft, sich mit neuen Arbeitsbereichen zu befassen und sich ihnen auch analytisch zu nähern, hatte sie immer die Möglichkeit, Lösungen anzubieten.
b)	Das Zusammentreffen von Auffassungsgabe und Methodik ermöglichte es ihr, auftretende Probleme oft rechtzeitig zu erkennen.
c)	Durch ihre Auffassungsgabe war Frau (Name) verschiedentlich in der Lage, neue Entwicklungen nachzuvollziehen.
d)	Durch den Einsatz ihres analytischen Denkvermögens und ihre Versuche, Fragestellungen stets rasch aufzufassen, hat sie verschiedentlich Wege gefunden, die teilweise für Problemlösungen wegweisend waren.
e)	Ihre vorhandene Auffassungsgabe ermöglichte es Frau (Name), sich zu bemühen, auch schwierigere Sachverhalte zu überblicken und dabei mit Unterstützung ihrer Vorgesetzten sehr oft das Wesentliche zu erkennen.

Textbausteine (weiblich)

4.6   Kriterium: Denk- und Urteilsvermögen

4.6.1   Note 1

a)	Hervorzuheben sind ihre hoch entwickelte Fähigkeit, stets konzeptionell und konstruktiv zu arbeiten, sowie ihre immer präzise Urteilsfähigkeit.
b)	Durch ihr konzeptionelles, kreatives und logisches Denken fand sie für alle auftretenden Probleme stets ausgezeichnete Lösungen.
c)	Auch in prekären Situationen bewies sie eine ganz beachtliche Weitsicht, die es ihr ermöglichte, immer zutreffend und zugleich verantwortungsvoll zu urteilen.
d)	Dank ihrer stets ausgezeichneten Denkfähigkeit und ihrer überaus sicheren Urteilsfähigkeit konnte sie jede Problemlage brillant meistern.
e)	Durch ihr ausgeprägt logisches und analytisches Denkvermögen kam Frau (Name) auch in schwierigen Situationen zu einem eigenständigen, abgewogenen und immer zutreffenden Urteil.

4.6.2 Note 2

a)	Hervorzuheben sind ihre gut entwickelte Fähigkeit, konzeptionell und konstruktiv zu arbeiten, sowie ihre präzise Urteilsfähigkeit.
b)	Durch ihr konzeptionelles, kreatives und logisches Denken fand sie für alle auftretenden Probleme ausgezeichnete Lösungen.
c)	Auch in prekären Situationen bewies sie eine beachtliche Weitsicht, die es ihr ermöglichte, zutreffend und verantwortungsvoll zu urteilen.
d)	Dank ihrer hervorragenden Denkfähigkeit und ihrer sicheren Urteilsfähigkeit konnte sie jede Problemlage meistern.
e)	Durch ihr logisches und analytisches Denkvermögen kam Frau (Name) auch in schwierigen Situationen zu einem eigenständigen, abgewogenen und immer zutreffenden Urteil.

Textbausteine (weiblich)

4.6.3 Note 3

a)	Hervorzuheben sind ihre befriedigend entwickelte Fähigkeit, konzeptionell und konstruktiv zu arbeiten, sowie ihre Urteilsfähigkeit.
b)	Durch ihr konzeptionelles, kreatives und logisches Denken fand sie für alle auftretenden Probleme stets befriedigende Lösungen.
c)	Sie bewies eine beachtliche Weitsicht, die es ihr ermöglichte, zutreffend und verantwortungsvoll zu urteilen.
d)	Dank ihrer Urteils- und Denkfähigkeit konnte sie viele Problemlagen meistern.
e)	Durch ihr logisches und analytisches Denkvermögen kam Frau (Name) auch in schwierigen Situationen zu einem eigenständigen, abgewogenen und zutreffenden Urteil.

4.6.4 Note 4

a)	Hervorzuheben sind ihre sich entwickelnde Fähigkeit, konzeptionell und konstruktiv zu arbeiten, sowie ihre Urteilsfähigkeit.
b)	Wenn sie ihre Fähigkeit, konzeptionell, kreativ und logisch zu denken einsetzte, fand sie für auftretende Probleme auch Lösungen.
c)	Sie bewies häufig Weitsicht, die es ihr ermöglichte, meist zutreffend und verantwortungsvoll zu urteilen.
d)	Dank ihrer Urteils- und Denkfähigkeit fand sie in manchen Problemlagen einen Ausweg.
e)	In allen ihr vertrauten Zusammenhängen konnte sie sich auf ihre Urteilsfähigkeit stützen.

Textbausteine (weiblich)

4.6.5 Note 5

a)	Erwähnenswert ist ihre Fähigkeit, im Wesentlichen konzeptionell und konstruktiv zu arbeiten.
b)	Immer wieder setzte sie ihre teilweise ausgeprägte Fähigkeit, konzeptionell, kreativ und logisch zu denken, ein.
c)	Sie sah häufig über die Grenzen des ihr Bekannten hinaus, und gelangte so zu neuen Einschätzungen.
d)	Dank ihrer Urteils- und Denkfähigkeit konnte sie in vielen Problemlagen bestehen.
e)	In allen ihr vertrauten Zusammenhängen konnte sie sich im Wesentlichen auf ihre Urteilsfähigkeit stützen.

4.6.6 Note 6

a)	Erwähnenswert ist ihre Fähigkeit, mit Kollegen zusammen konzeptionell und konstruktiv vorzugehen.
b)	Immer setzte sie ihre Fähigkeit ein, zentrale Aspekte einer Frage konzeptionell, kreativ und logisch anzugehen.
c)	Sie sah gelegentlich über die Grenzen des ihr Bekannten hinaus, und gelangte so zu verschiedenen Einschätzungen.
d)	Dank ihrer Urteils- und Denkfähigkeit konnte sie in einigen Problemlagen bestehen.
e)	In allen ihr vertrauten Zusammenhängen versuchte sie, sich auf ihre Urteilsfähigkeit zu stützen.

Textbausteine (weiblich)

4.7 Kriterium: Leistungsbereitschaft

4.7.1 Note 1

a)	Frau (Name) ist eine überdurchschnittlich engagierte Führungskraft, die ihre Aufgaben jederzeit mit voller Einsatzbereitschaft erfolgreich erfüllte.
b)	Frau (Name) erledigte ihre Aufgaben mit beispielhaftem Engagement und sehr großem persönlichem Einsatz während ihrer gesamten Beschäftigungszeit in unserem Unternehmen.
c)	Frau (Name) ergriff von sich aus die Initiative und setzte sich mit größter Leistungsbereitschaft für unser Unternehmen und unsere Kunden ein.
d)	Frau (Name) hat mit ihrem äußerst hohen Engagement einen sehr guten Beitrag zum Erfolg unserer Produkte geleistet.
e)	Frau (Name) zeigte jederzeit hohe Eigeninitiative und identifizierte sich immer voll mit ihren Aufgaben sowie dem Unternehmen, wobei sie auch durch ihre große Einsatzfreude überzeugte.

4.7.2 Note 2

a)	Frau (Name) ist eine engagierte Führungskraft, die ihre Aufgaben jederzeit mit vollem Einsatz erfolgreich durchführte.
b)	Frau (Name) erledigte ihre Aufgaben mit großem Engagement und persönlichem Einsatz während ihrer gesamten Beschäftigungszeit in unserem Unternehmen.
c)	Frau (Name) ergriff von sich aus die Initiative und setzte sich mit großer Einsatzbereitschaft für unser Unternehmen und unsere Kunden ein.
d)	Frau (Name) hat mit ihrem hohen Engagement einen guten Beitrag zum Erfolg unserer Produkte geleistet.
e)	Frau (Name) zeigte eine hohe Eigeninitiative und identifizierte sich voll mit ihren Aufgaben sowie dem Unternehmen, wobei sie auch durch ihre große Einsatzfreude überzeugte.

Textbausteine (weiblich)

187

4.7.3 Note 3

a)	Frau (Name)ist eine engagierte Führungskraft, die ihre Aufgaben mit vollem Einsatz erfolgreich durchführte.
b)	Frau (Name) erledigte ihre Aufgaben mit durchschnittlichem Engagement und persönlichem Einsatz während ihrer gesamten Beschäftigungszeit in unserem Unternehmen.
c)	Frau (Name) ergriff selbst die Initiative und zeigte große Einsatzbereitschaft für unser Unternehmen und unsere Kunden.
d)	Frau (Name) hat mit bedeutendem Einsatzwillen immer wieder gute Beiträge zum Erfolg unserer Produkte geleistet.
e)	Frau (Name) zeigte Eigeninitiative und identifizierte sich mit ihren Aufgaben sowie dem Unternehmen, wobei sie auch durch ihre Einsatzfreude überzeugte.

4.7.4 Note 4

a)	Frau (Name) ist eine grundsätzlich engagierte Führungskraft, die ihre Aufgaben mit großer Leistungsbereitschaft durchführte.
b)	Frau (Name) erledigte ihre Aufgaben und zeigte dabei Engagement und persönlichen Einsatz während ihrer gesamten Beschäftigungszeit in unserem Unternehmen.
c)	Frau (Name) ergriff selbst die Initiative und zeigte Einsatzbereitschaft für unser Unternehmen und unsere Kunden.
d)	Frau (Name) hat mit Einsatzwillen immer wieder Beiträge zum Erfolg unserer Produkte geleistet.
e)	Frau (Name) zeigte Eigeninitiative und identifizierte sich mit ihren Aufgaben sowie dem Unternehmen, wobei sie auch bezüglich ihrer Einsatzfreude unsere Erwartungen erfüllen konnte.

Textbausteine (weiblich)

189

4.7.5 Note 5

a)	Frau (Name) ist eine zumeist engagierte Führungskraft, die ihre Aufgaben mit großer Bereitschaft, viel zu leisten, durchführte.
b)	Frau (Name) erledigte im Wesentlichen ihre Aufgaben und zeigte dabei oft Engagement und persönlichen Einsatz.
c)	Frau (Name) konnte auch aus eigener Initiative Einsatzbereitschaft für unser Unternehmen und unsere Kunden entwickeln.
d)	Frau (Name) hat häufig mit großem Einsatz Beiträge zum Erfolg unserer Produkte erbracht.
e)	Frau (Name) zeigte im Großen und Ganzen genügend Eigeninitiative und identifizierte sich mit ihren Aufgaben sowie dem Unternehmen, wobei sie auch bezüglich ihrer Einsatzfreude unsere Erwartungen im Wesentlichen erfüllen konnte.

4.7.6 Note 6

a)	Frau (Name) war stets darauf bedacht, ihre Aufgaben mit großem Engagement durchzuführen.
b)	Frau (Name) erledigte im Wesentlichen ihre Aufgaben mit Unterstützung ihres Vorgesetzten und zeigte dabei auch Engagement und persönlichen Einsatz.
c)	Frau (Name) hat Absprachen über ihre Einsatzbereitschaft häufig gegenüber unserer Firma und unseren Kunden eingehalten.
d)	Frau (Name) hat häufig ihren Willen gezeigt, Beiträge zum Erfolg unserer Produkte zu erbringen.
e)	Frau (Name) bemühte sich im Großen und Ganzen um Eigeninitiative und identifizierte sich mit ihren Aufgaben sowie dem Unternehmen, wobei sie auch bezüglich ihrer Einsatzfreude unsere Erwartungen im Großen und Ganzen erfüllen konnte.

Textbausteine (weiblich)

191

4.8 Kriterium: Belastbarkeit

4.8.1 Note 1

a)	Auch in Stresssituationen erzielte sie sehr gute Leistungen in qualitativer und quantitativer Hinsicht und war auch stärkstem Arbeitsanfall immer gewachsen.
b)	Sie war eine äußerst belastbare Mitarbeiterin, die die hohen Anforderungen ihrer wichtigen Position auch unter schwierigen Umständen und hohem Termindruck sehr gut meisterte.
c)	Auch unter schwierigsten Arbeitsbedingungen bewältigte sie alle Aufgaben in hervorragender Weise.
d)	Auch unter schwierigsten Arbeitsbedingungen und stärkster Belastung erfüllte sie unsere Erwartungen in bester Weise.
e)	Auch unter stärkster Belastung behielt sie die Übersicht, handelte überlegt und bewältigte alle Aufgaben in hervorragender Weise.

4.8.2 Note 2

a)	Auch unter starker Belastung behielt sie die Übersicht, handelte überlegt und bewältigte alle Aufgaben in guter Weise.
b)	Sie war immer eine belastbare Mitarbeiterin, ihre Arbeitsqualität war auch bei wechselnden Anforderungen immer gut.
c)	Auch unter schwierigen Arbeitsbedingungen bewältigte sie alle Aufgaben in guter Weise.
d)	Auch unter schwierigen Arbeitsbedingungen und starker Belastung erfüllte sie unsere Erwartungen in guter Weise.
e)	Auch unter starker Belastung erfüllte sie unsere Erwartungen in guter Weise.

Textbausteine (weiblich)

4.8.3 Note 3

a)	Auch starkem Arbeitsanfall war sie gewachsen.
b)	Auch unter schwierigen Arbeitsbedingungen und starker Belastung erfüllte sie unsere Erwartungen stets in zufrieden stellender Weise.
c)	Auch unter starker Belastung behielt sie die Übersicht, handelte überlegt und bewältigte alle Aufgaben in zufrieden stellender Weise.
d)	Sie zeigte sich auch bei der Bewältigung neuer Aufgabenbereiche flexibel und aufgeschlossen.
e)	Sie war eine belastbare Mitarbeiterin, ihre Arbeitsqualität war auch bei wechselnden Anforderungen zufrieden stellend.

4.8.4 Note 4

a)	Dem üblichen Arbeitsanfall war sie gewachsen.
b)	Auch unter erschwerten Arbeitsbedingungen und starker Belastung erfüllte sie unsere Erwartungen in zufrieden stellender Weise.
c)	Auch unter starker Belastung behielt sie die Übersicht, handelte überlegt und bewältigte die wesentlichen Aufgaben in zufrieden stellender Weise.
d)	Sie passte sich neuen Arbeitssituationen an.
e)	Auch unter schwierigen Arbeitsbedingungen und starker Belastung erfüllte sie unsere Erwartungen im Wesentlichen in zufrieden stellender Weise.

Textbausteine (weiblich)

4.8.5 Note 5

a)	Sie war stets bemüht, den üblichen Arbeitsanfall zu bewältigen.
b)	Auch unter erschwerten Arbeitsbedingungen und starker Belastung erfüllte sie unsere Erwartungen im Großen und Ganzen in zufrieden stellender Weise.
c)	Auch unter starker Belastung behielt sie meistens die Übersicht, handelte überlegt und bewältigte die wesentlichen Aufgaben in zufrieden stellender Weise.
d)	Sie hielt sich auch bei starkem Arbeitsanfall im Großen und Ganzen an zeitliche Vorgaben.
e)	Sie passte sich den Arbeitssituationen meist ohne Schwierigkeiten an.

4.8.6 Note 6

a)	Sie war bemüht, den üblichen Arbeitsanfall zu bewältigen.
b)	Auch unter erschwerten Arbeitsbedingungen und starker Belastung bemühte sie sich, unsere Erwartungen im Großen und Ganzen zu erfüllen.
c)	Auch unter starker Belastung versuchte sie meistens, die Übersicht zu behalten, überlegt zu handeln und die wesentlichen Aufgaben zu bewältigen.
d)	Sie war bestrebt, sich den Arbeitssituationen anzupassen.
e)	Auch bei starkem Arbeitsanfall war sie bemüht, gute Arbeitsergebnisse zu erzielen.

Textbausteine (weiblich)

4.9 Kriterium: Arbeitsweise

4.9.1 Note 1

a)	Stets arbeitete Frau (Name) äußerst umsichtig, sehr gewissenhaft und genau. Ihre Vorgehensweise war sehr gut durchdacht und praxisgerecht.
b)	Jederzeit war das Vorgehen von Frau (Name) sehr gut geplant, äußerst zügig und ergebnisorientiert.
c)	Immer arbeitete Frau (Name) äußerst zügig, ergebnisorientiert und präzise.
d)	In allen Situationen handelte Frau (Name) außerordentlich verantwortungsbewusst, zielorientiert und gewissenhaft.
e)	In allen Situationen handelte Frau (Name) mit sehr großer Umsicht und Zielorientierung.

4

4.9.2 Note 2

a)	Stets arbeitete Frau (Name) sehr umsichtig, gewissenhaft und genau. Ihre Vorgehensweise war gut durchdacht und praxisgerecht.
b)	Jederzeit war das Vorgehen von Frau (Name) gut geplant, zügig und ergebnisorientiert.
c)	Immer arbeitete Frau (Name) sehr zügig, ergebnisorientiert und präzise.
d)	In allen Situationen handelte Frau (Name) sehr verantwortungsbewusst, zielorientiert und gewissenhaft.
e)	In allen Situationen handelte Frau (Name) mit großer Umsicht und Zielorientierung.

4.9.3 Note 3

a)	Bei der Erledigung ihrer Aufgaben arbeitete Frau (Name) umsichtig, gewissenhaft und genau.
b)	Bei der Erledigung ihrer Aufgaben ging Frau (Name) planvoll, systematisch und ergebnisorientiert.
c)	Bei der Erledigung ihrer Aufgaben ging Frau (Name) zügig und dabei ergebnisorientiert und präzise vor.
d)	Bei der Erledigung ihrer Aufgaben handelte Frau (Name) verantwortungsbewusst, zielorientiert und gewissenhaft.
e)	Bei der Erledigung ihrer Aufgaben handelte Frau (Name) mit Umsicht und Zielorientierung.

4.9.4 Note 4

a)	Grundsätzlich arbeitete Frau (Name) umsichtig, gewissenhaft und genau.
b)	Im Allgemeinen ging Frau (Name) planvoll, systematisch und ergebnisorientiert vor.
c)	Prinzipiell war das Vorgehen von Frau (Name) zügig, ergebnisorientiert und präzise.
d)	Generell agierte Frau (Name) verantwortungsbewusst, zielorientiert und gewissenhaft.
e)	Frau (Name) bewältigte grundsätzlich ihre Aufgaben mit Sorgfalt und Genauigkeit.

4.9.5 Note 5

a)	In den meisten Fällen arbeitete Frau (Name) umsichtig, gewissenhaft und genau.
b)	Vorwiegend ging Frau (Name) planvoll, systematisch und ergebnisorientiert vor.
c)	Größtenteils war das Vorgehen von Frau (Name) zügig, ergebnisorientiert und präzise.
d)	Meistens agierte Frau (Name) im Großen und Ganzen verantwortungsbewusst, zielorientiert und gewissenhaft.
e)	Frau (Name) erledigte die ihr anvertrauten Aufgaben zumeist sorgfältig und genau.

4.9.6 Note 6

a)	Stets bemühte sich Frau (Name), umsichtig, gewissenhaft und genau zu arbeiten.
b)	Immer versuchte Frau (Name), planvoll, systematisch und ergebnisorientiert vorzugehen.
c)	Jederzeit war Frau (Name) bestrebt, zügig, ergebnisorientiert und präzise zu arbeiten.
d)	Im Großen und Ganzen versuchte Frau (Name), verantwortungsbewusst, zielorientiert und gewissenhaft vorzugehen.
e)	Frau (Name) war meist in der Lage, ihre Aufgaben mit Engagement und Eigeninitiative zu erfüllen.

Textbausteine (weiblich)

4.10 Kriterium: Zuverlässigkeit

4.10.1 Note 1

a)	Vertrauenswürdigkeit und absolute Zuverlässigkeit zeichneten ihren Arbeitsstil jederzeit aus.
b)	Sie zeichnete sich stets durch ihre außerordentliche Verlässlichkeit aus.
c)	Sie arbeitete absolut zuverlässig und sehr genau.
d)	Sie überzeugte stets durch ihre sehr hohe Zuverlässigkeit.
e)	Sie war in besonders hohem Maße zuverlässig.

4.10.2 Note 2

a)	Vertrauenswürdigkeit und Zuverlässigkeit zeichneten ihren Arbeitsstil aus.
b)	Sie zeichnete sich durch ihre hohe Verlässlichkeit aus.
c)	Sie arbeitete stets zuverlässig und sehr genau.
d)	Sie überzeugte durch ihre sehr hohe Zuverlässigkeit.
e)	Sie war in hohem Maße zuverlässig.

Textbausteine (weiblich)

4.10.3   Note 3

a)	Vertrauenswürdigkeit und Zuverlässigkeit prägten ihre Arbeiten.
b)	Sie zeigte eine hohe Verlässlichkeit.
c)	Sie arbeitete zuverlässig und genau.
d)	Sie bewies Zuverlässigkeit und war vertrauenswürdig.
e)	Sie war immer zuverlässig.

4.10.4 Note 4

a)	Sie erwies sich in entscheidenden Situationen als zuverlässig.
b)	Sie konnte durch ihre Zuverlässigkeit in entscheidenden Situationen überzeugen.
c)	Sie war verlässlich.
d)	Sie zeichnete sich durch ihre Zuverlässigkeit in einigen wichtigen Situationen aus.
e)	Sie bearbeitete die wichtigsten Aufgaben mit großer Zuverlässigkeit und Sorgfältigkeit.

Textbausteine (weiblich)

4.10.5   Note 5

a)	Sie erwies sich in den entscheidenden Situationen im Großen und Ganzen als zuverlässig.
b)	Sie konnte durch ihre hohe Zuverlässigkeit in den entscheidenden Situationen im Großen und Ganzen überzeugen.
c)	Sie war in den meisten Fällen verlässlich.
d)	Sie zeichnete sich durch ihre Verlässlichkeit in einigen Situationen aus.
e)	Sie bewältigte die entscheidenden Aufgabengebiete in der Regel zuverlässig.

4.10.6 Note 6

a)	Sie bemühte sich stets, zuverlässig zu sein.
b)	Sie war um ein zuverlässiges Vorgehen immer sehr bemüht.
c)	Sie war stets bereit, zuverlässige Mitarbeiter anzuerkennen.
d)	Sie versuchte immer, unseren Anforderungen in Bezug auf die erwartete Zuverlässigkeit gerecht zu werden.
e)	Sie bemühte sich stets, ihre Aufgaben sorgfältig zu erfüllen.

Textbausteine (weiblich)

4.11 Kriterium: Arbeitsergebnis

4.11.1 Note 1

a)	Selbst für schwierigste Problemstellungen fand und realisierte sie sehr effektive Lösungen und kam daher immer zu ausgezeichneten Arbeitsergebnissen.
b)	Auch für schwierigste Problemstellungen fand Frau (Name) sehr effektive Lösungen, die sie jederzeit erfolgreich in die Praxis umsetzte, wodurch sie sehr gute Resultate erzielte.
c)	In allen Situationen erzielte Frau (Name) ausgezeichnete Arbeitsergebnisse.
d)	Auch für unvorhergesehene Probleme fand Frau (Name) sehr wirksame Lösungsansätze, die sie stets erfolgreich in die Praxis umsetzte.
e)	Die Qualität ihrer Arbeitsergebnisse lag, auch bei schwierigen Arbeiten, objektiven Problemhäufungen sowie Termindruck, sehr weit über unseren Anforderungen.

4.11.2 Note 2

a)	Selbst für schwierige Problemstellungen fand und realisierte sie sehr effektive Lösungen und kam daher zu guten Arbeitsergebnissen.
b)	Auch für schwierige Problemstellungen fand Frau (Name) effektive Lösungen, die sie erfolgreich in die Praxis umsetzte, wodurch sie stets gute Resultate erzielte.
c)	In allen Situationen erzielte Frau (Name) gute Arbeitsergebnisse.
d)	Auch für unvorhergesehene Probleme fand Frau (Name) wirksame Lösungsansätze, die sie erfolgreich in die Praxis umsetzte.
e)	Die Qualität ihrer Arbeitsergebnisse lag, auch bei schwierigen Arbeiten, objektiven Problemhäufungen sowie unter Termindruck, deutlich über unseren Anforderungen.

Textbausteine (weiblich)

4.11.3   Note 3

a)	Für Problemstellungen fand und realisierte Frau (Name) brauchbare Lösungen und kam stets zu zufrieden stellenden Arbeitsergebnissen.
b)	Auch für schwierigere Problemstellungen fand Frau (Name) effektive Lösungen, die sie in die Praxis umsetzte, wodurch sie stets sehr solide Resultate erzielte.
c)	In allen Situationen erzielte Frau (Name) zufrieden stellende Arbeitsergebnisse.
d)	Auch für unvorhergesehene Probleme fand Frau (Name) sehr zufrieden stellende Lösungsansätze, die sie auch in die Praxis umsetzte.
e)	Die Qualität ihrer Arbeitsergebnisse lag, auch bei schwierigen Arbeiten, objektiven Problemhäufungen sowie unter Termindruck, deutlich über unseren Anforderungen.

4.11.4 Note 4

a)	Für Problemstellungen fand und realisierte Frau (Name) Lösungen und kam zu zufrieden stellenden Arbeitsergebnissen.
b)	Für Problemstellungen fand Frau (Name) Lösungen, die sie in die Praxis umsetzte, wodurch sie solide Resultate erzielte.
c)	In den entscheidenden Situationen erzielte Frau (Name) zufrieden stellende Arbeitsergebnisse.
d)	Auch für unvorhergesehene Probleme fand Frau (Name) Lösungsansätze, die sie in der Regel erfolgreich in die Praxis umsetzte.
e)	Frau (Name)s Arbeitsqualität entsprach unseren Anforderungen.

4.11.5 Note 5

a)	Für einfache Problemstellungen fand und realisierte Frau (Name) Lösungen und kam im Großen und Ganzen zu brauchbaren Arbeitsergebnissen.
b)	Für einfache Problemstellungen fand Frau (Name) Lösungen, die sie oft auch in die Praxis umsetzte, wodurch sie im Großen und Ganzen solide Resultate erzielte.
c)	In den meisten Situationen erzielte Frau (Name) im Großen und Ganzen solide Arbeitsergebnisse.
d)	Auch bei unvorhergesehenen Problemen arbeitete Frau (Name) an Lösungsansätzen, die wir in die Praxis umsetzen konnten.
e)	Frau (Name)s Arbeitsqualität entsprach im Großen und Ganzen unseren Anforderungen.

4.11.6 Note 6

a)	Für einfache Problemstellungen suchte Frau (Name) Lösungen, so dass sie im Großen und Ganzen zu brauchbaren Arbeitsergebnissen kam.
b)	Für einfache Problemstellungen suchte Frau (Name) Lösungen, deren Umsetzung in die Praxis sie anstrebte, wodurch sie im Großen und Ganzen Resultate im Rahmen unserer Erwartungen erzielte.
c)	In den meisten Situationen bemühte sich Frau (Name) um solide Arbeitsergebnisse.
d)	Auch bei unvorhergesehenen Problemen arbeitete Frau (Name) an Lösungsansätzen, deren Umsetzung in die Praxis sie anstrebte.
e)	Frau (Name)s Arbeitsqualität entsprach meistens unseren Anforderungen.

Textbausteine (weiblich)

4.12 Kriterium: Besondere Arbeitserfolge

4.12.1 Note 1

a)	Im Laufe ihrer Unternehmenszugehörigkeit hat sie viele wichtige Projekte mit sehr großem Erfolg geleitet. Durch ihr überaus systematisches Vorgehen und ihren sehr kooperativen Führungsstil konnte sie ihre Projekte stets mit sehr hoher Zuverlässigkeit sowie zeitplan- und budgetgerecht abschließen.
b)	Jederzeit hatte sie mit außerordentlichem Erfolg unsere wirtschaftlichen Belange im Blick. So konnte sie mit ihrer Abteilung stets die höchsten Deckungsbeiträge im Unternehmen erreichen. Besonders hervorheben möchten wir, dass sie in der Sparte … ein Umsatzwachstum von 20 Prozent in zwei Jahren verwirklichte.
c)	Sie verwirklichte in ihrer Abteilung unter anderem einen ausgezeichneten neuen Produktionsprozess, der die Herstellungsdauer um 20 Prozent verkürzte und es uns ermöglichte, regelmäßig vor der Konkurrenz auf dem Markt zu sein.
d)	Wir verdanken ihr insbesondere den derzeitigen technischen Spitzenstand unserer Produkte und unsere Vormachtsstellung auf dem Markt. Ihr besonderer Verdienst liegt darin, unsere Produktentwicklungen stets sehr erfolgreich vorangetrieben und dabei auch jederzeit den Sinn für das wirtschaftlich Machbare beachtet zu haben.
e)	Besonders hervorzuheben sind ihre exzellenten Erfolge im Krisenmanagement. So konnte sie zum Beispiel während der letzten Rohstoffkrise mit sehr viel Geschick und hohem Verantwortungsbewusstsein sowohl unsere externen Partner (Lieferanten, Banken) als auch unsere Belegschaft davon überzeugen, weiterhin vertrauensvoll mit uns zusammenzuarbeiten.

4.12.2 Note 2

a)	Im Laufe ihrer Unternehmenszugehörigkeit hat sie wichtige Projekte mit großem Erfolg geleitet. Durch ihr überaus systematisches Vorgehen und ihren kooperativen Führungsstil konnte sie ihre Projekte stets mit großer Zuverlässigkeit sowie zeitplan- und budgetgerecht abschließen.
b)	Jederzeit hatte sie mit großem Erfolg unsere wirtschaftlichen Belange im Blick. So konnte sie mit ihrer Abteilung mehrfach die höchsten Deckungsbeiträge im Unternehmen erreichen. Besonders hervorheben möchten wir, dass sie in der Sparte ... ein Umsatzwachstum von 20 Prozent in zwei Jahren verwirklichte.
c)	Sie verwirklichte in ihrer Abteilung unter anderem einen sehr rentablen neuen Produktionsprozess, der die Herstellungsdauer um 20 Prozent verkürzte und es uns ermöglichte, regelmäßig vor der Konkurrenz auf dem Markt zu sein.
d)	Wir verdanken ihr insbesondere den derzeitigen technischen Spitzenstand unserer Produkte und unsere Vormachtsstellung auf dem Markt. Ihr besonderer Verdienst liegt darin, unsere Produktentwicklungen stets erfolgreich vorangetrieben und dabei auch jederzeit den Sinn für das wirtschaftlich Machbare beachtet zu haben.
e)	Besonders hervorzuheben sind ihre sehr guten Erfolge im Krisenmanagement. So konnte sie zum Beispiel während der letzten Rohstoffkrise mit viel Geschick und hohem Verantwortungsbewusstsein sowohl unsere externen Partner (Lieferanten, Banken) als auch unsere Belegschaft davon überzeugen, weiterhin vertrauensvoll mit uns zusammenzuarbeiten.

Textbausteine (weiblich)

4.12.3 Note 3

a)	Im Laufe ihrer Unternehmenszugehörigkeit hat sie wichtige Projekte mit Erfolg geleitet. Durch ihr systematisches Vorgehen und ihren kooperativen Führungsstil konnte sie ihre Projekte zeitplan- und budgetgerecht abschließen.
b)	Unsere wirtschaftlichen Belange behielt sie im Blick. So konnte sie mit ihrer Abteilung mehrfach positiv zum Unternehmenserfolg beitragen.
c)	Durch die Umsetzung eines neuen Produktionsprozesses gelang es ihr die Herstellungsdauer unserer Produkte zu verkürzen.
d)	Wir bestätigen ihr gern einen wichtigen Anteil an dem derzeitigen technischen Spitzenstand unserer Produkte und unserer Vormachtsstellung auf dem Markt.
e)	Besonders hervorzuheben sind ihre Erfolge im Krisenmanagement. So konnte sie zum Beispiel während der letzten Rohstoffkrise dazu beitragen, dass unsere externen Partner (Lieferanten, Banken) weiterhin vertrauensvoll mit uns zusammenzuarbeiten.

4.12.4 Note 4

a)	Im Laufe ihrer Unternehmenszugehörigkeit konnte sie einige Projekte mit Erfolg leiten. Durch ihr systematisches Vorgehen und ihren kooperativen Führungsstil konnte sie diese überwiegend zeitplan- und budgetgerecht abschließen.
b)	Im Großen und Ganzen hatte sie die wirtschaftlichen Belange ihrer Firma im Blick. So arbeitete sie mit ihrer Abteilung zumeist rentabel.
c)	Durch die Umsetzung eines neuen Produktionsprozesses trug sie dazu bei, dass wir die Herstellungsdauer unserer Produkte verkürzen konnten.
d)	Durch ihre aktive Unterstützung bei unseren Produktentwicklungen können wir ihr durchaus einen Anteil an dem derzeitigen technischen Spitzenstand unserer Produkte und unserer Vormachtsstellung auf dem Markt bescheinigen.
e)	Hervorzuheben waren ihre Bemühungen im Krisenmanagement. So konnte sie zum Beispiel während der letzten Rohstoffkrise dazu beitragen, dass unsere externen Partner (Lieferanten, Banken) weiterhin vertrauensvoll mit uns zusammenarbeiteten.

Textbausteine (weiblich)

4.12.5 Note 5

a)	Im Laufe ihrer Unternehmenszugehörigkeit konnten wir ihr einige Projekte anvertrauen, die sie überwiegend zeitplan- und budgetgerecht abgeschlossen hat.
b)	Sie bemühte sich stets, auch die wirtschaftlichen Belange ihrer Firma im Blick zu behalten, um rentabel zu arbeiten.
c)	Durch die Umsetzung eines neuen Produktionsprozesses beabsichtigte sie, die Herstellungsdauer unserer Produkte zu verkürzen.
d)	Durch ihre Unterstützung bei unseren Produktentwicklungen können wir ihr durchaus einen Anteil an dem derzeitigen technischen Spitzenstand unserer Produkte und unserer Vormachtsstellung auf dem Markt bescheinigen.
e)	Hervorzuheben waren ihre Bemühungen im Krisenmanagement. So konnte sie zum Beispiel während der letzten Rohstoffkrise dazu beitragen, dass sowohl unsere externen Partner (Lieferanten, Banken) als auch unsere Belegschaft weiterhin mit uns zusammenarbeiten.

4.12.6 Note 6

a)	Im Laufe ihrer Unternehmenszugehörigkeit konnten wir sie an einigen Projekten beteiligen, die auch überwiegend zeitplan- und budgetgerecht abgeschlossen wurden.
b)	Sie bemühte sich in der Regel, auch die wirtschaftlichen Belange ihrer Firma im Blick zu behalten, um rentabel zu arbeiten.
c)	Durch ihre Mitarbeit trug sie dazu bei, dass wir die Herstellungsdauer unserer Produkte verkürzen konnten.
d)	Durch ihre Mithilfe bei unseren Produktentwicklungen können wir ihr durchaus einen kleinen Anteil an dem derzeitigen technischen Spitzenstand unserer Produkte und unserer Vormachtsstellung auf dem Markt bescheinigen.
e)	Erwähnenswert waren ihre Bemühungen im Krisenmanagement. So versuchte sie zum Beispiel während der letzten Rohstoffkrise dazu beizutragen, dass sowohl unsere externen Partner (Lieferanten, Banken) als auch unsere Belegschaft weiterhin mit uns zusammenarbeiten.

Textbausteine (weiblich)

221

4.13 Kriterium: Führungsfähigkeit

4.13.1 Note 1

a)	Ihre Mitarbeiter motivierte und überzeugte sie durch einen kooperativen Führungsstil. Frau (Name) war als Vorgesetzte jederzeit voll anerkannt, wobei ihr Team unsere hohen Erwartungen nicht nur erfüllte, sondern oftmals sogar übertraf.
b)	Aufgrund ihres kooperativen, sach- und personenbezogenen Führungsstils wurde Frau (Name) von ihren Mitarbeiterinnen und Mitarbeitern, die unter ihrer Anleitung jederzeit hervorragende Leistungen erzielten, stets sehr anerkannt und respektiert. Frau (Name) informierte ihr Team, regte Weiterbildungsmaßnahmen an und delegierte Aufgaben sowie Verantwortung sinnvoll.
c)	Sie überzeugte ihre Mitarbeiter und Mitarbeiterinnen und förderte sehr erfolgreich die Zusammenarbeit. Frau (Name) informierte ihr Team, regte Weiterbildungsmaßnahmen an, delegierte Aufgaben und Verantwortung sinnvoll und erreichte so ein sehr hohes Abteilungsergebnis.
d)	Sie motivierte ihr Team durch einen kooperativen, sach- und personenbezogenen Führungsstil sowie anhand gemeinsam vereinbarter, klarer Zielvorgaben zu anhaltend sehr guten Ergebnissen, wobei sie als Vorgesetzte jederzeit sehr respektiert wurde.
e)	Sie motivierte ihr Team durch einen straffen Führungsstil und klare Zielvorgaben zu anhaltend sehr guten Ergebnissen, wobei sie als Vorgesetzte jederzeit sehr respektiert wurde.

4.13.2 Note 2

a)	Ihre Mitarbeiter motivierte und überzeugte sie durch einen kooperativen Führungsstil. Frau (Name) war als Vorgesetzte anerkannt, und sie erfüllte mit ihrem Team unsere hohen Erwartungen bestens.
b)	Aufgrund ihres kooperativen, sach- und personenbezogenen Führungsstils wurde Frau (Name) von ihren Mitarbeiterinnen und Mitarbeitern, die unter ihrer Anleitung jederzeit hervorragende Leistungen erzielten, stets sehr anerkannt und respektiert. Frau (Name) informierte ihr Team, regte Weiterbildungsmaßnahmen an und delegierte Aufgaben sowie Verantwortung sinnvoll.
c)	Sie überzeugte ihre Mitarbeiterinnen und Mitarbeiter und förderte die Zusammenarbeit. Frau (Name) informierte ihr Team, regte Weiterbildungsmaßnahmen an, delegierte Aufgaben und Verantwortung sinnvoll und erreichte so ein hohes Abteilungsergebnis.
d)	Sie motivierte ihr Team durch einen kooperativen, sach- und personenbezogenen Führungsstil sowie anhand gemeinsam vereinbarter, klarer Zielvorgaben zu anhaltend guten Ergebnissen, wobei sie als Vorgesetzte jederzeit sehr respektiert wurde.
e)	Sie motivierte ihr Team durch einen straffen Führungsstil und klare Zielvorgaben zu anhaltend guten Ergebnissen, wobei sie als Vorgesetzte jederzeit sehr respektiert wurde.

Textbausteine (weiblich)

223

4.13.3 Note 3

a)	Ihre Mitarbeiterinnen und Mitarbeiter führte sie zielbewusst zu überdurchschnittlichen Leistungen.
b)	Sie war jederzeit in der Lage, ihre Mitarbeiterinnen und Mitarbeiter zu motivieren und zu sehr soliden Ergebnissen zu führen.
c)	Sie pflegte einen kooperativen Führungsstil und erzielte mit ihrem Team sehr zufrieden stellende Ergebnisse.
d)	Sie war als Vorgesetzte anerkannt und führte ihr Team sach- und personenbezogen zu stets zufrieden stellenden Leistungen.
e)	Frau (Name) verstand es, ihre Mitarbeiterinnen und Mitarbeiter entsprechend ihren Fähigkeiten einzusetzen und sie zu motivieren.

4.13.4 Note 4

a)	Sie war in der Lage, ihre Mitarbeiterinnen und Mitarbeiter sachgerecht anzuleiten.
b)	Sie motivierte ihre Mitarbeiterinnen und Mitarbeiter und erreichte so befriedigende Leistungen.
c)	Sie motivierte ihre Mitarbeiterinnen und Mitarbeiter zu zufrieden stellenden Leistungen.
d)	Bei Bedarf leitete sie ihre Mitarbeiterinnen und Mitarbeiter fachlich an und führte sie zu soliden Ergebnissen.
e)	Sie verstand es, ihre Mitarbeiterinnen und Mitarbeiter entsprechend ihren Fähigkeiten ordnungsgemäß einzusetzen und sie sachgerecht zu motivieren.

Textbausteine (weiblich)

4.13.5   Note 5

a)	Ihren Mitarbeiterinnen und Mitarbeitern war sie eine verständnisvolle Vorgesetzte.
b)	Sie wurde von ihren Mitarbeiterinnen und Mitarbeitern anerkannt und bewältigte im Wesentlichen die ihrer Abteilung vorgegeben Ziele.
c)	Sie war als Vorgesetzte anerkannt und führte ihr Team im Großen und Ganzen zu zufrieden stellenden Leistungen.
d)	Sie war ihrem Team eine verständnisvolle, angenehme und sehr entgegenkommende Vorgesetzte.
e)	Sie war in der Lage, ihren Mitarbeiterinnen und Mitarbeitern die in ihrer Abteilung vorgegebenen Ziele im Wesentlichen zu vermitteln und sie bei der Umsetzung der Ziele sachgerecht anzuleiten.

4.13.6 Note 6

a)	Sie bemühte sich stets um die Anerkennung seitens ihrer Mitarbeiterinnen und Mitarbeiter.
b)	Sie war stets bestrebt, ihr Team zu den von uns erwarteten Leistungen zu führen.
c)	Sie konnte ihr Team in den meisten Fällen motivieren und war bestrebt, jeden Mitarbeiter zu guten Leistungen zu führen.
d)	Sie versuchte immer, ihren Mitarbeiterinnen und Mitarbeitern eine verständnisvolle und angenehme Vorgesetzte zu sein.
e)	Sie kontrollierte die Arbeitsweise ihrer Mitarbeiterinnen und Mitarbeiter im Wesentlichen zutreffend.

Textbausteine (weiblich)

4.14 Kriterium: Soft Skills

4.14.1 Note 1

a)	Als Führungskraft bewies Frau (Name) ihre ausgezeichnete Integrationsfähigkeit. Sie verstand es jederzeit, alle Mitarbeiter ihres Teams entsprechend ihrer Persönlichkeit und Kompetenz bei der Entscheidungsfindung einzubeziehen und konnte so ein hervorragendes Arbeitsklima in ihrem Team schaffen.
b)	Frau (Name) war stets in der Lage, die in heterogenen Teams notwendig auftretenden Konflikte erfolgreich zu bewältigen. Durch ihr sehr konstruktives Verhalten, überlegtes Handeln und Wertschätzung ihrer Gesprächspartner schuf sie ein sehr positives Arbeitsklima in ihrem Team.
c)	Als Vorgesetzte war Frau (Name) stets offen für Rückmeldungen und Verbesserungsvorschläge ihrer Mitarbeiter. Notwendige Kritik im Team, wie sie immer bei Veränderungsprozessen auftritt, verstand sie als Chance zur Verbesserung und Weiterentwicklung. Dabei war sie jederzeit in der Lage, ihren Mitarbeitern ihrerseits eine zielführende Rückmeldung zu geben und eine produktive, harmonische Arbeitsatmosphäre aktiv zu fördern.
d)	Insbesondere im Rahmen der Projektarbeit konnte Frau (Name) uns von ihrer hervorragenden sozialen Kompetenz überzeugen. Stets wusste sie alle Beteiligten mit Teamgeist und Begeisterungsfähigkeit zu vollem Einsatz und sehr guten Leistungen zu motivieren.
e)	Ihren Mitarbeitern gegenüber war Frau (Name) immer sehr offen und kollegial, sie verstand es dabei zugleich, wenn notwendig, sich in den richtigen Momenten durchzusetzen. Auf diese Weise konnte sie die Mitarbeiter ihres Bereiches stets zu Höchstleistungen anspornen.

4.14.2 Note 2

a)	Als Führungskraft bewies Frau (Name) ihre gute Integrationsfähigkeit. Sie verstand es jederzeit, alle Mitarbeiter ihres Teams entsprechend ihrer Persönlichkeit und Kompetenz bei der Entscheidungsfindung einzubeziehen und konnte so ein hervorragendes Arbeitsklima in ihrem Team schaffen.
b)	Frau (Name) war stets in der Lage, die in heterogenen Teams notwendig auftretenden Konflikte erfolgreich zu bewältigen. Durch ihr konstruktives Verhalten, überlegtes Handeln und Wertschätzung ihrer Gesprächspartner schuf sie ein positives Arbeitsklima in ihrem Team.
c)	Als Vorgesetzte war Frau (Name) offen für Rückmeldungen und Verbesserungsvorschläge ihrer Mitarbeiter. Notwendige Kritik im Team, wie sie immer bei Veränderungsprozessen auftritt, verstand sie als Chance zur Verbesserung und Weiterentwicklung. Dabei war sie in der Lage, ihren Mitarbeitern ihrerseits eine zielführende Rückmeldung zu geben und eine produktive, harmonische Arbeitsatmosphäre zu fördern.
d)	Insbesondere im Rahmen der Projektarbeit konnte Frau (Name) uns von ihrer hohen sozialen Kompetenz überzeugen. Stets wusste sie alle Beteiligten mit Teamgeist und Begeisterungsfähigkeit zu vollem Einsatz und guten Leistungen zu motivieren.
e)	Ihren Mitarbeitern gegenüber war Frau (Name) sehr offen und kollegial, sie verstand es dabei zugleich, wenn notwendig, sich in den richtigen Momenten durchzusetzen. Auf diese Weise konnte sie die Mitarbeiter ihres Bereiches zu Höchstleistungen anspornen.

4.14.3 Note 3

a)	Als Führungskraft bewies Frau (Name) ihre Integrationsfähigkeit. Sie verstand es, alle Mitarbeiter ihres Teams entsprechend ihrer Persönlichkeit und Kompetenz bei der Entscheidungsfindung einzubeziehen, und konnte so ein förderliches Arbeitsklima in ihrem Team schaffen.
b)	Frau (Name) war in der Lage, die in heterogenen Teams notwendig auftretenden Konflikte zu bewältigen. Durch ihr konstruktives Verhalten, überlegtes Handeln und Wertschätzung ihrer Gesprächspartner schuf sie ein positives Arbeitsklima in ihrem Team.
c)	Als Vorgesetzte war Frau (Name) offen für Rückmeldungen und Verbesserungsvorschläge ihrer Mitarbeiter. Notwendige Kritik im Team, wie sie immer bei Veränderungsprozessen auftritt, griff sie auf. Dabei war sie in der Lage, ihren Mitarbeitern ihrerseits Rückmeldung zu geben und eine produktive Arbeitsatmosphäre zu fördern.
d)	Insbesondere im Rahmen der Projektarbeit konnte Frau (Name) uns von ihrer sozialen Kompetenz überzeugen. Sie wusste alle Beteiligten mit Teamgeist und Begeisterungsfähigkeit zu vollem Einsatz und guten Leistungen zu motivieren.
e)	Ihren Mitarbeitern gegenüber war Frau (Name) sehr offen und kollegial, sie verstand es dabei zugleich, wenn notwendig, sich in den richtigen Momenten durchzusetzen. Auf diese Weise konnte sie die Mitarbeiter ihres Bereiches zu Höchstleistungen anspornen.

4.14.4 Note 4

a)	Als Führungskraft bewies uns Frau (Name) ihre Integrationsfähigkeit. Sie verstand es, die Mitarbeiter ihres Teams bei der Entscheidungsfindung einzubeziehen und konnte das Arbeitsklima in ihrem Team verbessern.
b)	Frau (Name) war in der Lage, Konflikte zu bewältigen. Durch ihr konstruktives Verhalten und überlegtes Handeln konnte sie so das Arbeitsklima in ihrem Team fördern.
c)	Als Vorgesetzte war Frau (Name) offen für Rückmeldungen und Verbesserungsvorschläge ihrer Mitarbeiter. Im Gegenzug war sie aber auch in der Lage, ihren Mitarbeitern positive und negative Rückmeldungen zu geben.
d)	Insbesondere im Rahmen der Projektarbeit konnte Frau (Name) uns von ihrer sozialen Kompetenz überzeugen. Im Großen und Ganzen wusste sie alle Beteiligten mit Teamgeist und Begeisterungsfähigkeit zu zufrieden stellenden Leistungen zu motivieren.
e)	Ihren Mitarbeitern gegenüber war Frau (Name) immer offen und kollegial, sie verstand es jedoch auch, sich in den richtigen Momenten durchzusetzen. Auf diese Weise konnte sie die Mitarbeiter ihres Bereiches zu hohen Arbeitsleistungen anspornen.

Textbausteine (weiblich)

4.14.5   Note 5

a)	Als Führungskraft war Frau (Name) stets um Integrationsfähigkeit bemüht. Sie verstand es zumeist, die Mitarbeiter ihres Teams bei der Entscheidungsfindung einzubeziehen und konnte so die Leistungsfähigkeit ihres Bereiches gewährleisten.
b)	Frau (Name) war im Großen und Ganzen in der Lage, Konflikte zu bewältigen. Durch ihr konstruktives Verhalten konnte sie so zu einem recht positiven Arbeitsklima in ihrem Team beitragen.
c)	Als Vorgesetzte war Frau (Name) jederzeit bemüht, Rückmeldungen und Verbesserungsvorschläge ihrer Mitarbeiter ernst zu nehmen.
d)	Insbesondere im Rahmen der Projektarbeit konnte Frau (Name) uns von ihrer sozialen Kompetenz überzeugen. Im Großen und Ganzen wusste sie alle Beteiligten zu zufrieden stellenden Leistungen zu motivieren.
e)	Ihren Mitarbeitern gegenüber war Frau (Name) offen und kollegial, durch diesen Führungsstil konnte sie das Arbeitsniveau in ihrem Bereich gewährleisten.

4.14.6 Note 6

a)	Als Führungskraft war Frau (Name) um Integrationsfähigkeit bemüht. Sie verstand es zumeist, die Mitarbeiter ihres Teams bei der Entscheidungsfindung einzubeziehen und konnte so die Leistungsfähigkeit ihres Bereiches gewährleisten.
b)	Frau (Name) war im Großen und Ganzen bemüht, Konflikte zu bewältigen. Durch ihr konstruktives Verhalten konnte sie so zu einem recht positiven Arbeitsklima in ihrem Team beitragen.
c)	Als Vorgesetzte war Frau (Name) zumeist bemüht, Rückmeldungen und Verbesserungsvorschläge ihrer Mitarbeiter ernst zu nehmen.
d)	Insbesondere im Rahmen der Projektarbeit konnte Frau (Name) uns von ihrer sozialen Kompetenz überzeugen.
e)	Ihren Mitarbeitern gegenüber war Frau (Name) offen und kollegial, durch diesen Führungsstil konnte sie im Großen und Ganzen das Arbeitsniveau in ihrem Bereich gewährleisten.

Textbausteine (weiblich)

233

4.15 Kriterium: Zusammenfassende Leistungsbeurteilung

4.15.1 Note 1

a)	Frau (Name) hat alle Aufgaben stets zu unserer vollsten Zufriedenheit erfüllt.
b)	Frau (Name) hat die ihr übertragenen Aufgaben stets zur vollsten Zufriedenheit erfüllt.
c)	Frau (Name) hat unsere sehr hohen Erwartungen stets in bester Weise erfüllt und teilweise sogar übertroffen. Ihre Leistungen waren jederzeit sehr gut.
d)	Wir waren mit den Leistungen von Frau (Name) stets äußerst zufrieden.
e)	Die Leistungen von Frau (Name) haben stets und in jeder Hinsicht unsere volle Anerkennung gefunden.

4.15.2 Note 2

a)	Frau (Name) hat alle Aufgaben stets zu unserer vollen Zufriedenheit erfüllt.
b)	Frau (Name) hat die ihr übertragenen Aufgaben stets zur vollen Zufriedenheit erfüllt.
c)	Frau (Name) hat unsere sehr hohen Erwartungen stets voll erfüllt. Ihre Leistungen waren jederzeit gut.
d)	Wir waren mit den Leistungen von Frau (Name) stets und in jeder Hinsicht sehr zufrieden.
e)	Die Leistungen von Frau (Name) haben stets und in jeder Hinsicht unsere hohe Anerkennung gefunden.

Textbausteine (weiblich)

235

4.15.3 Note 3

a)	Frau (Name) hat alle Aufgaben stets zu unserer Zufriedenheit erfüllt.
b)	Frau (Name) hat die ihr übertragenen Aufgaben stets zur Zufriedenheit bewältigt.
c)	Frau (Name) hat unsere Erwartungen umfänglich erfüllt. Ihre Leistungen waren voll zufriedenstellend.
d)	Wir waren mit den Leistungen von Frau (Name) stets zufrieden.
e)	Die Leistungen von Frau (Name) haben unsere hohe Anerkennung gefunden.

4.15.4 Note 4

a)	Frau (Name) hat die ihr übertragenen Aufgaben zu unserer Zufriedenheit erledigt.
b)	Mit Frau (Name)s Leistungen waren wir zufrieden.
c)	Frau (Name) hat unseren Erwartungen entsprochen.
d)	Frau (Name)s Leistungen werden zusammengefasst als ausreichend bewertet.
e)	Frau (Name) hat ihre Aufgaben zufrieden stellend bewältigt.

Textbausteine (weiblich)

4.15.5 Note 5

a)	Frau (Name) hat die ihr übertragenen Aufgaben im Großen und Ganzen zu unserer Zufriedenheit erledigt.
b)	Frau (Name) hat die ihr übertragenen Aufgaben überwiegend zu unserer Zufriedenheit erledigt.
c)	Frau (Name) hat unsere Erwartungen im Wesentlichen erfüllt.
d)	Frau (Name) führte die ihr übertragenen Aufgaben mit Fleiß und Interesse durch.
e)	Frau (Name) war stets bemüht, die Arbeiten zu unserer vollen Zufriedenheit zu erledigen.

4.15.6 Note 6

a)	Frau (Name) zeigte für ihre Arbeit großes Verständnis und Interesse.
b)	Frau (Name) hat sich bemüht, den Anforderungen gerecht zu werden.
c)	Neue Aufgaben betrachtete Frau (Name) stets als Herausforderung, der sie sich mutig stellte.
d)	Frau (Name) versuchte immer mit großem Eifer, unsere Erwartungen zu erfüllen.
e)	Frau (Name) hat ihre Aufgaben zu unserer Zufriedenheit zu erledigen versucht.

Textbausteine (weiblich)

4.16 Kriterium: Persönliche Führung

4.16.1 Note 1

a)	Das Verhalten von Frau (Name) war immer vorbildlich. Von Vorgesetzten, Kollegen und Kunden wurde sie sehr geschätzt. Frau (Name) förderte aktiv die Zusammenarbeit, war stets hilfsbereit und stellte persönliche Interessen, wann immer erforderlich, zurück.
b)	Aufgrund ihrer stets freundlichen und ausgeglichenen Art wurde Frau (Name) allseits sehr geschätzt, sie förderte stets aktiv die gute Zusammenarbeit und Teamatmosphäre. Ihr Verhalten war immer vorbildlich.
c)	Frau (Name)s Verhalten gegenüber Vorgesetzten, Mitarbeitern und Kunden war stets vorbildlich. Sie war absolut vertrauenswürdig und integer.
d)	Mit allen Ansprechpartnern kam Frau (Name) sehr gut zurecht und begegnete ihnen immer mit ihrer freundlichen, offenen und zuvorkommenden Art. Dabei wahrte sie stets die Interessen des Unternehmens und zeigte eine sehr hohe Integrität. Ihr Verhalten gegenüber Vorgesetzten, Kollegen und Externen war jederzeit vorbildlich.
e)	Wir kennen Frau (Name) als kommunikative, kontaktstarke und aufgeschlossene Persönlichkeit, sie bestätigte das volle Vertrauen ihrer Vorgesetzten/der Geschäftsführung/des Vorstandes jederzeit. Innerhalb wie außerhalb des Unternehmens war sie eine angesehene und sehr geschätzte Ansprechpartnerin. Ihr Verhalten gegenüber Vorgesetzten, Kollegen und Externen war jederzeit vorbildlich.

4.16.2 Note 2

a)	Das Verhalten von Frau (Name) war stets einwandfrei. Von Vorgesetzten, Kollegen und Kunden wurde sie sehr geschätzt. Frau (Name) förderte aktiv die Zusammenarbeit, war stets hilfsbereit und stellte persönliche Interessen, wann immer erforderlich, zurück.
b)	Aufgrund ihrer stets freundlichen und ausgeglichenen Art wurde Frau (Name) allseits sehr geschätzt, sie förderte stets aktiv die gute Zusammenarbeit und Teamatmosphäre. Ihr persönliches Verhalten war stets einwandfrei.
c)	Frau (Name)s Verhalten zu Vorgesetzten, Mitarbeitern und Kunden war stets und in jeder Hinsicht einwandfrei. Sie war absolut vertrauenswürdig und integer.
d)	Mit allen Ansprechpartnern kam Frau (Name) gut zurecht und begegnete ihnen immer mit ihrer freundlichen, offenen und zuvorkommenden Art. Dabei wahrte sie stets die Interessen des Unternehmens und zeigte eine hohe Integrität. Ihr Verhalten gegenüber Vorgesetzten, Kollegen und Externen war jederzeit einwandfrei.
e)	Wir kennen Frau (Name) als kommunikative, kontaktstarke und aufgeschlossene Persönlichkeit, sie bestätigte das volle Vertrauen ihrer Vorgesetzten/der Geschäftsführung/des Vorstandes jederzeit. Innerhalb wie außerhalb des Unternehmens war sie eine angesehene und sehr geschätzte Ansprechpartnerin. Ihr Verhalten gegenüber Vorgesetzten, Kollegen und Externen war jederzeit einwandfrei.

Textbausteine (weiblich)

241

4.16.3 Note 3

a)	Das Verhalten von Frau (Name) war einwandfrei. Von Vorgesetzten, Kollegen und Kunden wurde sie geschätzt. Frau (Name) förderte die Zusammenarbeit, war stets hilfsbereit und stellte persönliche Interessen, wann immer erforderlich, zurück.
b)	Aufgrund ihrer freundlichen und ausgeglichenen Art wurde Frau (Name) allseits geschätzt, sie förderte die gute Zusammenarbeit und Teamatmosphäre. Ihr persönliches Verhalten war einwandfrei.
c)	Frau (Name)s Verhalten zu Vorgesetzten, Mitarbeitern und Kunden war einwandfrei. Sie war vertrauenswürdig und integer.
d)	Mit allen Ansprechpartnern kam Frau (Name) gut zurecht und begegnete ihnen mit ihrer freundlichen, offenen und zuvorkommenden Art. Dabei wahrte sie die Interessen des Unternehmens und zeigte eine hohe Integrität. Ihr Verhalten gegenüber Vorgesetzten, Kollegen und Externen war einwandfrei.
e)	Wir kennen Frau (Name) als kommunikative, kontaktstarke und aufgeschlossene Persönlichkeit, sie bestätigte das volle Vertrauen ihrer Vorgesetzten/der Geschäftsführung/des Vorstandes jederzeit. Innerhalb wie außerhalb des Unternehmens war sie eine geschätzte Ansprechpartnerin. Ihr Verhalten gegenüber Vorgesetzten, Kollegen und Externen war einwandfrei.

4.16.4 Note 4

a)	Wegen ihres freundlichen Auftretens wurde Frau (Name) von den meisten Ansprechpartnern geschätzt.
b)	Wegen ihres freundlichen und ausgeglichenen Wesens war Frau (Name) geschätzt, wobei sie die Zusammenarbeit und Teamatmosphäre immer förderte.
c)	Frau (Name) hatte stets ein gutes Verhältnis zu ihren Kollegen, was zu einem produktiven Arbeits- und Betriebsklima führte.
d)	Das Verhalten von Frau (Name) gab zu Beanstandungen keinen Anlass.
e)	Das Verhalten von Frau (Name) gegenüber Vorgesetzten, Kollegen und Kunden war höflich und korrekt.

Textbausteine (weiblich)

4.16.5 Note 5

a)	Wegen ihres freundlichen Auftretens wurde Frau (Name) im Großen und Ganzen geschätzt.
b)	Wegen ihres freundlichen und ausgeglichenen Wesens wurde Frau (Name) akzeptiert, wobei sie die Zusammenarbeit und Teamatmosphäre immer aktiv zu fördern versuchte.
c)	Frau (Name)s persönliches Verhalten war im Wesentlichen einwandfrei.
d)	Frau (Name)s Zusammenarbeit mit Vorgesetzten und Kollegen war im Großen und Ganzen zufrieden stellend.
e)	Das Verhalten von Frau (Name) gegenüber ihren Vorgesetzten und Mitarbeitern war grundsätzlich korrekt.

4.16.6 Note 6

a)	Wegen ihres freundlichen Auftretens wurde Frau (Name) im Großen und Ganzen akzeptiert.
b)	Wegen ihres meist freundlichen und ausgeglichenen Wesens wurde Frau (Name) akzeptiert, wobei sie die Zusammenarbeit und Teamatmosphäre immer aktiv zu fördern versuchte.
c)	Das Verhalten von Frau (Name) gegenüber ihren Vorgesetzten und Mitarbeitern war im Wesentlichen einwandfrei.
d)	Das Verhalten von Frau (Name) war nicht frei von Beanstandungen. Sie hatte Probleme, sich in die Teamarbeit einzufügen.
e)	Das Verhalten von Frau (Name) war immer überaus freundlich und oft korrekt.

Textbausteine (weiblich)

4.17 Kriterium: Beendigungsgrund

a)	Frau (Name) verlässt unser Unternehmen mit dem heutigen Tage auf eigenen Wunsch.
b)	Frau (Name) verlässt unser Unternehmen mit dem heutigen Tage, um eine neue Herausforderung annehmen zu können.
c)	Leider können wir Frau (Name) aufgrund der derzeit sehr schwierigen konjunkturellen Situation, die auch unser Unternehmen betrifft, keine Perspektive mehr bieten. Das Arbeitsverhältnis mit Frau (Name) endet daher aus betriebsbedingten Gründen.
d)	Das Arbeitsverhältnis mit Frau (Name) endet aus betriebsbedingten Gründen.
e)	Frau (Name) verlässt das Unternehmen aufgrund strategischer Differenzen mit dem neuen Eigentümer. Zugleich betonen wir das auf persönlicher Ebene bestehende beste beiderseitige Einvernehmen.

4.18 Kriterium: Schlussformulierung

4.18.1 Note 1

a)	Wir danken Frau (Name) für die stets sehr gute langjährige Arbeit und bedauern ihr Ausscheiden sehr. Wir wünschen ihr beruflich wie persönlich weiterhin alles Gute und weiterhin viel Erfolg.
b)	Es ist uns ein besonderes Anliegen, Frau (Name) für ihre Mitarbeit unseren großen Dank auszusprechen. Ihren Weggang bedauern wir außerordentlich. Für ihre berufliche und persönliche Zukunft wünschen wir ihr und persönlich alles Gute und weiterhin viel Erfolg.
c)	Wir bedauern ihre Entscheidung außerordentlich, weil wir mit ihr eine wertvolle Führungskraft verlieren. Wir bedanken uns bei ihr für ihre zu jeder Zeit sehr gute Arbeit und wünschen ihr für ihre berufliche wie persönliche Zukunft alles Gute und weiterhin viel Erfolg.
d)	Wir danken Frau (Name) für die hervorragende Zusammenarbeit, bedauern ihr Ausscheiden außerordentlich und wünschen Frau (Name) auf ihrem zukünftigen Berufs- und Lebensweg alles Gute und weiterhin viel Erfolg.
e)	Gleichwohl bedanken wir uns für ihre geleistete hervorragende Aufbauarbeit und wünschen ihr für die Zukunft alles Gute sowie weiterhin viel Erfolg. Falls erforderlich und möglich, würden wir jederzeit auf sie als externen Berater zurückgreifen.

Textbausteine (weiblich)

4.18.2 Note 2

a)	Wir danken Frau (Name) für die stets gute, langjährige Arbeit und bedauern ihr Ausscheiden sehr. Wir wünschen ihr beruflich wie persönlich alles Gute und weiterhin viel Erfolg.
b)	Es ist uns ein besonderes Anliegen, Frau (Name) für ihre Mitarbeit unseren Dank auszusprechen. Ihren Weggang bedauern wie sehr. Für ihre berufliche wie persönliche Zukunft wünschen wir ihr persönlich alles Gute und weiterhin viel Erfolg.
c)	Wir bedauern ihre Entscheidung sehr, weil wir mit ihr eine wertvolle Führungskraft verlieren. Wir bedanken uns bei ihr für ihre zu jeder Zeit gute Arbeit und wünschen ihr für ihre berufliche wie persönliche Zukunft alles Gute und weiterhin viel Erfolg.
d)	Wir danken Frau (Name) für die gute Zusammenarbeit, bedauern ihr Ausscheiden sehr und wünschen Frau (Name) auf ihrem zukünftigen Berufs- und Lebensweg alles Gute und weiterhin viel Erfolg.
e)	Gleichwohl bedanken wir uns für ihre geleistete wichtige Aufbauarbeit und wünschen ihr für die Zukunft alles Gute sowie weiterhin viel Erfolg. Falls erforderlich und möglich, würden wir jederzeit auf sie als externe Beraterin zurückgreifen.

4.18.3 Note 3

a)	Wir bedauern ihr Ausscheiden, da wir mit ihr eine gute Fachkraft verlieren. Wir danken ihr für ihre Unterstützung. Für ihren weiteren Berufs- und Lebensweg wünschen wir ihr alles Gute und viel Erfolg.
b)	Wir bedauern ihren Entschluss, danken Frau (Name) für ihre Mitarbeit und wünschen ihr für ihre Zukunft alles Gute und weiterhin Erfolg.
c)	Wir danken Frau (Name) für die Zusammenarbeit und bedauern ihren Entschluss. Für die Zukunft wünschen wir ihr alles Gute und den verdienten Erfolg.
d)	Gleichwohl bedauern wir ihren Weggang, danken Frau (Name) für ihre Mitarbeit und wünschen ihr für ihre Zukunft beruflich wie persönlich alles Gute und weiterhin viel Erfolg.
e)	Wir bedauern ihr Ausscheiden, bedanken uns für ihre Mitarbeit und wünschen ihr für ihre berufliche und private Zukunft weiterhin Erfolg und alles Gute.

Textbausteine (weiblich)

4.18.4 Note 4

a)	Wir danken Frau (Name) für ihre Mitarbeit und wünschen ihr für die Zukunft alles Gute.
b)	Für ihre Mitarbeit bedanken wir uns und wünschen Frau (Name) für ihren beruflichen Lebensweg alles Gute.
c)	Wir danken ihr für ihre Tätigkeit. Für die Zukunft wünschen wir ihr alles Gute.
d)	Wir bedanken uns für ihre Arbeit und wünschen ihr für ihre weitere Zukunft viel Erfolg.
e)	Wir danken ihr für die Tätigkeit in unserem Unternehmen und wünschen ihr für die Zukunft viel Erfolg.

4.18.5 Note 5

a)	Wir wünschen ihr für die Zukunft alles Gute.
b)	Für die Zukunft wünschen wir ihr beruflich wie persönlich alles Gute und weiterhin viel Erfolg.
c)	Wir wünschen ihr für ihren weiteren Lebensweg alles Gute.
d)	Wir wünschen ihr viel Erfolg.
e)	Wir wünschen ihr für ihr weiteres Arbeitsleben alles Gute.

Textbausteine (weiblich)

4.18.6 Note 6

a)	Wir bedauern, auf die weitere Zusammenarbeit mit Frau (Name) verzichten zu müssen. Unsere besten Wünsche sind mit ihr.
b)	Wir wünschen Frau (Name), dass sie ihre Leistungsfähigkeit zukünftig voll entfalten kann.
c)	Wir wünschen Frau (Name) auch Erfolg für die Zukunft.
d)	Wir wünschen Frau (Name) Erfolg für ihren beruflichen Lebensweg.
e)	Wir wünschen ihr für ihre Zukunft alles erdenklich Gute.

5 Textbausteine in englischer Sprache

5.1 Einleitung

a)	Mr. (Name), born on 12th October 2006 in ..., was employed by our company from 13th November 2006 until 24th November 2006.
b)	Mr. (Name), born on ... in ..., joined our company on ... and was in our employment as a ... until ...
c)	Mr. (Name), born on ... in ..., was employed by our company from ... until ... He held the position of ...
d)	Mr. (Name), born on ... in ..., was employed by our company as a ... from ... until ...
e)	Mr. (Name), born on ... in ..., was employed by our company from ... until ... in various positions; from ... onwards he held the position of ...

5.2 Kriterium: Fachwissen und Fachkönnen

5.2.1 Note 1

a)	Mr. (Name) possesses an exceptionally profound expertise, which he consistently used effectively and successfully in his work. He was able to impart this expertise to his employees without reservation.
b)	Mr. (Name) continuously impressed us with his excellent expertise, even in tangential areas, which he always used confidently and competently in his work.
c)	Mr. (Name) always used his expertise, which was of extraordinary depth and breadth, confidently and very efficiently in his daily tasks.
d)	Mr. (Name) possesses outstanding and profound expertise, even in tangential areas, which he continuously availed to our company in a highly profitable manner.
e)	Mr. (Name) possesses extensive and varied specialised knowledge, even in tangential areas, which he always applied confidently and purposefully in his work.

5.2.2 Note 2

a)	Mr. (Name) possesses extensive expertise, which he used effectively and successfully in his work. He was able to impart this expertise to his employees.
b)	Mr. (Name) impressed us with very good expertise, which he also used confidently and competently in his work.
c)	Mr. (Name) used his impressive expertise confidently and efficiently in his daily tasks.
d)	Mr. (Name) possesses profound specialised knowledge, even in tangential areas, which he availed to our company in a profitable manner.
e)	Mr. (Name) possesses extensive and varied know-how, which he always used confidently and purposefully in his work.

5.2.3 Note 3

a)	Mr. (Name) possesses quite extensive expertise, which he used successfully in his work. He was able to impart this expertise to his employees.
b)	Mr. (Name) was recognised for his expertise and his calm and confident way of applying his knowledge in his work.
c)	Mr. (Name) used his practical expertise confidently in his daily work.
d)	Mr. (Name) possesses a depth of expertise, which he applied to the benefit of our company.
e)	Mr. (Name) possesses solid know-how, which he used confidently in his daily work.

5.2.4 Note 4

a)	Mr. (Name) possesses good knowledge in his area of work, which he often used in his daily work. He was often able to impart this knowledge to his employees.
b)	Mr. (Name) was respected by some colleagues for his far-reaching basic knowledge which he used in his daily work.
c)	Mr. (Name) used his specialised knowledge in his daily tasks.
d)	Mr. (Name) possesses specialised knowledge which he brought into the company.
e)	Mr. (Name) possesses solid basic knowledge in his area of work, and used this knowledge in a satisfactory way in his daily work.

Textbausteine (englisch)

5.2.5 Note 5

a)	Mr. (Name) tried hard to develop his specialised knowledge further and use it in his daily work.
b)	Mr. (Name) endeavoured to expand his specialised knowledge in conversations with his colleagues.
c)	Mr. (Name) really tried to use his knowledge in his daily work.
d)	Mr. (Name) possesses satisfactory basic knowledge which he regularly used in his work.
e)	Mr. (Name) possesses developable knowledge in his area of work. He essentially used this knowledge confidently and result oriented in his daily work.

5.2.6 Note 6

a)	Mr. (Name) was offered several opportunities to expand his expertise, and he found support in testing his knowledge in the course of his daily work.
b)	Mr. (Name) endeavoured to expound his know-how in conversations with his colleagues.
c)	Mr. (Name) tried to put his promising know-how into practice during his daily work.
d)	Mr. (Name) possessed sufficient basic know-how, which he often applied in his daily work.
e)	Mr. (Name) continuously worked to develop the fundaments of his specialised knowledge and tried to apply this knowledge in his work.

Textbausteine (englisch)

5.3 Kriterium: Besondere Fähigkeiten

5.3.1 Note 1

a)	We are pleased to confirm his extraordinary economic competence. His outstanding entrepreneurial and strategic thinking and actions earned him the utmost respect amongst management and his employees.
b)	His excellent and fluent language skills in ... deserve a special mention. He was always a valued dialogue partner for our international customers and business partners.
c)	He possesses outstanding IT expertise. He was always a valued resource, both on the user side (office products, business solutions) as well as in the acquisition of new hard and software.
d)	We were especially impressed by his excellent rhetorical abilities. During negotiations as well as presentations / lectures he always presented himself in a thoroughly competent and convincing manner.
e)	We were continuously impressed by his exceptional creativity and problem solving abilities. During major challenges (new product development) as well as in every day problems (process optimisation) he always delivered especially creative and practicable suggestions.
f)	His excellent knowledge of our industry deserves a special mention. He was always a highly valuable resource to our management, marketing and sales departments.

5.3.2 Note 2

a)	We are pleased to confirm his high level of economic competence. His well developed entrepreneurial and strategic thinking and actions earned him the greatest respect amongst management and his employees.
b)	His very good and fluent language skills in ... deserve a special mention. He was always a valued dialogue partner for our international customers and business partners.
c)	He possesses very good IT knowledge. He was always a valued resource, both on the user side (office products, business solutions) as well as in the acquisition of new hard and software.
d)	We were especially impressed by his good rhetorical abilities. During negotiations as well as presentations / lectures he always presented himself in a thoroughly competent and convincing manner.
e)	We were continuously impressed by his strongly developed creativity and problem solving abilities. During major challenges (new product development) as well as in every day problems (process optimisation) he always delivered creative and practicable suggestions.
f)	His thorough knowledge of our industry deserves a special mention. He was always a highly valuable resource to our management, marketing and sales departments.

Textbausteine (englisch)

261

5.3.3 Note 3

a)	We are pleased to confirm his economic competence. His entrepreneurial and strategic thinking and actions earned him great respect amongst management and his employees.
b)	His good language skills in ... deserve a special mention. He was always a valued contact person for our international customers and business partners.
c)	He possesses good IT knowledge. He was a valued resource both on the user side (office products, business solutions) as well as in the acquisition of new hard and software.
d)	We were especially impressed by his rhetorical abilities. During negotiations as well as presentations / lectures he presented himself in a competent and convincing manner.
e)	We were impressed by his well developed creativity and problem solving abilities. During major challenges (new product development) as well as in every day problems (process optimisation) he often delivered creative and practicable suggestions.
f)	His good knowledge of our industry deserves special mention. He was often a valuable resource to our management, marketing and sales departments.

5.3.4 Note 4

a)	We confirm his economic competence. His entrepreneurial and strategic thinking and actions earned him respect especially amongst his employees.
b)	His English language skills deserve a special mention. He was able to converse with our international customers and business partners upon request.
c)	He posesses satisfactory IT knowledge on the user side (office products, business solutions), which he was readily able to put into practice.
d)	We would like to remark on his rhetorical abilities, which he was usually able to demonstrate competently during contract negotiations.
e)	Overall, we were often impressed by his creativity. In every day problems he generally delivered practicable suggestions.
f)	We would like to remark on his knowledge of our industry, which he was able to continuously develop during his employment with our company.

5.3.5 Note 5

a)	He continuously worked on developing his economic competence.
b)	He continuously worked on developing his English language skills in order to be able to participate in international meetings.
c)	His IT knowledge was on the whole satisfactory.
d)	He was able to greatly improve his rhetorical abilities over time, so that we were able to assign him to contract negotiations.
e)	We would like to remark upon his striving for creativity.
f)	We would like to mention his efforts to expand his knowledge of our industry during his employment with our company.

5.3.6 Note 6

a)	He always tried hard to demonstrate his economic competence.
b)	He made an effort to improve his English language skills in order to be able to participate in international meetings.
c)	He always made an effort to develop his IT knowledge.
d)	Over time he was able to greatly improve his rhetorical abilities.
e)	We would like to remark on his continued efforts to impress us with creative suggestions.
f)	We would like to mention his continued efforts to convince us of his knowledge of our industry.

Textbausteine (englisch)

5.4 Kriterium: Weiterbildung

5.4.1 Note 1

a)	By regularly participating in educational and training events, he continuously broadened and updated his comprehensive expertise, thereby greatly increasing his value and usefulness to the company.
b)	We would especially like to emphasise the fact that he took the initiative to broaden his expertise by regularly participating in educational and training events. He was always successful in these efforts and also successfully monitored the continued education and training of his employees.
c)	He regularly and successfully participated in educational seminars in order to further build his strengths and to extend his outstanding know-how.
d)	It must be emphasised that he regularly and successfully participated in a variety of business related educational seminars and always enhanced his work in the company with new impulses and ideas.
e)	He always continued his professional education on his own initiative by participating in internal and external seminars, which he always completed very successfully.

5.4.2 Note 2

a)	By participating in educational events he very profitably expanded and updated his good expertise to the benefit of the company.
b)	We would like to emphasise the fact that he successfully extended his expertise by regularly participating in educational and training events. He also successfully and actively monitored the continued education and training of his employees.
c)	He regularly and successfully participated in educational seminars in order to further build his strengths and to extend his good specialised knowledge.
d)	He regularly and profitably participated in a variety of business related educational seminars.
e)	He always furthered his professional education on his own initiative by participating in internal and external seminars, which he completed very successfully.

Textbausteine (englisch)

5.4.3 Note 3

a)	He profitably expanded and updated his specialised knowledge by participating in educational events, thus repeatedly benefitting the company.
b)	We would like to emphasise the fact that he extended his specialised knowledge by participating in educational seminars. He also actively monitored the continued education of his employees.
c)	He regularly participated in educational seminars in order to build his strengths and to extend his specialised knowledge.
d)	It must be emphasised that he regularly participated in business related educational seminars.
e)	He furthered his professional education on his own initiative by participating in internal and external seminars, which he completed successfully.

5.4.4 Note 4

a)	He expanded his knowledge by participating in some educational events.
b)	He developed his knowledge base by participating in business related seminars.
c)	When invited, he participated in educational seminars, which enabled him to expand his knowledge.
d)	He participated in a business related seminar.
e)	He furthered his professional education on his own initiative by participating in internal and external seminars, which he completed with some degree of success.

Textbausteine (englisch)

5.4.5 Note 5

a)	He was partly successful in expanding his knowledge to some extent by participating in educational events.
b)	He solidified his knowledge base by participating in business related seminars.
c)	When invited, he participated in educational seminars.
d)	He participated in one seminar furthering his professional training.
e)	He furthered his professional education by participating in internal and external seminars, which overall he completed successfully.

5.4.6 Note 6

a)	He was partly successful in expanding his knowledge to some extent by participating in an educational event.
b)	He was well on his way to solidifying his knowledge base by visiting business related seminars.
c)	He made an effort to participate in the professional seminar which he was invited to.
d)	He participated in one professional training seminar.
e)	He intended to participate in internal and external professional seminars.

Textbausteine (englisch)

5.5 Kriterium: Auffassungsgabe und Problemlösung

5.5.1 Note 1

a)	Due to his precise analytical abilities and his quick comprehension he found outstanding solutions, which he consistently and successfully put into practice.
b)	Due to his extremely quick comprehension and his methodical approach he quickly found an intelligent and elegant solution even to difficult problems. He always had a firm grasp of all tasks in his area of responsibility.
c)	Mr. (Name)'s instant comprehension enabled him to grasp new developments immediately and precisely assess their consequences.
d)	Due to his well developed analytical thinking abilities and his very quick comprehension, he always arrived at effective solutions, which we implemented profitably.
e)	His exceptionally quick comprehension enabled Mr. (Name) to grasp even the most difficult situations immediately and always recognise the essential aspects.

5.5.2 Note 2

a)	Due to his exact analytical abilities and his quick comprehension he found good solutions, which he consistently and successfully put into practice.
b)	The combination of quick comprehension and well developed methodology allowed him to quickly find an elegant solution to emerging problems. He always had a firm grasp of all tasks in his area of responsibility.
c)	Mr. (Name)'s good comprehension always enabled him to grasp new developments and to assess their consequences.
d)	Due to his well trained analytical thinking abilities and his quick comprehension, he arrived at effective solutions, which we always implemented profitably.
e)	His very quick comprehension enabled Mr. (Name) to grasp even difficult situations immediately and recognise the essential aspects.

Textbausteine (englisch)

5.5.3 Note 3

a)	Due to his ability to quickly grasp and accurately analyse situations, he repeatedly implemented good solutions.
b)	The combination of quick comprehension and well developed methodology allowed him to find a good solution to emerging questions. He had a firm grasp of all tasks in his area of responsibility.
c)	Mr. (Name)'s satisfactory comprehension enabled him to grasp new developments and to assess their consequences.
d)	Due to his well trained analytical thinking abilities and his quick comprehension, he arrived at effective solutions, which we implemented profitably.
e)	His quick comprehension enabled Mr. (Name) to grasp even more difficult situations immediately and always recognise the essential aspects.

5.5.4 Note 4

a)	Due to his ability to grasp situations quickly most of the time and to often analyse them accurately, he repeatedly offered good solutions.
b)	The combination of quick comprehension and practised methodology allowed him to resolve emerging questions in a timely manner.
c)	Mr. (Name)'s satisfactory comprehension enabled him to grasp new developments and to delineate their consequences.
d)	Through frequent use of his analytical thinking abilities and his usually quick comprehension, he repeatedly delivered suggestions, which, to some extent, were instrumental in solving problems.
e)	His usually quick comprehension enabled Mr. (Name) to grasp even difficult situations immediately and very often recognise the essential aspect.

5.5.5 Note 5

a)	Due to his cautious and analytical approach to problems he was repeatedly able to offer good solutions.
b)	The combination of quick comprehension and practised methodology allowed him to resolve emerging questions with the support of his superiors.
c)	Mr. (Name)'s sufficient comprehension often enabled him to grasp new developments and to delineate their consequences.
d)	Through occasional use of his analytical thinking abilities and his usually quick comprehension, he delivered suggestions on various occasions which were to some extent revolutionary in solving problems.
e)	His average level of comprehension enabled Mr. (Name) to grasp even difficult situations and to often recognise essential aspects with the support of his superiors.

5.5.6 Note 6

a)	Due to his readiness to delve into new areas of work and to approach them analytically, he always had the opportunity to offer solutions.
b)	The combination of comprehension and methodology often enabled him to recognise emerging problems in a timely manner.
c)	Due to his level of comprehension, Mr. (Name) was able to grasp new developments on various occasions.
d)	Through the use of his analytical thinking abilities and his attempts to always grasp questions quickly, he delivered suggestions on various occasions which were partially revolutionary in solving problems.
e)	His innate level of comprehension enabled Mr. (Name)to make the effort to grasp even difficult situations and to often recognise essential aspects with the support of his superiors.

Textbausteine (englisch)

5.6 Kriterium: Denk- und Urteilsvermögen

5.6.1 Note 1

a)	We would like to emphasise his highly developed ability to always work conceptionally and constructively, as well as his consistently precise judgement.
b)	Through his conceptional, creative and logical thinking, he always found excellent solutions to all emerging problems.
c)	Even in critical situations, he demonstrated outstanding foresight, which enabled him to always take appropriate and at the same time responsible decisions.
d)	Thanks to his permanent outstanding reasoning abilities and thoroughly confident judgement, he was able to master any problem situation brilliantly.
e)	Through his distinctly logical and analytical thinking ability, Mr (Name) always arrived at an independent, balanced and always appropriate judgement, even in difficult situations.

5.6.2 Note 2

a)	We would like to emphasise his well developed ability to work conceptionally and constructively, as well as his precise judgement.
b)	Through his conceptional, creative and logical thinking, he found excellent solutions to all emerging problems.
c)	Even in critical situations, he demonstrated remarkable foresight, which enabled him to take appropriate and responsible decisions.
d)	Thanks to his excellent reasoning abilities and confident judgement, he was able to master any problem situation.
e)	Through his logical and analytical thinking, Mr. (Name) arrived at an independent, balanced and always appropriate judgement, even in difficult situations.

Textbausteine (englisch)

279

5.6.3 Note 3

a)	We would like to emphasise his satisfactorily developed ability to work conceptionally and constructively, as well as his judgement.
b)	Through his conceptional, creative and logical thinking, he always found satisfactory solutions to all emerging problems.
c)	He demonstrated remarkable foresight, which enabled him to take appropriate and responsible decisions.
d)	Thanks to his reasoning abilities and judgement, he was able to master many problem situations.
e)	Through his logical and analytical thinking, Mr. (Name) arrived at an independent, balanced and appropriate judgement, even in difficult situations.

5.6.4 Note 4

a)	We would like to emphasise his developing ability to work conceptionally and constructively, as well as his judgement.
b)	Whenever he used his conceptional, creative and logical thinking abilities, he also found solutions to emerging problems.
c)	He often demonstrated foresight, which enabled him to take appropriate and responsible decisions in most cases.
d)	Thanks to his reasoning abilities and judgement, he was able to find solutions to some problem situations.
e)	He was able to depend on his judgement in all contexts familiar to him.

Textbausteine (englisch)

5.6.5 Note 5

a)	We would like to mention his ability to essentially work conceptionally and constructively.
b)	He repeatedly used his partially distinctive ability to think conceptionally, creatively and logically.
c)	He often saw beyond the familiar and thus arrived at new assessments.
d)	Thanks to his thinking abilities and judgement, he was able to persevere in many problem situations.
e)	Essentially, he was able to depend on his judgement in all familiar contexts.

5.6.6 Note 6

a)	We would like to mention his ability to approach his work conceptionally and constructively together with colleagues.
b)	He always made use of his ability to approach the main aspects of a problem conceptionally, creatively and logically.
c)	He occasionally saw beyond the familiar and thus arrived at a variety of assessments.
d)	Thanks to his thinking abilities and judgement, he was able to persevere in some problem situations.
e)	He tried to depend on his judgement in all familiar contexts.

Textbausteine (englisch)

5.7   Kriterium: Leistungsbereitschaft

5.7.1   Note 1

a)	Mr. (Name) is an exceptionally dedicated manager, who always successfully accomplished his assignments with complete commitment.
b)	Mr. (Name) accomplished his assignments with exemplary dedication and great personal commitment during his entire employment with our company.
c)	Mr. (Name) takes the initiative himself and shows outstanding commitment to both our company and our customers.
d)	Mr. (Name) contributed significantly to the success of our products thanks to his exceptionally high level of dedication.
e)	Mr. (Name) always demonstrated a high degree of initiative and consistently identified with his assignments as well as the company. He also impressed us with his great motivation.

5.7.2 Note 2

a)	Mr. (Name) is a dedicated manager, who always successfully accomplished his assignments with complete commitment.
b)	Mr. (Name) accomplished his assignments with great dedication and personal commitment during his entire employment with our company.
c)	Mr. (Name) takes the initiative himself and shows a great level of commitment to both our company and our customers.
d)	Mr. (Name) contributed significantly to the success of our products thanks to his high level of dedication.
e)	Mr. (Name) demonstrated a high degree of initiative and completely identified with his assignments as well as with the company. He also impressed us with his great motivation.

Textbausteine (englisch)

285

5.7.3 Note 3

a)	Mr. (Name) is a dedicated manager, who successfully accomplished his assignments with complete commitment.
b)	Mr. (Name) accomplished his assignments with average dedication and personal commitment during his entire employment with our company.
c)	Mr. (Name) takes the initiative and demonstrates a high level of commitment to both our company and our customers.
d)	Mr. (Name) repeatedly contributed to the success of our products thanks to his significant level of dedication.
e)	Mr. (Name) demonstrated initiative and identified with his assignments as well as with the company. He also impressed us with his motivation.

5.7.4 Note 4

a)	Mr. (Name) is fundamentally a dedicated manager, who accomplished his assignments with great commitment.
b)	Mr. (Name) accomplished his assignments demonstrating dedication and personal commitment during his entire employment with our company.
c)	Mr. (Name) took the initiative and demonstrated commitment to both our company and our customers.
d)	Mr. (Name) repeatedly contributed to the success of our products thanks to his dedication.
e)	Mr. (Name) demonstrated initiative and identified with his assignments as well as with the company. He also met our expectations regarding his level of motivation.

Textbausteine (englisch)

5.7.5 Note 5

a)	Mr. (Name) is generally a dedicated manager, who accomplished his assignments with great commitment to perform well.
b)	Mr. (Name) essentially accomplished his assignments, often demonstrating dedication and personal commitment.
c)	Mr. (Name) was able to develop commitment to our company and our customers on his own initiative.
d)	Through his high level of dedication Mr. (Name) often contributed to the success of our products.
e)	Overall, Mr. (Name) demonstrated sufficient initiative and identified with his assignments as well as with the company. He also essentially met our expectations regarding his level of motivation.

5.7.6 Note 6

a)	Mr. (Name) always took pains to accomplish his tasks with great dedication.
b)	Mr. (Name) essentially accomplished his assignments with the support of his superior, demonstrating dedication and personal commitment.
c)	Mr. (Name) often kept agreements regarding his commitment to our company and our customers.
d)	Mr. (Name) often demonstrated his willingness to contribute to the success of our products.
e)	Overall, Mr. (Name) made an effort towards taking the initiative and identified with his assignments as well as with the company. Essentially he also met our expectations regarding his level of motivation.

5.8 Kriterium: Belastbarkeit

5.8.1 Note 1

a)	Even in stressful situations, he achieved excellent perform-ance levels, both qualitatively and quantitatively, and could cope under the heaviest of workloads.
b)	He was an exceptionally resilient employee, who mastered the high demands of his important position very well even under difficult circumstances and intense time pressure.
c)	Even under the most difficult of working conditions, he accomplished his tasks in an outstanding manner.
d)	Even under the most difficult of working conditions and greatest pressure, he met our expectations in the best possible manner.
e)	Even under the greatest pressure he kept his grasp on the situation, acted thoughtfully and accomplished all tasks in an outstanding manner.

5.8.2 Note 2

a)	Even under great pressure he kept his grasp on the situation, acted thoughtfully and accomplished all tasks well.
b)	He was always a resilient employee, and the quality of his work remained consistently good despite varying challenges.
c)	Even under difficult working conditions, he accomplished his tasks well.
d)	Even under difficult working conditions and great pressure, he met our expectations well.
e)	Even under great pressure he met our expectations well.

Textbausteine (englisch)

5.8.3 Note 3

a)	He was able to manage heavy workloads.
b)	Even under difficult working conditions and great pressure, he always met our expectations to a satisfactory degree.
c)	Even under great pressure he kept his grasp on the situation, acted thoughtfully and accomplished all tasks in a satisfactory manner.
d)	He proved to be flexible and open minded in coping with new areas of responsibility.
e)	He was always a resilient employee, and the quality of his work always remained satisfactory despite varying challenges.

5.8.4 Note 4

a)	He was able to manage the general workload.
b)	Even under difficult working conditions and great pressure, he met our expectations to a satisfactory degree.
c)	Even under great pressure he kept his grasp on the situation, acted thoughtfully and accomplished the essential tasks in a satisfactory manner.
d)	He adapted to new work situations.
e)	Even under difficult working conditions and great pressure, he essentially met our expectations to a satisfactory degree.

5.8.5 Note 5

a)	He always made an effort to manage the general workload.
b)	Even under more difficult working conditions and great pressure, he generally met our expectations to a satisfactory degree.
c)	Even under great pressure he usually kept his grasp on the situation, acted thoughtfully and accomplished the essential tasks in a satisfactory manner.
d)	Even under heavy work loads he generally met his deadlines.
e)	He usually adapted to new work situations without difficulty.

5.8.6 Note 6

a)	He made an effort to manage the general workload.
b)	Even under more difficult working conditions and great pressure, he made an effort to generally meet our expectations.
c)	Even under great pressure he usually tried to keep his grasp on the situation, act thoughtfully and to accomplish the essential tasks.
d)	He endeavoured to adapt to new work situations.
e)	Even under a heavy workload he made the effort to achieve good results.

5.9 Kriterium: Arbeitsweise

5.9.1 Note 1

a)	Mr. (Name) always worked extremely prudently, conscientiously and precisely.
b)	Mr. (Name)'s approach to his work was always very well planned, extremely timely and result oriented.
c)	Mr. (Name) always worked in an extremely timely, result oriented and precise manner.
d)	In all situations Mr. (Name) acted in an extraordinarily responsible, result oriented and conscientious manner.
e)	Mr. (Name) was always highly motivated and completely identified himself with his work and with the company.

5.9.2 Note 2

a)	Mr. (Name) always worked very prudently, conscientiously and precisely.
b)	Mr. (Name)'s approach to his work was always well planned, timely and result oriented.
c)	Mr. (Name) always worked in a very timely, yet extremely result oriented and precise manner.
d)	In all situations Mr. (Name) acted in a very responsible, goal oriented and conscientious manner.
e)	Mr. (Name) completed his work in a very orderly, timely and conscientious manner.

5.9.3 Note 3

a)	Mr. (Name) always worked prudently, conscientiously and precisely.
b)	Mr. (Name)'s approach to his work was always well planned, systematic and result oriented.
c)	Mr. (Name) always worked in a timely, yet result oriented and precise manner.
d)	Mr. (Name) always acted in a responsible, goal oriented and conscientious manner.
e)	Mr. (Name) demonstrated initiative and motivation in his work.

5.9.4 Note 4

a)	Mr. (Name) generally worked prudently, conscientiously and precisely.
b)	Mr. (Name)'s approach to his work was generally well planned, systematic and result oriented.
c)	Mr. (Name) generally worked in a timely, result oriented and precise manner.
d)	Mr. (Name) generally acted in a responsible, goal oriented and conscientious manner.
e)	Generally Mr. (Name) managed his work with care and accuracy.

5.9.5 Note 5

a)	In most cases, Mr. (Name) worked prudently, conscientiously and precisely.
b)	Mr. (Name)'s approach to his work was predominantly well planned, systematic and result oriented.
c)	For the most part, Mr. (Name) worked in a timely, result oriented and precise manner.
d)	Usually Mr. (Name) acted in a by and large responsible, goal oriented and conscientious manner.
e)	Mr. (Name) usually managed the work assigned to him conscientiously and accurately.

5.9.6 Note 6

a)	Mr. (Name) always made an effort to work prudently, conscientiously and precisely.
b)	Mr. (Name) always tried to approach his work in a well planned, systematic and result oriented manner.
c)	Mr. (Name) endeavoured to work in a timely, result oriented and precise manner.
d)	Overall, Mr. (Name) tried to approach his work in a responsible, goal oriented and conscientious manner.
e)	Mr. (Name) was able to accomplish his tasks with dedication and initiative.

Textbausteine (englisch)

5.10 Kriterium: Zuverlässigkeit

5.10.1 Note 1

a)	His working methods were always marked by trustworthiness and absolute dependability.
b)	He always stood out due to his extraordinary dependability.
c)	He generally worked dependably and very accurately.
d)	He always impressed us with his very high level of dependability.
e)	He was exceptionally dependable.

5.10.2 Note 2

a)	His working methods were marked by trustworthiness and dependability.
b)	He always worked dependably and very accurately.
c)	He always impressed us with his high level of dependability.
d)	He was especially dependable.
e)	He always stood out due to his high level of dependability.

5.10.3 Note 3

a)	He worked dependably and accurately.
b)	He impressed us with his high level of dependability.
c)	He was always reliable.
d)	He stood out due to his high level of dependability.
e)	He possessed good work habits, which he implemented dependably and quickly.

5.10.4 Note 4

a)	In critical situations, he proved himself to be dependable.
b)	In critical situations, he was able to impress us with his dependability.
c)	He was reliable.
d)	He stood out due to his high level of dependability in several important situations.
e)	He accomplished the most important tasks with great dependability and care.

5.10.5 Note 5

a)	In critical situations, he generally proved to be dependable.
b)	On the whole, he was able to impress us with his dependability in critical situations.
c)	He was reliable in most cases.
d)	He stood out due to his dependability in several situations.
e)	As a rule, he accomplished critical areas of responsibility dependably.

5.10.6 Note 6

a)	He always made an effort to be dependable.
b)	He always tried hard to be dependable in his work approach.
c)	He always demonstrated his willingness to recognise dependability in his employees.
d)	He always made the effort to comply with our expectations regarding dependability.
e)	He always endeavoured to accomplish his tasks carefully.

5.11 Kriterium: Arbeitsergebnis

5.11.1 Note 1

a)	Even for the most difficult challenges he found and implemented very effective solutions and always achieved excellent results.
b)	Even for the most difficult challenges, Mr. (Name) found very effective solutions, which he always implemented successfully, achieving very good results.
c)	Mr. (Name) achieved excellent results in all situations.
d)	Even for unexpected problems, Mr. (Name) found very effective methods of resolution, which he always implemented successfully.
e)	The quality of his work always far exceeded our requirements, even in cases of difficult work, under heavy workloads and under time pressure.

5.11.2 Note 2

a)	Even for difficult challenges he found and implemented very effective solutions and always achieved good results.
b)	Even for difficult challenges, Mr. (Name) found very effective solutions, which he implemented successfully, always achieving good results.
c)	Mr. (Name) achieved good results in all situations.
d)	Even for unexpected problems, Mr. (Name) found effective methods of resolution, which he always implemented successfully.
e)	Mr. (Name) always remained focused on the implementation process, so the company benefitted very quickly from the respective actions.

Textbausteine (englisch)

5.11.3 Note 3

a)	For difficult challenges Mr. (Name) found and implemented applicable solutions and always achieved satisfactory results.
b)	For difficult challenges, Mr. (Name) found effective solutions, which he implemented successfully, always achieving very solid results.
c)	Mr. (Name) achieved satisfactory results in all situations.
d)	For unexpected problems, Mr. (Name) found satisfactory methods of resolution, which he implemented successfully.
e)	Mr. (Name) recognised the essential aspects of his work and quickly delivered satisfactory solutions for all involved, which he was always able to implement.

5.11.4 Note 4

a)	For difficult challenges Mr. (Name) found and implemented solutions and achieved satisfactory results.
b)	For difficult challenges, Mr. (Name) found solutions, which he always implemented with solid results.
c)	Mr. (Name) achieved satisfactory results in most situations.
d)	Even for unexpected problems, Mr. (Name) found methods of resolution, which he generally implemented successfully.
e)	Mr. (Name)'s quality of work met our requirements.

Textbausteine (englisch)

5.11.5 Note 5

a)	For basic challenges Mr. (Name) found and implemented solutions and overall he achieved practicable results.
b)	For basic challenges, Mr. (Name) found solutions, which he often implemented, generally achieving solid results.
c)	Overall, Mr. (Name) achieved solid results in most situations.
d)	Even for unexpected problems, Mr. (Name) developed methods of resolution, which we were able to implement.
e)	On the whole, Mr. (Name)'s quality of work met our requirments.

5.11.6 Note 6

a)	For basic challenges Mr. (Name) sought solutions and overall he achieved practicable results.
b)	For basic challenges, Mr. (Name) sought solutions, which he strove to implement, generally achieving results that met our expectations.
c)	Mr. (Name) strove to achieve solid results in most situations.
d)	For unexpected problems, Mr. (Name) developed methods of resolution, which he strove to implement.
e)	Mr. (Name)'s quality of work usually met our requirements.

Textbausteine (englisch)

313

5.12 Kriterium: Besondere Arbeitserfolge

5.12.1 Note 1

a)	Among other achievements, Mr. (Name) very successfully managed many important projects during his employment. His exceptionally systematic approach and very cooperative leadership enabled him to consistently complete his projects with the utmost dependability, on schedule and within budget.
b)	With exceptional success he remained focused on the economic concerns of our company. His department consistently achieved the highest profit contributions in the company. We would like to emphasise that in the ... sector he achieved revenue growth of 20 percent in two years.
c)	In his department, he implemented an excellent new production process, which reduced manufacturing times by 20 percent and enabled us to consistently beat the competition to the market.
d)	Among other achievements, we have Mr. (Name) to thank for the current technological lead of our products and our powerful position in the market. He particularly distinguished himself by always driving our product development forward very successfully, whilst at the same time never losing sight of economic feasibility.
e)	We must emphasise his excellent results in crisis management. During the latest raw material shortage, for instance, his great talent and high level of responsibility enabled him to convince our external partners (suppliers, banks) as well as our staff to continue their trusting cooperation with our company.

5.12.2 Note 2

a)	Among other achievements, Mr. (Name) successfully managed many important projects during his employment. His exceptionally systematic approach and very cooperative leadership enabled him to consistently complete his projects with great dependability, on schedule and within budget.
b)	He successfully remained focused on the economic concerns of our company. His department repeatedly achieved the highest profit contributions within the company. We would like to emphasise that in the ... sector he achieved a revenue growth of 20 percent in two years.
c)	In his department, he implemented a very profitable new production process, which reduced manufacturing times by 20 percent and enabled us to consistently beat the competition to market.
d)	Among other achievements, we have Mr. (Name) to thank for the current technological lead of our products and our powerful position in the market. He particularly distinguished himself by always driving our product development forward very successfully, whilst at the same time never losing sight of economic feasibility.
e)	We must emphasise his very good results in crisis management. During the latest raw material shortage, for instance, his considerable talent and high level of responsibility enabled him to convince our external partners (suppliers, banks) as well as our staff to continue their trusting cooperation with our company.

Textbausteine (englisch)

5.12.3 Note 3

a)	Mr. (Name) successfully managed many important projects during his employment. His systematic approach and cooperative leadership enabled him to always complete his projects dependably, on schedule and within budget.
b)	He successfully remained focused on the economic concerns of our company. His department achieved the highest profit contributions within the company on several occasions. We would like to emphasise that in the ... sector he achieved significant revenue growth within five years.
c)	His implementation of a new production process was critical in reducing manufacturing times of our products, enabling us to consistently beat the competition to market.
d)	We are pleased to confirm that Mr. (Name) significantly contributed to the current technological lead of our products and our powerful position in the market. He always drove our product development forward successfully, whilst at the same time never losing sight of economic feasibility.
e)	We must emphasise his success in crisis management. During the latest raw material shortage, for instance, he was able to convince our external partners (suppliers, banks) as well as our staff to continue their trusting cooperation with our company.

5.12.4 Note 4

a)	He successfully managed several projects during his employment. His systematic approach and cooperative leadership enabled him to generally complete his projects on schedule and within budget.
b)	Overall, he remained focused on the economic concerns of our company. His department usually made a profit.
c)	His implementation of a new production process contributed to a reduction in the manufacturing times of our products.
d)	We can certainly confirm that his active support in our product development contributed to the current technological lead of our products and our powerful position in the market.
e)	We would like to emphasise his efforts in crisis management. During the latest raw material shortage, for instance, he was able to convince our external partners (suppliers, banks) as well as our staff to continue their cooperation with our company.

Textbausteine (englisch)

5.12.5 Note 5

a)	During his employment, we were able to entrust him with several projects, which he generally completed on schedule and within budget.
b)	He always endeavoured to remain focused on the economic concerns of our company in order to make a profit.
c)	His implementation of a new production process was intended to contribute to a reduction in manufacturing times of our products.
d)	We can certainly confirm that his support in our product development contributed to the current technological lead of our products and our powerful position in the market.
e)	We would like to emphasise his efforts in crisis management. During the latest raw material shortage, for instance, he was able to help convince our external partners (suppliers, banks) as well as our staff to continue their cooperation with our company.

5.12.6 Note 6

a)	During his employment, we were able to entrust him with several projects, which were generally completed on schedule and within budget.
b)	As a rule he endeavoured to remain focused on the economic concerns of our company in order to make a profit.
c)	His cooperation contributed to a reduction in the manufacturing times of our products.
d)	We can certainly confirm that his help in our product development contributed somewhat to the current technological lead of our products and our powerful position in the market.
e)	We would like to mention his efforts in crisis management. During the latest raw material shortage, for instance, he tried to help convince our external partners (suppliers, banks) as well as our staff to continue their cooperation with our company.

Textbausteine (englisch)

5.13 Kriterium: Führungsfähigkeit

5.13.1 Note 1

a)	Mr. (Name) gained the confidence of his employees and motivated them through cooperative leadership. He was always fully accepted as a superior, and his team not only met but often exceeded our high expectations.
b)	Due to his cooperative management style, Mr. (Name) was always well accepted and well respected by his employees, who invariably performed exceptionally well under his leadership.
c)	Mr. (Name) gained the confidence of his employees and motivated them through cooperative leadership. He was always fully accepted as a superior, and his team always met our high expectations.
d)	Through cooperative leadership, he motivated his team to consistently deliver very good results, whilst at the same time being very well respected as a superior.
e)	Through tight leadership, he motivated his team to consistently deliver very good results, whilst at the same time being very well respected as a superior.

5.13.2 Note 2

a)	He enjoyed the recognition and appreciation of his employees, as he assigned them tasks in keeping with their abilities and achieved good results with his team.
b)	His team always achieved good results under his relevant and individual instruction. His leadership qualities met with the complete acceptance of his superiors as well as his employees.
c)	He enjoyed the confidence of his employees and fostered cooperation. Mr. (Name) informed his team, encouraged further education, delegated tasks and responsibilities sensibly and thus achieved good results.
d)	He motivated his team to deliver good results, whilst at the same time always being very well respected as a superior.
e)	His team always achieved good results under his relevant and individual instruction. His leadership qualities met with the complete acceptance of his superiors as well as his employees.

Textbausteine (englisch)

321

5.13.3 Note 3

a)	His employees performed well above average under his goal oriented leadership.
b)	He was always able to motivate his employees and to lead them to achieve very solid results.
c)	He practised a cooperative style of leadership and with his team he achieved very satisfactory results.
d)	He was accepted as a superior and led his team to achieve satisfactory results through relevant and individual guidance.
e)	Mr. (Name) was adept at motivating his employees and at assigning them tasks according to their abilities.

5.13.4 Note 4

a)	He was able to instruct his employees appropriately.
b)	He motivated his employees and achieved satisfactory results.
c)	He motivated his employees to achieve satisfactory results.
d)	When needed, he instructed his employees in professional areas and led them to achieve solid results.
e)	He was adept at assigning his employees tasks properly according to their abilities and motivating them professionally.

5.13.5 Note 5

a)	He was an understanding superior to his employees.
b)	He was accepted by his employees and essentially achieved the goals set for his department.
c)	He was accepted as a superior and led his team to achieve satisfactory results overall.
d)	To his team he was an understanding, pleasant and very accomodating superior.
e)	He was able to impart the essential aspects of the goals set for his department to his employees and to lead them pro-fessionally in the implementation of those goals.

5.13.6 Note 6

a)	He always endeavoured to gain the acceptance of his employees.
b)	He always strove to lead his team to the performance we expected.
c)	In most instances, he was able to motivate his team and strove to lead each employee to good performance.
d)	He always endeavoured to be an understanding and pleasant superior to his employees.
e)	He generally supervised the working habits of his employees appropriately.

5.14 Kriterium: Soft Skills

5.14.1 Note 1

a)	As a manager, Mr. (Name) continually demonstrated his excellent integration abilities. He always excelled at including the members of his team in the decision making process according to their personalities and competence, thereby creating an outstanding working atmosphere in his team.
b)	Mr. (Name) was always capable of managing conflicts. His exceptionally constructive behaviour, thoughtful actions and respect for his associates allowed him to create a very positive working atmosphere in his team.
c)	As a manager, Mr. (Name) was continually and in every respect open to feedback and suggestions for improvement from his employees. He always viewed criticism as a chance for improvement and personal growth. In return, he was always able to give positive as well as negative feedback to his employees at the appropriate times.
d)	Mr. (Name) impressed us with his outstanding social competence, particularly in the course of project work. He always knew how to use his understanding, team spirit and enthusiasm to motivate all involved to complete dedication and very good performance.
e)	Mr. (Name) was always exceptionally open and cooperative towards his employees, yet also knew how to assert himself at the right moment. This quality enabled him to always inspire his staff to deliver peak performance.

5.14.2 Note 2

a)	As a manager, Mr. (Name) continually demonstrated his good integration abilities. He always succeeded at including all members of his team in the decision making process according to their personalities and competence, thereby creating a very good working atmosphere in his team.
b)	Mr. (Name) was always capable of managing conflicts. His constructive behaviour, thoughtful actions and respect for his associates allowed him to create a very positive working atmosphere in his team.
c)	As a manager, Mr. (Name) was continually open to feedback and suggestions for improvement from his employees. He always viewed criticism as a chance for improvement and personal growth. In return, he was always able to give positive and negative feedback to his employees at the appropriate times.
d)	Mr. (Name) impressed us with his high level of social competence, particularly in the course of project work. He always knew how to use his understanding, team spirit and enthusiasm to motivate all involved to complete dedication and very good performance.
e)	Mr. (Name) was always very open and cooperative towards his employees, yet also knew how to assert himself at the right moment. This quality enabled him to always inspire his staff to deliver peak performance.

Textbausteine (englisch)

5.14.3   Note 3

a)	As a manager, Mr. (Name) continually demonstrated his good integration abilities. He succeeded at including all members of his team in the decision making process according to their personalities and competence, thereby creating a positive working atmosphere in his team.
b)	Mr. (Name) was capable of managing conflicts. His constructive behaviour and thoughtful actions allowed him to create a good working atmosphere in his team.
c)	As a manager, Mr. (Name) was open to feedback and suggestions for improvement from his employees. He always viewed criticism as a chance for improvement and personal growth. In return, he was able to give positive as well as negative feedback to his employees at the appropriate times.
d)	Mr. (Name) impressed us with his social competence, particularly in the course of project work. He generally knew how to use his understanding, team spirit and enthusiasm to motivate all involved to good performance.
e)	Mr. (Name) was always open and cooperative towards his employees, yet also knew how to assert himself at the right moment. This quality enabled him to inspire his staff to deliver high levels of performance.

5.14.4 Note 4

a)	As a manager, Mr. (Name) demonstrated his good integration abilities. He succeeded at including the members of his team in the decision making process, thereby creating a positive working atmosphere in his team.
b)	Mr. (Name) was able to manage conflicts. His constructive behaviour and thoughtful actions allowed him to create a positive working atmosphere in his team.
c)	As a manager, Mr. (Name) was open to feedback and suggestions for improvement from his employees. In return, he was able to give positive as well as negative feedback to his employees.
d)	Mr. (Name) impressed us with his social competence, particularly in the course of project work. He generally knew how to use his team spirit and enthusiasm to motivate all involved to satisfactory performance.
e)	Mr. (Name) was always open and cooperative towards his employees, yet also knew how to assert himself at the right moment. This quality enabled him to inspire his staff to deliver high levels of performance.

Textbausteine (englisch)

5.14.5 Note 5

a)	As a manager, Mr. (Name) always strove for integration. He usually succeeded at including the members of his team in the decision making process, thereby ensuring performance in his area of responsibility.
b)	Overall, Mr. (Name) was able to manage conflicts. His constructive behaviour allowed him to create quite a positive working atmosphere in his team.
c)	As a manager, Mr. (Name) always endeavoured to take feedback and suggestions for improvement from his employees seriously.
d)	Mr. (Name) impressed us with his social competence, particularly in the course of project work. He generally knew how to motivate all involved to satisfactory performance.
e)	Mr. (Name) was open and cooperative towards his employees. This leadership quality enabled him to ensure the quality of work in his area of responsibility.

5.14.6 Note 6

a)	As a manager, Mr. (Name) strove for integration. He usually succeeded at including the members of his team in the decision making process, thereby ensuring performance in his area of responsibility.
b)	Overall, Mr. (Name) endeavoured to manage conflicts. His constructive behaviour allowed him to create quite a positive working atmosphere in his team.
c)	As a manager, Mr. (Name) usually endeavoured to take feedback and suggestions for improvement from his employees seriously.
d)	Mr. (Name) impressed us with his social competence, particularly in the course of project work.
e)	Mr. (Name) was open and cooperative towards his employees. This leadership quality generally enabled him to ensure the quality of work in his area of responsibility.

5.15 Kriterium: Zusammenfassende Leistungsbeurteilung

5.15.1 Note 1

a)	Mr. (Name) always completed tasks assigned to him to our utmost satisfaction.
b)	Mr. (Name) met and sometimes exceeded our very high expectations in the best possible manner.
c)	Mr. (Name) always completed tasks assigned to him to the utmost satisfaction.
d)	We were continually and in every respect very satisfied with Mr. (Name)'s performance.
e)	Mr. (Name)'s performance always met with our complete approval in every respect.

5.15.2 Note 2

a)	Mr. (Name) always completed tasks assigned to him to our complete satisfaction.
b)	We were always very satisfied with Mr. (Name)'s performance.
c)	Mr. (Name) always completed tasks assigned to him to our unconditional and complete satisfaction.
d)	Mr. (Name)'s performance always met with our complete approval.
e)	Mr. (Name) always met our high expectations in the best possible manner.

5.15.3 Note 3

a)	Mr. (Name) always managed tasks assigned to him to our satisfaction.
b)	Mr. (Name) met our expectations in the best possible manner.
c)	Mr. (Name)'s performance was entirely satisfactory.
d)	He always performed tasks assigned to him to our satisfaction.
e)	Mr. (Name) always accomplished tasks assigned to him to our satisfaction.

5.15.4 Note 4

a)	Mr. (Name) performed tasks assigned to him to our satisfaction.
b)	Mr. (Name)'s performance was satisfactory.
c)	Mr. (Name) met our expectations.
d)	We would summarise our evaluation of Mr. (Name)'s performance as sufficient.
e)	Mr. (Name) accomplished tasks assigned to him to our satisfaction.

Textbausteine (englisch)

5.15.5   Note 5

a)	Overall, Mr. (Name) performed tasks assigned to him to our satisfaction.
b)	For the most part, Mr. (Name) performed tasks assigned to him to our satisfaction.
c)	Mr. (Name) essentially met our expectations.
d)	Mr. (Name) accomplished tasks assigned to him with diligence and interest.
e)	Mr. (Name) always endeavoured to accomplish tasks assigned to him to our satisfaction.

5.15.6 Note 6

a)	Mr. (Name) demonstrated great understanding and interest for his work.
b)	Mr. (Name) endeavoured to fulfill our requirements.
c)	Mr. (Name) always viewed new tasks as challenges, which he met boldly.
d)	Mr. (Name) endeavoured with great enthusiasm to meet our expectations.
e)	Mr. (Name) always tried to accomplish his tasks to our satisfaction.

5.16 Kriterium: Persönliche Führung

5.16.1 Note 1

a)	Mr. (Name) got on very well with all associates and always met them in his friendly, open and accommodating way. His behaviour towards superiors, colleagues and external associates was always exemplary.
b)	Mr. (Name) was highly esteemed by all associates because of his friendly and balanced personality, as he always fostered good cooperation and team atmosphere. His behaviour was always exemplary.
c)	Mr. (Name)'s behaviour towards superiors, colleagues and customers was always exemplary and loyal.
d)	Mr. (Name)'s behaviour was always exemplary. He was esteemed by his superiors, colleagues and customers. Mr. (Name) actively fostered cooperation, applied and accepted professional criticism, was always helpful and, when necessary, put his personal interests aside.
e)	We know Mr. (Name) to be a communicative, outgoing and open manager who always enjoyed the complete trust of his superiors and colleagues. He was an esteemed and distinguished associate inside as well as outside the company. His behaviour towards superiors, colleagues and external associates was always exemplary.

5.16.2 Note 2

a)	Mr. (Name) got on well with all associates and always met them in his friendly, open and accommodating way. His behaviour towards superiors, colleagues and customers was always flawless.
b)	Mr. (Name) was highly esteemed by all associates because of his friendly and balanced personality, as he always fostered good cooperation and team atmosphere. His behaviour towards superiors, colleagues and customers was always flawless.
c)	Mr. (Name)'s behaviour was exemplary. He was greatly esteemed by his superiors, colleagues and customers.
d)	Mr. (Name)'s behaviour towards superiors, his integration with fellow staff and his open approach to the employees were always flawless. We would especially like to emphasise his ability to seek out and find consensus in complicated decision making processes.
e)	Mr. (Name) always came across as an accomodating, helpful and outgoing personality. His behaviour towards superiors, colleagues and customers was always flawless.

Textbausteine (englisch)

339

5.16.3 Note 3

a)	Mr. (Name) was esteemed by all associates because of his friendly and conciliatory personality.
b)	Mr. (Name) was esteemed by all associates because of his friendly and balanced personality, as he actively fostered good cooperation and team atmosphere.
c)	Mr. (Name) impressed us professionally and personally, and earned the recognition of his superiors, colleagues and customers.
d)	Mr. (Name)'s behaviour towards superiors, colleagues and customers was flawless.
e)	Mr. (Name)'s behaviour was accomodating and always correct.

5.16.4 Note 4

a)	Mr. (Name) was esteemed by most associates because of his friendly personality.
b)	Mr. (Name) was esteemed because of his friendly and balanced personality, as he always fostered good co-operation and team atmosphere.
c)	Mr. (Name) always had a good relationship with his colleagues, which led to a productive working and company atmosphere.
d)	Mr. (Name)'s behaviour gave us no cause for objection.
e)	Mr. (Name)'s behaviour towards superiors, colleagues and customers was polite and correct.

Textbausteine (englisch)

5.16.5 Note 5

a)	On the whole, Mr. (Name) was esteemed because of his friendly personality.
b)	Mr. (Name) was accepted because of his friendly and balanced personality, as he always actively tried to foster good cooperation and team atmosphere.
c)	Mr. (Name)'s personal conduct was essentially flawless.
d)	Mr. (Name)'s cooperation with superiors and colleagues was, overall, satisfactory.
e)	Mr. (Name)'s behaviour toward his superiors and colleagues was fundamentally correct.

5.16.6 Note 6

a)	On the whole, Mr. (Name) was accepted because of his friendly personality.
b)	Mr. (Name) was accepted because of his friendly and balanced personality, as he always actively tried to foster cooperation and team atmosphere.
c)	Mr. (Name)'s behaviour towards superiors and colleages was essentially flawless.
d)	Mr. (Name)'s behaviour was not without flaws. He displayed difficulty integrating into the team.
e)	Mr. (Name)'s behaviour was always exceedingly friendly and often correct.

5.17 Kriterium: Beendigungsgrund

a)	Mr. (Name) is leaving our company today by his own choice.
b)	Unfortunately, Mr. (Name) is leaving our company today by his own choice in order to accept a new challenge.
c)	Unfortunately, given the current difficult economic conditions, which are also affecting our company, we can no longer offer Mr. (Name) any further future with us. His employment is therefore being terminated for operational reasons.
d)	Mr. (Name)'s employment is being terminated for operational reasons.
e)	Due to fundamental restructuring, which also affects Mr. (Name)'s position, his employment with us has been terminated today due to operational reasons.

5.18 Kriterium: Schlussformulierung

5.18.1 Note 1

a)	We thank Mr. (Name) for the many years of constantly very good cooperation and very much regret his leaving our company. We wish this exemplary colleague all the best, lots of luck and success in both his professional and personal life.
b)	We truly regret to see him go. We want to be sure to extend a special thanks for his work in our company. We wish him all the best and well deserved success for both his professional and personal future.
c)	We sincerely regret his decision, as it means that we are losing a valuable manager. We thank him for his constantly very good work and wish him all the best and continued success for his professional as well as personal future.
d)	We thank Mr. (Name) for the excellent cooperation with our company, regret his leaving very much and wish him all the best and continued success on his professional and personal journey.
e)	We nevertheless thank him for his excellent contribution to building our organisation and wish him all the best and continued success in the future. If the need and the opportunity should arise, we would not hesitate to engage his services as an external consultant.

Textbausteine (englisch)

5.18.2 Note 2

a)	We truly regret his decision, thank him for his valuable service, and wish him all the best and continued success for his professional as well as personal future.
b)	We regret his leaving very much, as it means that we are losing a good professional associate. We wholeheartedly recommend him as an employee. We thank him for his continually good performance. For his further professional and personal journey we wish him all the best and continued success.
c)	We thank Mr. (Name) for the continually good cooperation and regret losing a good professional associate. We wish Mr. (Name) all the best and lots of success on his further professional and personal journey.
d)	We nevertheless regret his leaving very much, thank him for his good performance and wish him all the best and continued success in his professional and personal future.
e)	We regret his leaving, thank him for his constructive cooperation and wish him continued success and all the best in his professional and personal future.

5.18.3 Note 3

a)	We regret his leaving, as it means that we are losing a good professional associate. We recommend him as an employee and thank him for his good performance. For his further professional and personal journey we wish him all the best and lots of success.
b)	We regret his decision, thank him for his cooperation, and wish him all the best and continued success for the future.
c)	We thank Mr. (Name) for his cooperation and regret his decision. We wish him all the best for the future.
d)	We nevertheless regret his leaving, thank him for his cooperation and wish him all the best and continued success in his professional and personal future.
e)	We regret his leaving, thank him for his cooperation, and wish him all the best and continued success for his professional and personal future.

Textbausteine (englisch)

5.18.4 Note 4

a)	We thank Mr. (Name) for his cooperation and wish him all the best for the future.
b)	We thank Mr. (Name) for his cooperation and wish him all the best for his professional career.
c)	We thank him for his work and wish him all the best for the future.
d)	We thank him for his work and wish him lots of success in the future.
e)	We thank him for the work in our company and wish him lots of success in the future.

5.18.5 Note 5

a)	We wish him all the best for the future.
b)	We wish him all the best and continued success professionally as well as personally.
c)	We wish him all the best in his further endeavours.
d)	We wish him lots of success.
e)	We wish him all the best in his further professional endeavours.

5.18.6 Note 6

a)	We regret that we have to do without further cooperation with Mr. (Name). Our best wishes go with him.
b)	We wish Mr. (Name) the opportunity to fully develop his abilities in the future.
c)	We also wish Mr. (Name) success for the future.
d)	We wish Mr. (Name) success for his professional career.
e)	We wish him all the best for his future.

6 Tätigkeitsbeschreibungen

In diesem Kapitel finden Sie alle Tätigkeitsbeschreibungen vom Praktikanten bis zum Vorstandsvorsitzenden für Ihre Mitarbeiter, aufgeteilt in die Gruppen:
1. Auszubildende, Trainees und Praktikanten
2. gewerbliche Arbeitnehmer
3. Angestellte
4. Führungskräfte
5. Tätigkeitsbeschreibungen in englischer Sprache

In Kapitel 6.5 sind 40 Tätigkeitsbeschreibungen für Führungskräfte in englischer Sprache abgedruckt. Auf der CD-Rom finden Sie diese Tätigkeitsbeschreibungen auch in der deutschen Übersetzung sowie in der weiblichen und männlichen Form.

Tätigkeitsbeschreibungen auf Englisch

Auf den Seiten 352-357 finden Sie eine detaillierte Auflistung der einzelnen Berufe, zu denen Tätigkeitsbeschreibungen vorliegen. Wählen Sie die passende Tätigkeitsbeschreibung aus und kopieren Sie diese von der CD-ROM in Ihre Zeugnisdatei. Dann tragen Sie den Namen Ihres Mitarbeiters an der dafür vorgesehenen Stelle ein. Lassen Sie anschließend den Fachvorgesetzten und Ihren Mitarbeiter die Tätigkeitsbeschreibung durchsehen, um sie an das individuelle Tätigkeitsprofil Ihres Mitarbeiters anzupassen.
Viele weitere Tätigkeitsbeschreibungen nach Berufsgruppen und Geschlecht sortiert finden Sie auf der CD-ROM.

Alle Tätigkeitsbeschreibungen im Überblick

355

6.1   Auszubildende, Trainees und Praktikanten

6.1.1   Altenpflegerin

In unserer Einrichtung war Frau (Name) für folgende Bereiche verantwortlich:

* Ausführung von Grundpflegemaßnahmen und Hilfe bei der Verrichtung des täglichen Lebens. Dazu zählten die regelmäßige und fachgerechte Umbettung pflegebedürftiger Menschen, Durchführung von Vorbeugemaßnahmen z. B. gegen Thrombose oder Dekubitus
* Hilfe bei der Körperpflege, beim An- und Auskleiden, bei der Versorgung mit Nahrungsmitteln und ggf. beim Essen
* Die Aktivierung der Betreuten zu regelmäßiger Bewegung und die Anleitung zu Bewegungs- und Atemübungen
* Mitarbeit bei der Zusammenstellung und Verabreichung der ärztlich verordneten Medikamente
* Durchführung spezieller Pflegemaßnahmen wie Einläufe, Spülungen, Verbände wechseln und Salben einreiben
* Mitwirkung bei Maßnahmen der therapeutischen Rehabilitation wie etwa krankengymnastische Übungen
* Dokumentation von Pflegemaßnahmen
* Zusammenarbeit mit den behandelnden Ärzten
* Beratung in Fragen der Gesundheitsvorsorge
* Führung helfender Gespräche zur Förderung der zwischenmenschlichen Beziehung und zur Vorbeugung von Isolation und Einsamkeit
* Unterweisung von Angehörigen in der Handhabung von Hilfsmitteln wie Rollstühle, Gehhilfen oder Spezialbetten
* Mitwirkung bei der Organisation der Nachlassabwicklung
* Abfassen von Berichten
* Abrechnung von Pflegeleistungen

6.1.2 Anlagenmechaniker

Zu den Hauptaufgaben von Herrn (Name) in unserem Betrieb zählten:

* Herstellung von Rohrleitungsstücken und Rohrleitungssystemen sowie deren Vormontage
* Bedienung von Metallverarbeitungsmaschinen unter Anwendung verschiedener Metallbearbeitungs- und Verbindungstechniken
* Zuschneiden von Rohren und Blechen durch Sägen, Brennschneiden und Stanzen
* Herstellung von Rohrformstücken durch Kalt- und Warmbiegen, Aufweiten, Aushalsen und Gewindeschneiden
* Umformen von Blechteilen für Lüftungskanäle und Zurichtung von Flügelflächen
* Vormontage von Baugruppen im Werkstattbereich durch Verschweißen oder Löten von Rohrleitungsteilen
* Einbau von Armaturen wie Absperr- und Regelventile
* Einbau von Messgeräten wie Manometer oder Temperaturfühler oder Steueranlagen
* Dichtheitsprüfungen von Schweißnähten unter hohem Druck
* Anbringung von Korrosionsschutz, Dämmungen und das Auskleiden von Rohrleitungen
* Instandhaltung von versorgungstechnischen Anlagen und die Sanierung von Rohrleitungssystemen
* Ortung von Leckstellen in Leitungssystemen mit speziellen Lecksuchgeräten

6.1.3 Anlagenmechaniker für Sanitär-, Heizungs- und Klimatechnik (Handwerk)

Für folgende Bereiche war Herr (Name) besonders verantwortlich:

* Geeignete Rohre, Formstücke, Armaturen, Bleche, Profile auswählen
* Maße aus den technischen Unterlagen übernehmen und auf Bauteile übertragen

Tätigkeitsbeschreibungen

- Rohrformstücke wie Bögen, Abzweigungen herstellen, und zwar durch Kalt- und Warmbiegen, Aufweiten, Aushalsen, Gewindeschneiden
- Benötigte Bauteile und Werkzeuge bereitstellen, transportieren und Arbeitsplatz einrichten
- Rohrleitungen und Bauteile von Ver- und Entsorgungsanlagen montieren
- Rohrverlegung vorbereiten (z. B. Mauer- und Deckendurchbrüche)
- Rohrleitungen und Blechbauteile verschweißen, löten oder verschrauben und befestigen
- Steuer- und Regelungssysteme, Sicherheits- und Überwachungseinrichtungen wie Absperr-, Regelventile, Temperaturfühler, Druckmessgeräte installieren, einstellen und prüfen
- Heizkörper installieren
- Sanitäre Einrichtungen (Waschbecken, Duschen, Toiletten) montieren
- Bauteile dämmen, isolieren bzw. abdichten
- Dichtheitsprüfungen durchführen
- Elektrische Anschlüsse von Komponenten versorgungstechnischer Anlagen und Systeme herstellen und elektrische Baugruppen und Komponenten in versorgungstechnische Anlagen und Systeme installieren und prüfen
- Serviceleistungen durchführen (Funktionen versorgungstechnischer Anlagen prüfen, Anlagen einstellen und optimieren)
- Bei Störungen Fehler suchen, analysieren und defekte Teile austauschen
- Kunden beraten und betreuen, z. B. über Produkte und Dienstleistungsangebote des Betriebes informieren

6.1.4 Bauten- und Objektbeschichter (Handwerk)

Herr (Name) wurde in alle von der Handwerksordnung (HwO) geforderten Ausbildungselemente eingearbeitet, er war besonders für folgende Tätigkeiten verantwortlich:
- Untergründe von Böden prüfen, bewerten und für Beschichtungen vorbereiten

- Alte Anstriche und Farbschichten entfernen
- Risse und Vertiefungen mit Spachtelmasse u. a. ausgleichen
- Grundierungen aufbringen
- Schutzmaßnahmen für Flächen und Objekte durchführen, die nicht zu bearbeiten sind, z. B. mit Folien oder Planen abdecken
- Oberflächen behandeln, bekleiden, beschichten und gestalten
- Metalloberflächen (z. B. Heizkörper) mit Entrostungsmitteln behandeln, anschließend Korrosionsschutzmittel auftragen und lackieren
- Estriche, Keller-, Außenwände streichen, spritzen und wasserhemmende Anstriche aufbringen
- Innen-, Außenwände, Decken in verschiedenen Techniken farbig gestalten, Schriften gestalten, Innenwände tapezieren
- Fensterrahmen, Holzverkleidungen lasieren oder lackieren
- Putz-, Dämm-, Trockenbauarbeiten durchführen
- Messungen (Raumtemperatur- und Luftfeuchtigkeit) ausführen und Messergebnisse für die weiteren Arbeiten in Betracht ziehen
- Geräte, Werkzeuge, Maschinen, Anlagen für den jeweiligen Arbeitsauftrag auswählen, einrichten und bedienen
- Arbeitsgerüste auf- und abbauen, Werkzeuge und Maschinen reinigen

6.1.5 Bestatter

Herr (Name) war für folgende Tätigkeiten verantwortlich:
- Die Hinterbliebenen über unterschiedlichste Bestattungsarten beraten, gemeinsames Festlegen des Bestattungsablaufes: Organisation und Ablauf der Trauerfeier festlegen
- Trauerbriefe, Todesanzeigen, Nachrufe und Danksagungen formulieren, gestalten und liefern
- Behördliche und kirchliche Formalitäten für Bestattungen regeln, Trauerfeierlichkeiten und Bestattung mit Vertretern der Kirche oder Glaubensgemeinschaft abstimmen
- Bestattungswäsche, Särge, Zinkeinsatzsärge, Sargausstattungen, Urnen und andere Gebrauchsgegenstände herrichten
- Räume und Gräber für die Feierlichkeiten schmücken

Tätigkeitsbeschreibungen

- Umbettungen und Exhumierungen organisieren und durchführen
- Grabstellen eigenverantwortlich anlegen
- Verstorbene in die Leichenhalle überführen, reinigen, waschen, desinfizieren, rasieren, frisieren, aufbahren und einsargen
- Kondolenzbücher auslegen, Kondolenzkarten sammeln, Blumenspenden erfassen
- Urnenbeisetzungen durchführen
- Kaufmännische Arbeiten unter Aufsicht ausführen
- Rechnungen erstellen: mit Versicherungen und Krankenkassen abrechnen

6.1.6 Chemielaborantin

In unserem Ausbildungsbetrieb war Frau (Name) hauptsächlich für folgende Tätigkeiten zuständig:

- Planung von Versuchsabläufen
- Aufbau von Apparaturen
- Analyse von organischen und anorganischen Stoffen hinsichtlich ihrer qualitativen und quantitativen Zusammensetzung
- Durchführung von Photometrischen Bestimmungen
- Reinigen, charakterisieren und identifizieren von Stoffen
- Herstellung organischer und anorganischer Präparate
- Trennung von Stoffgemischen wie etwa elektrophoretische Proteingemische oder chromatografische Stoffgemische
- Entwicklung und Optimierung von Analyse- und Herstellungsverfahren
- Einrichtung von Laborgeräten, Bedienung von Laborcomputern
- Dokumentation von Versuchsergebnissen
- Beobachtung der Entwicklung neuer labortechnischer Verfahren

6.1.7 Elektroinstallateur

In unserem Unternehmen war Herr (Name) für folgende Tätigkeiten zuständig:

* Verlegen, Befestigen und Bündeln von Kabeln, Leitungen und Installationssysteme sowohl der elektrischen Energietechnik wie auch der Kommunikationstechnik
* Installation von Schaltern, Steckdosen, Stromkreisverteilern und anderer Schalt- und Verteilereinrichtungen
* Mitarbeit bei der Errichtung von Erdungs- und Blitzschutzanlagen
* Einbau von Speicherprogrammierbaren Steuerungen in elektrische Anlagen
* Installation von Beleuchtungsanlagen nach Prüfung der Belichtungsverhältnisse und Montage von Beleuchtungskörpern
* Mitarbeit bei der Installation von Hausleitsystemen zum Schalten, Steuern und Regeln von Hausleitsystemen
* Mitarbeit bei der Errichtung von Antennenanlagen für terrestrischen als auch für Satellitenrundfunk
* Einbau und Installation von ortsfesten elektrischen Geräten wie Spül- oder Waschmaschinen
* Durchführung von Stromdurchgangsprüfungen
* Ermittlung von Störungen bei elektrischen Anlagen
* Austausch von Verschleißteilen
* Auswechseln defekter Teile
* Werkzeuge, Arbeitseinrichtungen sowie Prüf- und Messgeräte instand halten
* Kunden über Produkte und Dienstleistungen des Betriebes informieren und beraten
* Leistungen abrechnen

6.1.8 Elektroniker Fachrichtung Informations- und Telekommunikationstechnik (Handwerk)

Herr (Name) wurde nach einem festen Ausbildungsplan in allen dem Berufsbild entsprechenden Tätigkeiten ausgebildet. Er war besonders für folgende Aufgaben zuständig:

Tätigkeitsbeschreibungen

363

- Konzeption von Systemlösungen für Anlagen der Datenübertragung und Datenverarbeitung sowie für sicherheitstechnische Systeme
- Ausarbeitung von Sicherheitskonzepten
- Installation von Datennetzen und Telekommunikationsanlagen
- Einbau von Videoüberwachungssystemen, Zutrittskontrollsystemen und Einbruchmeldeanlagen
- Installation und Konfiguration von Gebäudeleiteinrichtungen
- Inbetriebnahme von Anlagen und Systemen der Informations- und Telekommunikationstechnik
- Analyse, Bewertung und Optimierung der Datenübertragung
- Schnittstellenprüfung und Anpassung unterschiedlicher Datenkommunikationssysteme
- Systematische Fehlersuche in Anlagen und Systemen sowie Beseitigung der Fehler
- Prüfung und Instandhaltung von Informations- und Telekommunikationssystemen
- Installation, Konfiguration und Test systemspezifische Software
- Beratung und Betreuung von Kunden sowie Durchführung von Serviceleistungen

6.1.9 Elektroniker für Geräte und Systeme (Industrie)

Herr (Name) wurde während seiner Ausbildung in alle von der Industrie- und Handelskammer geforderten Ausbildungselemente eingeführt. Er war besonders für folgende Tätigkeiten zuständig:

- Planung, Analyse und Optimierung von Arbeits- und Produktionsabläufen unter Beachtung rechtlicher, wirtschaftlicher und terminlicher Vorgaben
- Rechnergestützte Konzeption elektronischer und konstruktiver Gerätekomponenten
- Einrichtung von Fertigungsanlagen und Prüfsystemen
- Herstellung von Mustern und Unikaten
- Prüfung, Instandsetzung und Wartung von Geräten und Gerätekomponenten
- Erstellung von Entwürfen, Layouts und Fertigungsunterlagen

- Mitwirkung bei der Entwicklung von Lösungskonzepten für Schaltungen und konstruktivem Aufbau
- Auswahl, Installation und Konfiguration systemspezifische Hard- und Softwarekomponenten
- Anpassung mechanischer und elektrischer Komponenten sowie Montage von Baugruppen und Geräten
- Koordination und Vergabe von Aufträgen zur Beschaffung von Bauteilen und Betriebsmitteln
- Erstellung von Geräte-, System und Produktdokumentationen
- Erstellung und Bestückung von Leiterplatten

6.1.10 Elektroniker für Maschinen- und Antriebstechnik (Handwerk)

Herr (Name) wurde in allen Tätigkeitsbereichen, die die Handwerksordnung (HWO) für die Ausbildung als Elektroniker für Maschinen- und Antriebstechnik vorschreibt, ausgebildet. Er war besonders für folgende Aufgaben zuständig:

- Montage und Inbetriebnahme von elektrischen Maschinen und Antriebssystemen unter Beachtung von Sicherheitsvorschriften
- Konzeption von Antriebssystemen nach Kundenanforderungen
- Herstellung und Einbau von Ein- und Mehrschichtwicklungen
- Erstellung, Überprüfung und Änderung von Programmen zur Steuerung pneumatischer, hydraulischer und elektrischer Komponenten
- Auswahl und Parametrierung von Frequenzumrichtern
- Fehlersuche, Fehleranalyse und Instandsetzung von Komponenten der Maschinen- und Antriebstechnik
- Erstellung von Wartungsplänen sowie Wartung und Instandhaltung elektrischer Maschinen und Antriebssysteme
- Beurteilung und Überprüfung der Sicherheit von elektrischen Anlagen und Betriebsmitteln
- Kundenberatung und -betreuung, Auftragsannahme sowie Erbringen von Serviceleistungen
- Technische Analyse von Aufträgen und Planung der Auftragsdurchführung
- Montage, Austausch und Wartung von Kupplungen und Lagern

Tätigkeitsbeschreibungen

365

* Verlegung und Anschluss von Leitungen sowie Anbringung von Schutzeinrichtungen, Verkleidungen und Isolierungen

6.1.11 Fahrzeuglackierer (Handwerk)

Herr (Name) wurde in allen Tätigkeitsbereichen, die die Handwerksordnung (HwO) für die Ausbildung als Fahrzeuglackierer vorschreibt, ausgebildet. Er war schwerpunktmäßig für folgende Aufgaben zuständig:

* Untergründe prüfen und für die Endbeschichtung vorbereiten
* Den Untergrund entrosten, abschleifen, entfetten und Haftgrund auftragen
* Unebenheiten ausspachteln und zwischenschleifen
* Flächen durch Abkleben schützen
* Oberflächen beschichten, behandeln und gestalten, etwa Unter- und Decklacke aufspritzen
* Beschriftungen, Design- und Effektlackierungen herstellen
* Werbeflyer, Bilder und sonstige Dekorationen mithilfe von Schablonen auf Fahrzeuge und Fahrzeugaufbauten aufbringen
* Fahrzeugteile reparieren, z. B. Bleche ausbeulen, spachteln, schleifen und lackieren
* Oberflächen konservieren, z. B. durch Polituren oder Wachs
* Die Funktion elektrischer, elektronischer, hydraulischer und pneumatischer Bauteile und Systeme prüfen
* Bauteile montieren und demontieren
* Fenster ein- und ausbauen
* Fahrzeuge und Fahrzeugteile instand setzen
* Messungen durchführen, Messergebnisse dokumentieren
* Geräte, Werkzeuge, Maschinen, Anlagen für den Auftrag auswählen, einrichten, bedienen und säubern

6.1.12 Fleischer

Neben dem Einblick in alle für diesen Beruf notwendigen Arbeiten zeigte Herr (Name) sich besonders für folgende Tätigkeiten verantwortlich:

* Fleisch, Fett, Innereien und andere Rohmaterialien auswählen, abwiegen und zusammenstellen

- Gewürze und Zusatzstoffe auswählen, abwiegen und zusetzen
- Rohmaterialien Fuhrmannen und kuttern
- Massen portionieren und abfüllen, z. B. auch einspritzen in Natur- oder Kunststoffdärme
- Vorbereitete und abgefüllte Massen je nach Wurstart kochen, brühen, kühlen oder räuchern oder trocknen und reifen lassen
- Produkte anhand von Aussehen, Farbe, Konsistenz, Geruch, Geschmack beurteilen (sensorische Prüfung)
- Hackfleisch maschinell herstellen, dazu Fleisch unter besonderer Berücksichtigung der Vorschriften der Hackfleisch-Verordnung auswählen und vorbereiten
- Fleisch und Fleischerzeugnisse durch Anwenden unterschiedlicher Verfahren wie Salzen, Pökeln, Trocknen, Räuchern, Kühlen, Gefrieren und Erhitzen haltbar machen
- Im Bereich Nasspökeln zum Beispiel Pökellake aus Wasser und Pökelsalz herstellen, das Fleisch mit Pökelinjektoren spritzen
- Im Bereich Trockenpökeln zum Beispiel das Fleisch von außen mit Salz einreiben, nach vorgegebener Einwirkzeit überschüssiges Salz auswässern
- Im Bereich Räuchern zum Beispiel Räucherkammern und -anlagen einschließlich der Raucherzeuger bedienen, überwachen und warten
- Maschinen, Geräte und Werkzeuge warten und pflegen
- Verkauf von Fleischerzeugnissen

6.1.13 Floristin

Besonderes Engagement zeigte Frau (Name) in folgenden Bereichen:
- Einkauf von Schnittblumen und Topfpflanzen beim hiesigen Blumengroßhandel
- Arrangement der Waren in Vasen und Dekoration von Schaufenster und Verkaufsraum
- Kundenberatung im Verkaufraum oder am Telefon: Empfehlung und Auswahl geeigneter Blumen für einen Strauß und die Beratung, welches Gebinde bei welchem Anlass angebracht ist. Hinweise für die richtige Pflege der Pflanzen sowie zum ökologischen Einsatz von Pflanzenschutzmitteln

Tätigkeitsbeschreibungen

367

- Genaue Verarbeitung der Kundenwünsche je nach Jahreszeit zu Sträußen, Arrangements, Gestecken und Kränzen
- Die gezielte Verarbeitung von Werkstoffen, die im Zusammenhang mit Blumenarrangements stehen, wie etwa Kerzen, Bänder oder Schleifen
- Genaue Beachtung der unterschiedlichen Pflegeansprüche von Pflanzen
- Die Pflege der Pflanzen in Verkaufraum und Kühlraum hinsichtlich Düngung und Schädlingsbekämpfung
- Organisation unseres Blumengeschenkdienstes sowohl im innerstädtischen Bereich als auch im überregionalen und internationalen Bereich durch die Zusammenarbeit mit FLEUROP
- Mitwirkung bei der Ermittlung des Materialbedarfs
- Kalkulation von Preisen für Arrangements
- Einholen von Angeboten

6.1.14 Hotelfachmann

Herr (Name) wirkte an zahlreichen verschiedenen Aufgabenstellungen bereits von Beginn an mit:
- Erledigung aller Aufgaben der Hausdamenabteilung wie Bettenmachen, Aufziehen von Bettwäsche, Aufräumungs- und Reinigungsarbeiten, Erstellung von Dienstplänen, Wäschebestände verwalten und Verantwortlichkeit für Wäschepflege und Waschmitteleinsatz
- Abwicklung des Bereiches Büffet, Speisen- und Getränkeausgabe, d. h. die Ausgabe von warmen und kalten Speisen an das Servierpersonal, Kontrolle des küchenverlassenden Essens, Einschenken und Ausgeben von Getränken, Bedienung von Kaffeemaschine und das Zapfen von Bier
- Aufgaben im Bereich Restaurantkasse und Restaurantservice wie z. B. das Eindecken und Dekorieren von Tischen, Aufnahme von Bestellungen und das Auftragen von Speisen
- Im Bereich Food and Beverage wurden alle geforderten Aufgaben der Bestellung, des Einkaufs, der Verwaltung, sowie die Verarbeitung und der Verkauf aller Speisen und Getränke zusam-

menhängend wahrgenommen und zur vollsten Zufriedenheit erledigt

- Aufgaben in der Empfangsabteilung, wie Zimmerreservierung oder Zimmerbelegungspläne
- Erledigung von Korrespondenz mit Gästen, Lieferanten und anderen Geschäftspartnern
- Postein- und -ausgang, Ablage
- Kaufmännische Aufgaben: Kalkulation von Beherbergungspreisen oder der Gestaltung unterschiedlicher Angebote, aber auch die Bearbeitung von Zahlungsvorgängen und Kosten- Leistungsrechnungen
- Durchführung im Bereich Personalwesen: Planung und Verwaltung von Personalbesetzungen oder der Erstellung von Personalbudgets
- Aufgaben im Bereich Öffentlichkeitsarbeit: Zusammenarbeit mit Werbeagenturen oder die Repräsentanz des Unternehmens gegenüber Kunden, Reisebüros und Behörden

6.1.15 Investmentfondskauffrau

Frau (Name) war für folgende Aufgaben, die sie nach und nach selbstständig erledigte, zuständig:

- Geld-, Kapital- und Wertpapiermärkte analysieren
- Länder- und Unternehmensresearch
- Depots betreuen
- Dem Fondsmanagement Vorschläge machen, z. B. zur Produktentwicklung und zu neuen Vertriebskanälen
- Berichte und Meldungen für interne und externe Stellen abfassen
- Handelsaufträge in Absprache mit den Ausbildern abwickeln
- Geschäftsvorgänge zeitnah buchen, Fondsabschlüsse täglich durchführen
- Inventarwerte und Anteilspreise von Sondervermögen (z. B. Immobilienfonds) berechnen
- Steuern für Fonds und Depots berechnen
- Vor- und Nachteile von Immobilienstandorten aufzeigen und mit ihren Ausbildern kritisch diskutieren

- Entscheidungen des Fondsmanagements vorbereiten und in der Fondsbuchhaltung in Absprache mit den Vorgesetzten umsetzen
- Bei Marketingmaßnahmen mitwirken
- Kunden beraten, maßgeschneiderte Angebote planen, Fondsauflegungen verkaufen, Kundenaufträge abwickeln
- Vertriebskanäle pflegen und betreuen

6.1.16 Kosmetikerin

Frau (Name) wurde in alle von der Industrie- und Handelskammer geforderten Ausbildungselemente eingeführt, sie war in unserem Unternehmen sukzessiv für folgende Aufgaben mitverantwortlich:

- Die Kunden empfangen und auf einem Kosmetikstuhl bzw. - liege positionieren
- Die Kunden nach Wünschen und Allergien befragen
- Den Hauttyp und -zustand der Kunden beurteilen, Gesichtshaut, Hals und Dekolleté schonend reinigen
- Bei unreiner Haut die obere Hornschicht abschleifen und Pickel und Mitesser entfernen
- Gesichtsdampfbäder durchführen, um die Haut aufnahmefähiger für die weitere Behandlung zu machen
- Elektrokosmetische Behandlungen bei Cellulite durchführen
- Kosmetische Gesichts-, Hand-, Fuß- und Körpermassagen durchführen, z. B. Zupf-, Streich- oder Klopfmassagen, Knet- und Walkmassagen, Lymphdrainage, Reflexzonen- oder Shiatsu-Massagen
- Kunden typgerecht schminken, z. B. Braut-Make-up, Foto-Make-up
- Grundierung auftragen
- Korrigieren, Abschattieren oder Abdecken von störenden Hautunreinheiten
- Augen, Lippen, Wangen schminken
- Durch Abpudern das Make-up fixieren und – je nach Trend – mattieren oder dem Make-up einen leichten Schimmer verleihen
- Kosmetische Hand- und Fußpflege durchführen, Finger- und Fußnägel modellieren und verschönern

- Kunden über kosmetische Produkte beraten, Kosmetika präsentieren und verkaufen
- Kunden über eine sinnvolle Ernährungsweise beraten, Vorschläge zur Gesundheitsförderung oder zur Steigerung des Wohlbefindens vorstellen

6.1.17 Kraftfahrzeugmechatroniker

Herr (Name) wurde in unserem Unternehmen als Kraftfahrzeugmechatroniker ausgebildet.

- Fehler oder Störungen an Kraftfahrzeugen bzw. deren Systemen und Bauteilen diagnostizieren und deren Ursachen feststellen
- Elektronische Systeme warten, prüfen und einstellen
- Fahrzeugelektrik bei Personenkraftwagen, Nutzkraftwagen und Krafträdern inspizieren und warten
- Fehlerprotokolle bei Bordcomputern abrufen und die entsprechenden Fehlercodes analysieren
- Elektrische Funktion aller elektronischen Systemkomponenten am Kraftfahrzeug (z. B. Lagestabilisierung, Airbag, Servolenkung, Antiblockiersystem) prüfen
- Arbeitsergebnis durch Mess- und Prüfwerterfassung feststellen, auch unter Auswertung eines Computerdiagramms
- Motoren und Bremsen am Diagnose-, Bremsprüfstand überprüfen: Störungen beheben
- Bauteile wie Filter, Zündkerzen usw. überprüfen
- Vergasereinstellung, Einspritzanlagen korrigieren
- Zusatzeinrichtungen und Zubehör einbauen (wie Sicherheitssysteme, Zentralverriegelungen oder elektrisch betriebene Schiebedächer, Klimaanlagen)
- Fahrzeuge nach amtlichen Vorgaben (z. B. Abgassonderuntersuchung) prüfen und untersuchen
- Fahrzeuge und ihre Systeme bedienen und in Betrieb nehmen
- Probefahrten durchführen, um die Funktionsfähigkeit und Fahrsicherheit von Fahrzeugen festzustellen
- Systeme und Prüfgeräte aktualisieren
- Qualitätssichernde Maßnahmen anwenden

Tätigkeitsbeschreibungen

- Schlussprüfung aller Funktionen durchführen, Fahrzeuge nach Abschluss der Arbeiten säubern
- Kunden in den Gebrauch nachgerüsteter Bauteile oder Geräte einweisen

6.1.18 Mediengestalterin

Frau (Name) wirkte an zahlreichen verschiedenen Aufgabenstellungen bereits von Beginn an mit:

- Erstellung von Layout und Satz mit den Programmen QuarkXPress und PageMaker
- Texterfassung und Konvertierung vorhandener Texte
- Scannen von Grafik- und Bildvorlagen sowie deren digitaler Bearbeitung mit den Programmen Adobe Photoshop und Adobe Illustrator
- Erstellung eigener Internetseiten sowie Bewegtbilder und Töne mit den Programmen Macromedia Dreamweaver, Adobe GoLive und Flash
- Zusammenführung der Medienkomponenten Text, Bild und Ton
- Teamfähige Zusammenarbeit mit Fachleuten aus Design, Programmierung, Redaktion und Projektmanagement
- Ausführung kaufmännischer Auftragbearbeitungen
- Beschaffung von Unterlagen für die Erstellung von Angeboten
- Kalkulation von Preisen
- Mitwirkung bei der Kosten- und Leistungsrechnung für eine Medienproduktion
- Koordinierung von Fremdleistungen
- Mitwirkung im Projektmanagement (Erstellung von Arbeitsanweisungen, Dokumentation von Arbeitsabläufen und die Ermittlung von Materialkosten und des Zeitaufwandes.

6.1.19 Praktikantin Zeitungsredaktion

Im Rahmen der herausgeberischen Vorgaben und in enger Zusammenarbeit mit der Chefredaktion war Frau (Name) für folgende Aufgaben zuständig:

- Erfassung und Weiterverarbeitung sämtlicher Informationen

- Erstellung derjenigen Heftteile, die durch das Redaktionssystem generiert wurden (QuarkXPress),
- Vorbereitung des Seitenplans
- Layout sämtlicher Heftteile in QuarkXPress inklusive Bildbearbeitung
- Korrektur sämtlicher Texte
- Komplettierung der einzelnen Rubriken durch Zusammenstellung der inhaltlichen und marketingstrategischen Elemente
- Vorbereitung der erfassten Daten zur Veröffentlichung im Internet-Angebot des *Westfalen-Kuriers*

6.1.20   Systemelektroniker (Handwerk)

Herr (Name) wurde in alle von der Handwerksordnung (HWO) geforderten Ausbildungselemente eingeführt. Zu seinen Hauptaufgaben zählten:

- Entwicklung, Fertigung und Instandhaltung von Komponenten, Geräten und Systemen
- Messung, Analyse und Prüfung von Komponenten und Geräten
- Einrichtung von Fertigungsanlagen und Prüfsystemen sowie deren Optimierung und Wartung
- Planung, Steuerung und Optimierung von Fertigungsabläufen
- Entwurf elektronischer Schaltungen unter Beachtung von EMV Bestimmungen
- Hard- und Softwareentwicklung von Schnittstellen
- Herstellung von Mustern und Unikaten
- Systematische Fehlersuche in Geräten und Systemen sowie Analyse und Behebung der Fehler
- Herstellung und Bearbeitung von Leiterplatten sowie Bestückung auch mit SMD-Bauteilen
- Erstellung von Fertigungsunterlagen, technischen Dokumentationen und Bedienungsanleitungen
- Installation, Konfiguration und Anpassung von Standard- und Anwendungssoftware
- Kundensupport und Durchführung von Serviceleistungen

6.1.21   Technische Zeichnerin

Frau (Name) wurde mit folgenden Aufgaben vertraut gemacht:

- Das manuelle und rechnergestützte (CAD) Zeichnen von Funktionen einfacher Steuerschaltungen und der Darstellung von Verstärkerschaltungen
- Darstellung digitaler Grundschaltungen
- Erstellung von Betriebsmittel- und Anschlusszeichnungen
- Anfertigung von Schaltungen für energietechnische Anlagen mit SPS und Regeleinrichtungen
- Zeichnungen für Leiterplatten erstellen durch Bestückungspläne und Layouts
- Zeichnungen für Steuerschaltungen und Steuerprogramme für Datenübertragungen erstellen
- Entwurf und Zeichnung von Verdrahtungs- und Anordnungsplänen energietechnischer Anlagen
- Entwurf von Installationsplänen für Gebäudeinstallationen mit Einrichtungen der Energie- und Informationstechnik
- Bemessung und Kennzeichnung durch Symbole für elektrotechnische Bauelemente und Geräte
- Erstellung von technischen Begleitunterlagen wie etwa Bauteil-, Geräte- und Stücklisten, Übersichtspläne, Diagramme oder Tabellen
- Durchführung fachbezogener und rechnergestützter Berechnungen wie Bauteile- und Leitungsberechnungen
- Zeichnungen und Berechnungen prüfen, ändern und vervielfältigen
- Wartung von Maschinen, Arbeitswerkzeugen und Materialien

6.2 Gewerbliche Arbeitnehmer

6.2.1 Bäcker

Herr (Name) war in unserem Großunternehmen für die Herstellung von Vollkornbroten eingesetzt, folgende Aufgaben hatte er dabei zu erfüllen:

* Maschinenbedienung und -wartung
* Teigzubereitung
* Abbacken

6.2.2 Drechsler

Herr (Name) war für die folgenden Aufgaben zuständig:

* Möbelknöpfe aus Holz und Kunststoff nach Vorgaben drechseln
* Stückliste erstellen, beispielsweise Menge und Art der benötigten Hölzer, Holzwerkstoffe und anderer Werkstoffe bestimmen
* Benötigte Werkzeuge, Geräte, Vorrichtungen, Maschinen und Hilfsmittel bereitstellen und auswählen
* Arbeitsmodelle oder Prototypen anfertigen
* Ausgewählte Materialien für den Drehvorgang zurichten und zuschneiden, insbesondere nach Aufriss von Hand oder maschinell ablängen und abbreiten
* Erforderliche Bohr- und Fräsarbeiten an den zugerichteten Materialien ausführen
* Gedrechselte Teile zum Endprodukt durch Leimen, Kleben, Nageln, Schrauben oder Dübeln montieren
* Oberflächen von gedrechselten Teilen behandeln
* Oberflächen für die Endbehandlung säubern, entstauben und entharzen
* Produktoberflächen putzen, schleifen, einebnen und glätten
* Holzschutzmittel aufbringen
* Maschinen zur Holzbe- und -verarbeitung pflegen und warten
* Drehbänke sowie Säge-, Hobel-, Schleif-, Fräs- und Bohrmaschinen pflegen
* Holzbe- und -verarbeitungsmaschinen warten, zum Beispiel bei Maschinen mit Treibriemenantrieb regelmäßig Riemenspan-

nung überprüfen und mechanische Abnutzung mit Schmiermitteln verhindern sowie Sägemaschinen regelmäßig schärfen

* Kleinere Reparaturen an Maschinen und Geräten ausführen

6.2.3 Dreher

Herr (Name) arbeitete an einer konventionellen Drehmaschine, er fertigte alle anfallenden Drehteile (Ersatzteile, Gewinde, kleinere Maschinenteile usw.) für unseren Bereich der Rohrschlangenherstellung. Hierbei handelte es sich um keine Massenproduktion, sondern um Unikate, die speziellen Anforderungen gerecht werden mussten. Hier ist hervorzuheben, dass Herr (Name) auch die kompliziertesten Drehteile immer gut hergestellt hat. Er arbeitete mit Normstahl, Edelstahl und Aluminium. Herr (Name) war zudem für die Wartung und Pflege seiner Maschine zuständig.

6.2.4 Drucker (Druck, Papier, Verlagswesen)

Der Verantwortungsbereich von Herrn (Name) gestaltete sich wie folgt:

* Auftragsunterlagen auf Vollständigkeit und technische Umsetzbarkeit prüfen
* den präzisen technischen Arbeitsablauf festlegen
* Daten aus datenbankbasierten Archiven aufrufen
* Satz- und reproduktionstechnisch bearbeitete Text-, Bild- und Grafikdaten in das Digitaldrucksystem übertragen
* Vorbereitung des Drucksystem und der Zusatzeinrichtungen sowie Grundeinstellungen überprüfen
* Farben und Bedruckstoffe auswählen
* Probedrucke erstellen und mit den Vorlagen abstimmen; dabei Ton- und Farbabstimmung durchführen und gegebenenfalls Korrekturen an den Maschineneinstellungen vornehmen
* Qualitätsstandards überwachen, insbesondere Druckergebnisse permanent durch Messen und Prüfen von Ton- und Farbwerten sowie der Passgenauigkeit kontrollieren
* Störungsfreien Lauf der Digitaldruckmaschine sowie gegebenenfalls der Zusatzeinrichtungen überwachen und sicherstellen

- Druckerzeugnisse weiterverarbeiten und Pflege- und Wartungsarbeiten ausführen
- Druckerzeugnisse je nach Produkt weiterverarbeiten, zum Beispiel Schneiden, Falzen und Binden von Broschüren und Prospekten
- Druckmaschinen warten und pflegen sowie kleinere Reparaturen ausführen

6.2.5 Drucktechniker

Herr (Name) wurde als Drucktechniker im Bereich Illustrationsdruckmaschinen eingesetzt. Seine Tätigkeit umfasste folgende Aufgaben:

- Inbetriebnahme, Parametrierung und Konfiguration der Steuerungsausrüstung (EAE FÜR, Simatic S5) für Druckmaschinen, Antriebsausrüstung (netzgeführte Stromrichter der Fa. Siemens Alepho K 6RA22 und 5ZA70, ADR REM 4200, CT), Feldbussysteme (Phönix Interbus S, Interbus Loop, Arcnet) für Rollenwechsler an Zeitungsrotationsmaschinen der Typen GEOMAN und COLORMAN
- Schulung und Einarbeitung unseres Kundenpersonals während der Inbetriebnahme und Produktionsüberwachung der Druckmaschinen
- Technische Unterstützung unserer Kunden und Mitarbeiter via Telefon und Modem bei der Fehlersuche
- Fachliche Unterstützung der Konstruktions- und Entwicklungsabteilungen bei Neuentwicklungen
- Pflege und ggf. kleine Reparaturen

6.2.6 Gas- und Wasserinstallateur

Herr (Name) war für die Installation von neuen Anlagen verantwortlich, zudem führte er Renovierungs- und Reparaturaufgaben aus.

6.2.7 Gas- und Wasserinstallateur

Herr (Name) war für die Montage und Wartung von Gasheizungsanlagen verantwortlich, folgende Aufgaben lagen in seinem Verantwortungsbereich:

* Aufstellung, Anschluss und Wartung von Gasheizungsanlagen
* Einstellung und Regulierung verschiedener Heizungssysteme
* Fertigung und Wartung von Rohrleitungsanlagen
* Kundenbetreuung und Kundenberatung für den Bereich Energieeinsparungsmöglichkeiten
* Organisation des Bereiches Außendienstmitarbeiter in unserem Betrieb
* Innerbetriebliche Weiterbildung im Bereich alternative Energiequellen
* Erstellen von Angeboten
* Kalkulierung von Materialkosten

6.2.8 Hausmeister

Herr (Name) war für folgende Aufgaben zuständig:
* Schließdienst aller Haupt- und Nebengebäude
* Erledigung kleinerer Reparatur- und Gartenarbeiten
* Kontrolle des Reinigungsdienstes
* Wartung der vier hauseigenen Pkws
* Überwachung von Handwerksarbeiten
* Organisation der Schlüsselausgabe

6.2.9 Industriemeister/in

Herr (Name) war für folgende Aufgaben zuständig:
* Steuerung und Überwachung der Fertigungsabteilung,
* Planung und Festlegung der Maschinenbelegung sowie deren Einsatz,
* Veranlassung rechtzeitiger Bereitstellung von Fertigungsmitteln,
* Überwachung von Arbeitsleistungen und die Einhaltung von Fertigstellungsterminen,
* Prüfung und Beurteilung von Produkten, Rohstoffen und Hilfsmitteln,

- Durchsetzen und Einhalten der Arbeits-, Brand- und Umweltschutzbestimmungen,
- Überwachung regelmäßiger Wartungs- und Instandsetzungsarbeiten,
- Mitwirkung bei Planungs- und Entwicklungsaufgaben bezüglich der Betriebsmittelausstattung, besonders im Hinblick auf rationelle Fertigungsmöglichkeiten und Qualitätssicherung,
- Mitwirkung beim betrieblichen Teil der Berufsausbildung durch die Erstellung von Ausbildungsplänen oder in der Beurteilung von Auszubildenden

6.2.10 Klempner

Herr (Name) war für alle Blecharbeiten in unserem Unternehmen, wie die folgende Tätigkeitsauflistung zeigt, zuständig:
- Bauteile zu Blechkonstruktionen wie Abdeckungen, Behältern und Blechkanälen montieren, ebenso Blechkanäle für lüftungs- und klimatechnische Anlagen sowie Blechummantelungen von isolierten Rohrleitungen
- Herstellung von Gesims-, Mauer- und Fensterbankabdeckungen und Kaminhauben nach Maß einbauen
- Vorgefertigte Bauteile auf Maßhaltigkeit prüfen
- Geeignete Anschlag- und Transportmittel auswählen, Bauteile transportieren
- Montageplätze unter Beachtung der Sicherheitsbestimmungen einrichten
- Bauteile ausrichten und durch Schweißen oder andere Fügetechniken zusammenbauen
- Ausgeführte Arbeiten kontrollieren und prüfen

6.2.11 Kraftfahrzeugmechaniker

Herr (Name) hat alle anfallenden Reparatur- und Wartungsarbeiten an Personenkraftwagen der Marke VW durchgeführt. Er lernte in Absprache mit unserem Meister regelmäßig unsere Auszubildenden an.

Tätigkeitsbeschreibungen

379

6.2.12 Kraftfahrzeugmechaniker

In dieser Funktion war Herr (Name) vor allem für folgende Tätigkeiten zuständig:

- Ausführung von Wartungs- und Inspektionsarbeiten
- Absprache der auszuführenden Arbeiten mit dem Werkstattmeister oder dem Kunden
- Ausführen von Funktionstests wie Motortest oder Bremstest
- Kontrolle von Bauteilen wie Filter oder Zündkerzen sowie Einstellungen von Vergasern, Einspritz- oder Lichtanlagen
- Prüfung von Fahrzeugen nach amtlichen Vorgaben (TÜV, ASU etc.), d. h. Ausführung von Untersuchungen nach der Straßenverkehrszulassungsordnung, Abgassonderuntersuchung (ASU) mithilfe von speziellen Mess- und Prüfsystemen und Protokollieren der Ergebnisse
- Ausführung von Inspektionsprogrammen nach Richtlinien des Herstellers
- Erstellung von Diagnosen über den Zustand eines bestimmten Teils des Kraftfahrzeugs wie Motor, Bremsen, Stoßdämpfer sowie systematisches Eingrenzen von Fehlern und Störungen auch mithilfe von systematischen Messungen
- Austausch von beschädigten Karosserieteilen und Instandsetzung durch Schweiß- und Klebearbeiten
- Ausgleichen von Unebenheiten (Ausbeulen)
- Vorbereitung für Lackierarbeiten
- Vorbereitung der Karosserie zum Einbau von herstellerspezifischem Zubehör wie etwa Halterungen
- Arbeiten an elektrischen Baugruppen im Fahrzeug
- Einweisung der Kunden in den Gebrauch des Fahrzeugs
- Auswechseln und Aufziehen von Reifen und Felgen

6.2.13 Maler und Lackierer

Herr (Name) war für folgende Aufgaben zuständig:

- Oberflächen und Untergründe aus verschiedenen Putzen, Beton, Metall, Holz und Kunststoff prüfen und entsprechend vorbehandeln, z. B. abwaschen, Altanstriche entfernen, entrosten,

Putzuntergrund ausbessern, spachteln, schleifen, Grundbeschichtungen auftragen
- Farben ansetzen, mischen bzw. abtönen
- Beschichtungen von Hand bzw. mit Maschinen auf unterschiedliche Untergrundmaterialien, z. B. Putz, Holz und Metall auftragen
- Tapezier-, Klebe- und Spannarbeiten einschließlich Verlegen von Fußbodenbelägen ausführen
- Möbel, Türen und Fensterrahmen lackieren
- Wärmedämm-Verbundsysteme an Fassaden anbringen
- Betonsanierungsarbeiten ausführen, Betonschutzbeschichtungen aufbringen
- Korrosionsschutzarbeiten ausführen, Oberflächen an Stahlbauteilen und Stahlbauwerken vorbehandeln und schützen
- Beschriftungen, z. B. an Gebäuden auf und hinter Glas, herstellen, Hinweisschilder und Werbezeichen anfertigen
- Schmuckformen wie Ornamente, Bänder und sonstige Wanddekorationen entwerfen und ausführen

6.2.14 Maschinenbautechniker

Herr (Name) war eigenverantwortlich für folgende Aufgaben zuständig:
- Technische Klärung mit dem Kunden und den einzelnen Konstruktionsabteilungen
- Kontaktstelle für alle Kundenbelange auch über das jeweilige Projekt hinweg
- Überwachung zeitkritischer Abläufe
- Erarbeitung von Zusatzangeboten während der technischen Abwicklung
- Abstimmung der Liefertermine und Montagezeiträume
- Unterstützung der Baustellenleiter während der Installation und Inbetriebnahme
- Abnahme der Rohrschlangen mit dem Kunden
- Kontrolle von Rechnungen der Subunternehmen für die Montage und Inbetriebnahme
- Unterstützung des Kunden zur Anlagenoptimierung

6.2.15 Maschinist

Herr (Name) war vor allem für die Wartung unserer Drechselautomaten zuständig. Alle anfallenden Reparaturen wurden von ihm stets erfolgreich bewältigt. Die regelmäßige Inspektion der Automaten gehörte auch zu seinen Pflichten. Außerdem hatte er Störungen zu erkennen und sofort entsprechende Gegenmaßnahmen durchzuführen. Darüber hinaus war er für den reibungslosen Ablauf der Sägen und Hobelmaschinen im Betrieb zuständig.

6.2.16 Maurer

Herr (Name) wurde bei der Errichtung von Ein- und Mehrfamilienhäuser eingesetzt. Er arbeitete immer erfolgreich nach den Plänen des Architekten und des Bauleiters. Er betonierte Fundamente und setzte Decken und Zwischenwände ein. Die Mauerwerke mauerte er aus einzelnen Steinen oder setzte sie aus Fertigteilen zusammen. Nach den Dämm- und Isolierungsarbeiten verputze er das Mauerwerk. Im Rahmen von Instandsetzungs- und Sanierungsarbeiten reparierte er die entsprechenden Schäden. Außerdem lernte er unsere Hilfskräfte in den oben genannten Bereichen ein.

6.2.17 Metzger

Herr (Name) war für folgende Aufgaben zuständig:
* Töten der Tiere
* Fleischzerlegung
* Ausbeinen
* Herstellung von Würsten aller Art

6.2.18 Müller

Folgende Tätigkeiten übte Herr (Name) eigenverantwortlich aus:
* Untersuchung von Rohstoffen je nach Verwendungszweck auf Art, Farbe, Größe, Besatz, Schädlinge, Geruch, Feuchtigkeit, Frischezustand, Verunreinigungen, Temperatur sowie die maßgebenden Inhaltsstoffe wie Protein, Rohfaser, Stärke und Fett

- Beurteilung der Untersuchungsergebnisse zur Feststellung der Preiswürdigkeit und Lenkung des Herstellungsablaufes
- Angelieferte Rohstoffe bei der Annahme vorreinigen und verwiegen, dabei Fremdbestandteile wie Spreu, Unkrautsamen, Metallteilchen, Steine ausscheiden
- Getreide mit zu hohem Feuchtigkeitsgehalt für längere Einlagerung durch Trocknung lagerfähig machen, dazu verschiedene Trocknungssysteme verwenden
- Getreide vor der Vermahlung in einer Getreidemühle zu Mischungen zusammenstellen, die eine möglichst hohe Gleichmäßigkeit hinsichtlich Mahlfähigkeit und Backeigenschaften gewährleisten
- Einsatz von Maschinen, die alle nicht zur Vermahlung geeigneten Teile nach Farbe, Dichte, Größe und Form entfernen
- Thermische Behandlung von Rohstoffen in Schälmühlen (nach vorheriger gründlicher Reinigung)
- Sieben und Sortieren vereinzelter Rohstoffe
- Vermahlungsvorgang einleiten und durchführen
- Rohstoffe und Halbfabrikate nach vorgegebener Rezeptur bei der Herstellung in einem mehrstufigen Verfahren dosieren, verwiegen und mischen

6.2.19 Produktionsmitarbeiterin

Frau (Name) arbeitete in unserer Abteilung für die Herstellung von Möbelknöpfen. Sie war für die Reinigung und die Holzbestückung der Automaten zuständig. Außerdem war sie für den Feinschliff der Möbelknöpfe verantwortlich.

6.2.20 Schauwerbegestalterin (Textil, Mode)

Frau (Name) war für die Dekoration unserer Verkaufsinnenräume und der Schaufenster verantwortlich, folgende Aufgaben lagen in ihrem Verantwortungsbereich:
- Dekorationen unter Berücksichtigung der Waren und Zielgruppen anhand von Rohskizzen planen
- Grafische Werbemittel wie Plakate, Schrifttafeln und Preisschilder entwerfen

Tätigkeitsbeschreibungen

383

- Bauliche und beleuchtungstechnische Voraussetzungen arrangieren
- Werkstoffe hinsichtlich der jeweils herzustellenden Artikel auswählen
- Dekorationsteile wie Einbauteile, Dekorationsständer, Fotos, Regale, Warenträger anfertigen oder beschaffen
- Gruppieren von Waren, Attrappen und Requisiten
- Grafische Werbemittel wie Plakate, Schrifttafeln und Preisschilder anfertigen
- Verschiedene Dekorationselemente und Ausstellungshilfen in Atelier und Werkstatt anfertigen und an Ort und Stelle entsprechend dem Entwurf platzieren
- Kalkulierung der Materialkosten

6.2.21 Schreiner

Herr (Name) war in der Holzfensterbauabteilung tätig, dort war er für folgende Aufgaben verantwortlich:
- Aufriss der Fenster
- Zuschnitt der Fensterrahmen
- Erledigung aller anfallenden Hobel-, Fräs- und Schleifarbeiten
- Montage der Fenster und der Beschläge
- Glaserarbeiten
- Anstrich der Fenster
- Erledigung von kleineren Reparaturen unseres Maschinenparks

6.2.22 Trockenbaumonteur

In dieser Eigenschaft war Herr (Name) vor allem für folgende Tätigkeiten zuständig:
- Herstellung von Leichtbauwänden, Brandwänden, Unterdecken, Fassaden und Wänden unter Verwendung von Trockenbaumaterialien
- Zurichtung und Einbau von Gipswandbauplatten und Leichtbauplatten
- Anbringung und Montage von Beleuchtungsdecken und Beleuchtungskörper

- Montage vorgefertigter Bauteile wie Fenster, Türen oder Brandschutzglas
- Herstellung von Vorwandinstallationswänden- und Kanälen
- Beplankung von Bögen und Gewölben mit unterschiedlichen Werkstoffen
- Fertigung von Dachschrägen unter besonderer Berücksichtigung von Winddichtigkeit, Dampfdiffusion und Hinterlüftung
- Verlegung von Fertigteil-Estrichplatten bzw. Unterbodenelementen
- Aufstellung von Dämmstreifen und Anlegen von Bewegungs- und Randfugen
- Eindringung und Verdichtung von Trockenschüttungen
- Einbau von Hohlraum- und Doppelbodenelementen
- Prüfung der Ausführungsqualität der eigenen Arbeit sowie der Arbeit von Mitarbeitern und Anfertigung des Aufmaßes
- Berechnung von eigenen und firmenfremden Leistungen

6.2.23 Werkstattmeister

Herr (Name) war für die Leitung unserer Abteilung Rohrschlangenbiegung zuständig, hier war er für acht Mitarbeiter verantwortlich. Er war für die Planung, Durchführung und Kontrolle sämtlicher Arbeitsprozesse in dieser Abteilung zuständig. Herr (Name) plante den Einsatz seiner Mitarbeiter an den Fertigungsmaschinen in allen Prozessabfolgen. In Absprache mit unserem Schweißingenieur kontrollierte er die Schweißarbeiten seiner Mitarbeiter. Außerdem bildete er im Dreijahresrhythmus jeweils zwei Lehrlinge aus.

6.2.24 Zentralheizungs- und Lüftungsbauer

Zu den Hauptaufgaben von Herrn (Name) zählten:
- Installation von Zentral- und Fernheizungsanlagen
- Vorbereitungsarbeiten bei Rohrverlegungen wie etwa das Festlegen von Rohrverlaufswegen oder das Fräsen von Mauer- oder Bodendurchbrüchen
- Verschweißen, Löten und Flanschen von Rohrleitungen sowie deren Befestigung durch Verschrauben und Isolieren

Tätigkeitsbeschreibungen

385

- Einbau von Messgeräten, Pumpen, Entlüftern, Absperr- und Druckreglerarmaturen
- Aufstellen und Anschließen von Brennstoffversorgungs-, Feuerungs- und anderen Energiegewinnungsanlagen
- Installation von Brennstofflagerungsbehältern einschließlich der Versorgungs- und Fördereinrichtung
- Reinigung von Anlagen (z. B. Brenner, Düsen oder Filter) und Prüfung des Wirkungsgrades von Feuerungseinrichtungen
- Austausch von Verschleißteilen
- Fehlersuche bei Störungen an Regler- und Brenneranlagen, Heizkesseln, Rohrleitungen und Klimaanlagen
- Prüfung und Justierung pneumatischer Regelanlagen
- Messung von Emissionswerten und Einregulierung von Brenner und Regler auf verbrauchsgünstige Werte
- Beratung von Kunden über die Verwendung umweltfreundlicher Energiegewinnungsmöglichkeiten

6.3 Angestellte

6.3.1 Assistentin Geschäftsleitung

Die Schwerpunkte von Frau (Name)s Tätigkeiten gestalteten sich wie folgt:
- Komplette PC-Verwaltung vom Erstellen von Vorlagen bis hin zur optimalen Verwendung einzelner Programme (z. B. Microsoft Word, Excel, Windows)
- die gesamte Abwicklung von der Angebotserstellung bis zur Auftragserteilung sowie der Projektplanung und -überwachung
- Kundenpflege und Kundenkontakte
- Führung der gesamten Personalverwaltung von Einstellungs- und Entlassungsformalitäten bis hin zu Lohnvorbereitungen und Pflegen sämtlicher Personalakten
- Terminüberwachung der Geschäftsleitung

- Unterstützung der Geschäftsführung in allen anfallenden Bereichen vom Schriftverkehr bis zu Vertragsabwicklungen, Flugbuchungen und Reservierungen
- Vorbereitung der Buchhaltung zur Weitergabe an den Steuerberater zum Buchen und ständige Abstimmung in Zusammenarbeit mit dem Steuerberater
- Ausbildung eines Auszubildenden für Bürokommunikation mit eigener Ausbildungserlaubnis (AdA-Schein)

6.3.2 Augenoptiker

Herr (Name) zeichnete sich in unserem Betrieb besonders für folgende Aufgaben verantwortlich:
- Kundenberatung hinsichtlich der Auswahl von Brillenfassungen- und Gläsern hinsichtlich Funktionalität, Typ und Stil
- Auswahl, Prüfen, Messen und Zentrieren der halbfertigen Gläser sowie deren Nachbearbeitung durch den Schleifautomaten und die abschließende Einpassung in das Brillengestell
- Änderungen und Reparaturen an Brillengestellen
- Beratung und Verkauf von Kontaktlinsen
- Kontaktperson zum medizinisch-ophtalmologischen Bereich wie Augenärzte oder Kliniken
- Verkauf von optischen Geräten wie Ferngläser, Lupen oder Mikroskope samt Zubehör wie Etuis, Reinigungsmittel und fertige Sonnenbrillen
- Instandsetzung und Justierung von optischen Geräten wie Mikroskope, Ferngläser oder Barometer
- Ermittlung von Sehschwächen mit technischen Mitteln, u. a. für den Erwerb des Führerscheins
- Aufgaben im kaufmännischen Bereich: Bestellung von Waren, Abrechnung mit Lieferanten, Entgegennahme von Reklamationen sowie die Erledigung des anfallenden Schriftwechsels
- Unterstützung unseres Ausbildungsbereichs, d. h. die Anleitung und Betreuung unseres Lehrlings hinsichtlich der Belange des Betriebes und der Zuständigkeiten von Berufsschule und IHK
- Planung und Durchführung unseres Messeauftritts auf der OPTIKA 2002 in Köln. Hierzu waren u. a. erforderlich:

Tätigkeitsbeschreibungen

Organisation eines Messestandes für unsere hauseigene Hydrometertechnologie, Entwurf einer eigenen Messepräsentationsbroschüre und die selbstständige Kalkulation des gesamten Projektes

* Durchführung einer Werbeaktion zum Sehtest

6.3.3 Automobilverkäufer

Herr (Name) war für den Verkauf unserer Fiat Kleinwagen zuständig. Er war auch für die Betreuung des Kundenstammes, den er durch Akquisition ständig erweiterte, verantwortlich.

6.3.4 Bauzeichner

Herr Name ist mittels CAD für alle zeichnerischen Aufgaben im Bereich Ein- und Mehrfamilienhäuser zuständig: für Entwurfs- und Eingabeplanung mit Antragsformularen. Außerdem ist er für die Geländenivellierung und die Aufmaßnahme verantwortlich.

6.3.5 Bilanzbuchhalterin

In den Verantwortungsbereich von Frau (Name) fielen folgende Tätigkeiten:

* Geschäftsleitung über Änderungen und Auswirkungen steuerlicher Vorschriften sowie deren günstige Auslegung und Nutzung informieren und beraten
* Steuerliches Einkommen für das jeweilige Geschäftsjahr ermitteln
* Anfertigung der Jahressteuererklärungen unter Berücksichtigung der Körperschaftsteuer, Umsatzsteuer und Gewerbesteuer
* Steuerbescheide prüfen, ggf. Rechtsbehelfe und Rechtsmittel einlegen
* Steuerstreitigkeiten bearbeiten, den Beschäftigungsbetrieb vor Finanzgerichten vertreten
* Kosten erfassen und gliedern (Kostenartenrechnung)
* Gemeinkosten auf die einzelnen Betriebsbereiche umlegen (Kostenstellenrechnung), Kostenstellenkonten führen und überwachen

- Betriebsabrechnungsbogen erstellen, innerbetriebliche Leistungsverrechnung durchführen und überwachen
- Deckungsbeitrags-, Plankosten- und Kostenkontrollrechnung durchführen
- Erarbeitung von Richtlinien für die Aufgabenerfüllung der Geschäftsbuchhaltung

6.3.6 Buchhändler (Verlag)

Herr (Name), der zwei Lektoren (Belletristik und Schulbuch) in unserem Verlag assistierte, war für folgende Aufgaben zuständig:
- Koordination zwischen den Abteilungen Herstellung, Vertrieb und Werbung
- fachkundige Betreuung unserer Stammautoren
- Akquisition neuer Schulbuchautoren (Lehrer)
- Kauf von Lizenzen (Text und Bild)
- Verfassen von Verlagsverträgen
- Redigieren der Autorentexte
- Beurteilung von unaufgefordert eingehenden Typoskripten

6.3.7 Bürokauffrau

In ihrer Position war Frau (Name) hauptsächlich für folgende Tätigkeiten zuständig:
- Überwachung von Zahlungs- und Lieferterminen
- Entgegennehmen und bearbeiten von Aufträgen
- Angebote unterbreiten und einholen
- Eingangsrechnungen kontrollieren
- Ausgangsrechnungen erstellen
- Zahlungen veranlassen
- Führung und Verwaltung von Personalakten wie z. B. die Erfassung von Arbeits- und Fehlzeiten
- Mitwirkung bei der Planung und Ermittlung von Personaleinsatz und -bedarf
- Durchführung von Kalkulationen nach Anleitung
- Verfolgen von Kostenentwicklungen
- Erledigung von verwaltungstechnischem Schriftverkehr

Tätigkeitsbeschreibungen

389

6.3.8 Business Consultant

Herr (Name) war für folgende Aufgaben zuständig:

- Durchführung von Workshops zum Assessment (Analyse und Konzeption) von eBusiness Strategien und eBusiness Geschäftsmodellen
- Optimierung und Modellierung von Geschäftsprozessen zur Spezifikation von eBusiness Lösungen
- Support für den Key-Account Manager im Sales Bereich
- Koordinierung der Consulting Aktivitäten in der Spezifikationsphase
- Entwicklung der Intershop eBusiness Modeling Methode
- Mitarbeit bei der Konzeption von branchenspezifischen (industry solutions) und branchenübergreifenden (cross industry solutions) Lösungen
- Mentoring und Coaching von Mitarbeitern und Partnern im Rahmen der Spezifikation nach der Intershop eBusiness Modeling Methode

6.3.9 Diplom-Betriebswirtin (BA) Marketing-Kommunikation

Einzelne Schwerpunkte des Verantwortungsbereiches von Frau (Name) waren:

- Unterstützung der Vertriebspartner bei der Entwicklung und Umsetzung von Marketingstrategien
- Strategische Marktpositionierung des Namens AVAYA in Deutschland und der Schweiz
- Entwicklung und Durchführung von Programmen zur effektiven und nachhaltigen Vermittlung der Avaya Unternehmenswerte
- Enge Zusammenarbeit und Abstimmung mit dem EMEA MARCOm Team
- Budget- und Marketing Programm Ergebnisverantwortung

6.3.10 Diplom-Informatiker (FH)

Im Einzelnen lagen die Tätigkeiten von Herrn (Name) in der Definition und Abstimmung der erforderlichen Prozesse und Systeme im Bereich Aktivierung der Leistungssteigerung durch Prozessoptimierung, ferner war er für die folgenden Aufgaben zuständig:

* Planung für die Weiterentwicklung der beteiligten IT-Systeme
* Entwicklung der Strategie für die zukünftige Positionierung des Webshops
* Planung und Umsetzung von webinternen Maßnahmen zur Verkaufsförderung sowie Koordinierung der geplanten Aktivitäten mit Marketing- und Rechtsabteilung
* Steuerung von informationstechnischen Dienstleistungen

6.3.11 Diplom-Informatiker (FH) Medieninformatik

Zu den vorrangigen Aufgaben von Herrn (Name) gehörten:

* selbstständige Programmentwicklung von Echtzeit-Software, d. h. Analyse, Design, Codierung, Modultest einschließlich Erstellung der zugehörigen Dokumentation
* selbstständige Integration eines Teilbereiches eines komplexen Echtzeit-Software-Systems
* Koordinierung von Fehlermeldungen und zugehöriger Korrekturarbeiten für ein Software-Entwicklungsprojekt während der Zeit der Integration

6.3.12 Diplom-Ingenieur (FH) Logistik

Der Wirkungs- und Verantwortungsbereich von Herrn (Name) umfasste im Wesentlichen die selbstständige Erledigung folgender Arbeiten:

* Koordination aller logistischen Abläufe im Geschäftsprozess
* Überwachen der Einhaltung relevanter QS-Verfahrensanweisungen
* Controlling von Lagerwert, Lagerstruktur und lokalem Serviceniveau

Tätigkeitsbeschreibungen

- Verantwortlich für den physischen Warenfluss und den Auffüll-grad unter Berücksichtigung der kommerziellen und logistischen Ziele
- Sicherstellung der effizienten Warenhantierung und des effektiven Warenflusses unter Einhaltung aller gesetzlichen und internen Vorschriften
- Gewährleisten der Funktion, richtigen Nutzung und Pflege des logistischen Warenwirtschaftssystems im Unternehmen
- Sicherstellung der effizienten Warenlegung im Full Service Lager und verantwortlich für die sachgemäße Handhabung/Wartung von Lager- und Flurfördertechniken
- Verantwortlich für alle Inventuren und für die Bestandsqualität im Einrichtungshaus
- Verantwortlich für die Einhaltung aller zentralen Routinen in seinem Bereich
- Koordination einer frequenzangepassten/bedarfsgerechten Personaleinsatzplanung und Sicherung einer guten Produktivität
- Entwicklung und Ausbildung der Mitarbeiter/innen - persönlich und fachlich
- Personalverantwortung und Führung für bis zu 15 Mitarbeiter/innen und 3 Teamleitern
- Einhaltung von Kosten, Investitions- und Personalbudgets im Bereich Logistik

6.3.13 Erzieherin

Frau (Name) arbeitete als Gruppenleiterin in einer Gruppe mit in der Regel (Zahl) Kindern. Ihr Aufgabengebiet umfasste die pädagogische Arbeit mit den Kindern, schriftliche Ausarbeitungen, Festgestaltung und Elternarbeit.

6.3.14 Fachinformatikerin (Geografie)

Frau (Name) war im Rahmen ihrer Tätigkeit im Sachgebiet Elektronische Dokumente mit der Entwicklung von konzeptionellen Lösungen für die "Geografie Bibliothek" befasst. Dies beinhaltete die Erarbeitung von Spezifikationen und die informationstechnische Realisierung komplexer Anwendungen, die Planung, Entwicklung und Implementierung von digitalen Speicherverfahren sowie die technische Umsetzung von Langzeiterhaltungsstrategien.

Frau (Name) hat in diesem Kontext folgende Aufgabenstellungen bearbeitet: die Erarbeitung eines Pflichtenheftes für die Entwicklung eines "Depotsystems elektronischer Dokumente im Bereich Geografie", Mitarbeit bei dem vom Bundesministerium für Bildung und Forschung geförderten Projekt "Langzeitverfügbarkeit digitaler Dokumente", die Spezifikation der technischen Änderungen an einem proprietären Boot-Loader-Programm gemäß vorliegender funktionaler Vorgabe mit anschließender Realisierung und Test sowie die Fehleranalyse eines LINUX-Servers.

6.3.15 Fachkraft Lagerwirtschaft

Herr (Name) war für folgende Aufgaben zuständig:

* Annahme und Auspacken von Gütern und Waren unterschiedlichster Art
* Kontrolle, sachgerechte Lagerung und Verteilung der Waren
* Kodierung von Lieferungen und Prüfung von Wareneingangszetteln
* Einteilung und Zusammenstellung des Lagers unter sicherheitstechnischen Aspekten
* Mitarbeit bei der Erledigung von Transport- und Umschlagaufgaben
* Selbstständige Entscheidung über die Förder- und Hebezeuge zur Warenweiterleitung
* Qualitäts- und Bestandskontrollen durchführen wie etwa Mengenprüfung oder die Auswahl einer optimalen Lagerumgebung
* Warenzusammenstellung auf der Grundlage von Liefer- und Bestellscheinen
* Verpackung und Versand von Waren nach den jeweiligen Kommissionierungstechniken
* Verladen und Ausliefern von Waren

Tätigkeitsbeschreibungen

6.3.16   Fremdsprachenkorrespondentin

Frau (Name) war für die gesamte Korrespondenz mit unseren französischen Kunden zuständig. Sie nahm französische und deutsche Diktate auf, die sie kompetent mit einem Textverarbeitungssystem (Microsoft Office 97) weiter verarbeitete, zudem übersetzte sie französische Texte ins Deutsche. Außerdem erledigte sie alle anfallenden Sekretariatsaufgaben.

6.3.17   Grafiker

Die Schwerpunkte von Herrn (Name)s Tätigkeiten gestalteten sich wie folgt:

* Oberflächendesign und Navigation von Internetanwendungen
* Programmierung (HTML)
* Schulung und Beratung der Mitarbeiter in entsprechenden Softwaretools (Print und Internet) und in Gestaltfragen
* Entwicklung von Corporate Design Konzepten zu Onlineprodukten und Produktlinien (Logos und Markenzeichen)
* Erarbeitung von Printprodukten zu diversen Werbekampagnen (Flyer, Plakate, Broschüren, Merchandisingprodukte, Fahrzeugbeschriftungen)
* Außerdem war er im Auftrag eines IT-Unternehmens für die Betreuung der Marketing- und Internetabteilung einer Bank zuständig.
* Herr (Name) arbeitete mit folgenden Software-Tools (MS-DOS und Apple Macintosh):
* Layout: QuarkXPress Passport 4.0
* Bildbearbeitung: Adobe Photoshop 6.0 und Image Ready
* Grafik: Makromedia Freehand 9.2
* Internetproduktion: Makromedia Dreamweaver 4.0, Makromedia Flash 5.0
* Textverarbeitung und Präsentation: Adobe Acrobat 5.02, MS Word und PowerPoint

6.3.18 Haushaltshilfe

Frau (Name) war in unserem Zweifamilienhaus mit (Zahl) Personen
für folgende Aufgaben zuständig:

* Führung des gesamten Haushaltes in Absprache mit mir
* Verwaltung der Haushaltskasse
* Hausaufgabenbetreuung der zwei Kinder (Grundschule und Realschule)
* selbstständiger Einkauf von Nahrungsmitteln und Haushaltsgütern
* Zubereitung der Mahlzeiten
* Reinigung des gesamten Hauses
* Reinigung des Gartens und der Gehwege
* Pflege der Wäsche und Kleidung
* Versorgung und Pflege des Hauskaters

6.3.19 Heilerziehungspflegerin

Frau (Name) war für die Förderung unserer Patienten in folgender
Form zuständig:

* individuelle Förderpläne erstellen und führen
* pädagogische Programme für besonders verhaltensauffällige Behinderte durchführen
* therapeutische Maßnahmen planen und umsetzen
* Eigenverantwortlichkeit der Behinderten durch geeignete Maßnahmen stärken
* selbstständig lebende Behinderte individuell betreuen
* Nachbetreuung und Begleitung beim Übergang in eine weitgehend selbstständige Wohn- und Lebensform übernehmen

6.3.20 Informatikkaufmann/-frau

Zu den Tätigkeiten von Herrn (Name) gehörten:

* Ermittlung des Bedarfs an IT-Systemen und die Durchführung von Angebotsvergleichen
* Erteilen von Aufträgen zur Beschaffung von IT-Systemen
* Einführung in neue Systeme

Tätigkeitsbeschreibungen

- Implementierung, Anpassung und Installation von Standard-Anwendungssystemen
- Entwurf und Realisation individueller Anwendungslösungen unter Beachtung fachlicher und wirtschaftlicher Aspekte
- Inbetriebnehmen, Verwalten, Koordinieren, Administrieren, Koordinieren und Nutzen von einfachen und vernetzten IT-Systemen
- Beratung, Unterstützung, Betreuung und Schulung von betrieblichen Mitarbeitern beim Einsatz von IT-Systemen zur Abwicklung betrieblicher Fachaufgaben, Erstellen von Schulungskonzepten
- Abgrenzen von Hard- und Softwarefehlern von Bedienungsfehlern, Veranlassen von deren Behebung

6.3.21 IT-Consultant

Herr (Name) war für unsere Kunden, deutsche Großbanken, für folgende Aufgaben zuständig:
- Einführung eines neuen Wertpapiersystems, Mitwirkung bei der Konzeptionserstellung, bei der Integration und Schnittstellenkonzeption
- Umstellung eines Systems für zins- und Kapitaldienste im Wertpapierbereich einer deutschen Großbank auf Euro-Währung, Anpassung von Spezifikationen und Programm-Modulen,
- Einführung des Immobilien-Rastersystems Panta
- Erstellung eines komplexen GUI-Interface auf Basis von Java

6.3.22 Kauffrau Grundstücks- und Wohnungswirtschaft

Frau (Name) erledigte im Wesentlichen folgende Aufgaben:
- Mieterbetreuung und Kontaktpflege
- Durchführung von Mietersprechstunden und Beratungsgesprächen
- Abschluss von Mietverträgen
- Vorbereitung von Vermietungen und Kündigungen

- Durchführung von Wohnungsbesichtigungen und Wohnungs-
abnahmen
- Pflege der Interessenten-Datenbank und Interessentenbetreuung
- Akquisition von Neukunden
- Prüfung von Anträgen und Erteilung von Genehmigungen
- Überwachung der Mietzahlungen und Bearbeitung der Salden-
listen
- Stammdatenpflege
- Durchführung der Mietanpassung bei Neuvermietungen und
Bestandsverträgen
- Beschwerdemanagement
- Überwachung und Einsatz der im Bestand eingesetzten Haus-
warte
- Mitwirkung bei der Umsetzung von Wohnungsprivatisierungen

6.3.23 Kaufmännischer Angestellter

Herr (Name) war für den gesamten Bereich der kaufmännischen
und personellen Abwicklung verantwortlich. Herr (Name) war
schwerpunktmäßig für das Erstellen der Quartals- und Jahresbilan-
zen und für die Liquidationsplanung und -überwachung tätig.

6.3.24 Kaufmann/-frau Groß- und Außenhandel

Zu den Aufgaben von Frau (Name) gehörten:
- Bearbeiten der Eingangs- und Ausgangspost sowie Postvertei-
lung
- Erstellen beziehungsweise Mitwirken beim Erstellen von Dienst-
und Organisationsplänen
- Anfertigen von Schriftsätzen, Berichten, Protokollen, Aufstellun-
gen
- Abwickeln des Schriftverkehrs mit Lieferanten (insbesondere
Hersteller) und Kunden (insbesondere Einzelhandel, Weiterver-
arbeiter aus Industrie und Handwerk)
- Monatliche, beziehungsweise jährliche Betriebsübersichten,
- Erstellen von Jahresabschlussarbeiten
- Angebote von Herstellern einholen
- Durchführung von Angebotsvergleichen

Tätigkeitsbeschreibungen

397

- Einkaufsverhandlungen führen
- Bestellungen schreiben, Liefertermine überwachen
- Waren annehmen und kontrollieren, Warenmängel reklamieren
- Waren ein- und auslagern
- Wert- und Kosten-Nutzenanalysen durchführen

6.3.25 Kauffrau im Einzelhandel

Frau (Name) war für folgende Aufgaben zuständig:
- Abrechnen, Kassieren
- Bedarf für einzelne Waren ermitteln
- Einkaufsmenge und Bestellzeitpunkt bestimmen
- Qualitätskontrollen durchführen, Lieferantenbeurteilung erstellen
- Bestell- und Einkaufskarteien (-dateien/-listen) führen
- Waren annehmen und auspacken
- Wareneingangskontrolle durchführen (Menge, Zustand, Lieferzeitpunkt, Vollständigkeit), Mängel feststellen und reklamieren
- Waren verteilen bzw. einräumen
- Lagerbestände kontrollieren und ggf. Nachbestellungen veranlassen
- Waren auszeichnen
- Regalpflege (verkaufsförderndes Platzieren und Präsentieren), Waren ordnen
- Sonderaktionen planen und durchführen
- Inventuren und Bestandskontrollen durchführen

6.3.26 Kellner

Herr (Name) war für die Bedienung unserer Gäste zuständig, daneben war er für die Tagesabrechnung und die perfekte Einrichtung seiner Tische verantwortlich.

6.3.27 Kinderpflegerin

In ihrer Position war Frau (Name) hauptsächlich für folgende Tätigkeiten zuständig:

- Pflegerische Betreuung von Kleinkindern in Angelegenheiten der Körperpflege
- Betreuung kranker, behinderter oder genesender Kinder und die Ausführung medizinischer Maßnahmen nach ärztlicher Anordnung
- Vorbereitung und Leitung von Spielen und anderen Beschäftigungsmaßnahmen zur Förderung der kindlichen Entwicklung
- Beaufsichtigung von Kindergruppen
- Malen, basteln, singen, werken und turnen mit den Kindern
- Durchführung von spielerisch-pädagogischen Angeboten zur Sinnesschulung sowie die Umsetzung der Spiel- und Sprachentwicklung
- Durchführung von Maßnahmen der lebenspraktischen Umwelterziehung
- Veranlassung von Erlebnissen der Natur- und Sachbegegnung
- Reflexion der pädagogischen Tätigkeit zusammen mit den anderen pädagogischen Fachkräften, zum Beispiel die Darstellung von Einzelfallentwicklungen
- Mitwirkung bei der Vorbereitung der Tages- und Wochenplanung. Unter anderem die Koordinierung der geplanten Aktivitäten und pädagogischen Angebote für eine Gruppe
- Auswahl und Bereitstellung von konstruktivem und fantasieförderndem Spiel- und Lernmaterial
- Instandhaltung von Spiel- und Lernmaterial
- Mitwirkung bei der Konzeption von erzieherischen und förderpädagogischen Maßnahmen
- Planung, Vorbereitung und Durchführung von Festen
- Zusammenstellung von Mahlzeiten nach modernen ernährungswissenschaftlichen Richtlinien

6.3.28 Koch

Herr (Name) war für die Zubereitung der jeweiligen Tagesmenüs mitverantwortlich, ferner war er für die Reinigung der Maschinen zuständig.

Tätigkeitsbeschreibungen

6.3.29 Marketing Assistent/in

In unserem Unternehmen hatte Frau (Name) folgende Tätigkeiten auszuüben:

- Herstellung von Kontakten persönlicher, telefonischer und schriftlicher Art zu unseren Geschäftspartnern im Ausland
- Fremdsprachliche Geschäftsbriefe nach deutschen Stichworten, Diktatvorgaben oder schriftlichen Vorlagen selbstständig texten und ausfertigen
- Fremdsprachliche Geschäftskorrespondenz, wirtschafts- oder unternehmensbezogene Texte (zum Beispiel Prospekte, Berichte oder Zeitungsartikel) übersetzen
- Fremdsprachliche E-Mails empfangen, texten und verschicken,
- Mitwirkung bei Qualitäts- und Preisverhandlungen
- Betreuung wirtschaftlich bedeutender Kunden im Ausland in der jeweiligen Fremdsprache
- In der (das In- und Ausland betreffenden) Marktforschung mitarbeiten
- An werbe- und verkaufsfördernden Maßnahmen auch in Bezug auf ausländische Kunden mitwirken
- Mitwirkung bei Firmenpräsentationen auf Messeständen
- Einarbeitung ihrer Nachfolgerin

6.3.30 Marketing und Kommunikation – Referentin

Die Schwerpunkte von Frau (Name)s Tätigkeitsbereichen lagen in der eigenverantwortlichen Erledigung folgender Aufgaben:

- Konzeption und Umsetzung des Messekonzeptes in enger Zusammenarbeit mit dem französischen Headquarter
- Planung und Kontrolle eines Kommunikationsbudgets in zweistelliger Millionenhöhe
- Entwicklung und Umsetzung aller kommunikationsrelevanten Maßnahmen für die TRANSDORI-Gesellschaften im deutschsprachigen Raum: Werbung, Pressearbeit, Dokumentation, Veranstaltungsmanagement, interne Kommunikation
- Koordination des Aufbaus sowie Verantwortung für den reibungslosen Ablauf während der Messe-Standleitung

- Organisation von internen Kickoffs sowie externen Veranstaltungen (Partnerveranstaltungen, Sportveranstaltungen im Rahmen der TRANSDORI-Sponsorschaft z. B. im Bereich der Formel 1 oder Leichtathletik)
- Personalverantwortung für die externen Mitarbeiter im Bereich Service / Catering, Info, Promotion
- Budgetplanung und Kontrolle
- Aufbau der Internetseite für Central Afrika
- Umsetzung der gesamten Werbemaßnahmen
- Ansprechpartner für die Verlagsvertreter
- Steuerung der Werbe- und Mediaagentur

6.3.31 Medienassistent

In dieser Funktion war Herr (Name) verantwortlich für:
- Strategisches Planen, Konzeptionieren sowie Durchführen von Image- und Produktwerbung, gezielten Media-Einsätzen und Agentur-Management
- Aufbauen und Implementieren einer CI und CD für das Unternehmen
- Erstellen eines Literaturkonzepts und Produktion von Broschüren
- Planen und Konzeptionieren von Messebeteiligungen und Marketing Events, Mitarbeiterveranstaltungen, Kongressen bzw. Seminaren sowie spezieller Kundenveranstaltungen
- Durchführen von Programmen mit Neuen Medien in der Unternehmenskommunikation und Sponsoring

6.3.32 Online Marketing Projektmanager

Herr (Name) hat die Homepage der (Firma) maßgeblich miterstellt (grafisch wie auch technisch). Auch nach der Fertigstellung war er mitverantwortlich für den redaktionellen Inhalt und dessen technische Implementierung. Im Rahmen dieser Arbeit hat er interne Guides für Suchmaschinen Marketing geschrieben. Herr (Name) leitete ferner Projekte wie die Entwicklung und Einführung eines Contentmanagement-Systems, außerdem war er an der Leitung von Event-orientierten Sondermaßnahmen für das Internet beteiligt.

Herr (Name) nahm in unserem Auftrag an Lotus Notes Designer Schulungen teil, um die bestehenden Lotus Notes Struktur der (Firma) in das Internetangebot zu integrieren. Somit konnte er Internetpräsenzen auf Basis von Lotus Domino Server aufbauen. Im Rahmen seiner Tätigkeit hat Herr (Name) zwei Diplomanden betreut, ferner stand er für besondere Aufträge in der Abteilung Mediadesign stets zur Verfügung, designtechnisch wie umsetzungstechnisch.

6.3.33 Personalkaufmann

In unserem Unternehmen erfüllte Herr (Name) die folgenden Tätigkeiten:

* Personalbüro selbstständig und eigenverantwortlich managen, verschiedene Prozesse z. B. in Aus- und Weiterbildung, Gehaltsabrechnung oder Personalcontrolling koordinieren und gestalten
* Den Personalbereich in die Gesamtorganisation des Unternehmens einbinden
* Leitungs- und Führungsaufgaben einschließlich Aufgaben der bereichsbezogenen Aus- und Weiterbildung sowie der Personalentwicklung im speziellen Funktionsbereich wahrnehmen
* Tragen von Kostenverantwortung
* Personal- und Einstellungsgespräche, Konferenzen, Sitzungen, Besprechungen, Meetings und Dienstreisen vorbereiten, organisieren, betreuen und nachbearbeiten, z. B. Beratungsunterlagen beschaffen, Protokolle erstellen
* Briefe, Schriftsätze und Berichte nach generellen Anweisungen und Vorgaben selbstständig abfassen, Korrespondenz mit Sozialversicherungsträgern, Krankenkassen etc. abwickeln
* Termine koordinieren, Fristen überwachen; Besucherverkehr regeln
* Einarbeitung zweier Sekretariatskräfte in die jeweiligen Zuständigkeitsbereiche

6.3.34 Pharmareferentin

Folgende Aufgaben lagen in Frau (Name)s Verantwortung:

* Umsetzen ihrer Verkaufsstrategien mit allen pharmazeutischen und kaufmännischen Beschreibungen inklusive der Preisgestaltung
* Erstellen der Monatsberichte in enger Abstimmung mit dem Geschäftsführer
* Gewinnung von Neukunden
* Erstellen von Standortanalysen bezüglich Wettbewerber
* Bestellkontionen für Apotheken

6.3.35 Pharmazeutisch-Technische Assistentin

Frau (Name) war überwiegend im Handverkauf und in der Rezeptur tätig, ebenso hat sie die Defektur und die Prüfung von Ausgangstoffen einschließlich aller Dokumentationen erledigt. Das Anmessen von Kompressionsstrümpfen, einschließlich der evtl. notwendigen Hausbesuche, hat sie mit sehr großem Einfühlungsvermögen und Verständnis für die Patienten durchgeführt. Die Abgabe von Arzneimitteln mit patientengerechter Weitergabe der dazu gehörenden Fachinformationen profitierte von Frau (Name)s gutem Fachwissen.

6.3.36 Prüfungsassistent

Herr (Name) wurde nach der erfolgreichen Einarbeitung in die Aufgaben des Prüfungswesens als Prüfungsassistent eingesetzt. Unter der berufsüblichen Aufsicht eines Wirtschaftsprüfers war er bei der Durchführung von Jahresabschluss- und Quartalsprüfungen tätig. Der Kreis der Mandanten umfasste hierbei Handels- und Industrieunternehmen verschiedener Größe - von kleinen und mittleren Kapitalgesellschaften bis hin zu börsennotierten multinationalen Konzernen - aus den unterschiedlichsten Bereichen wie z. B. aus der Automobil- und Raumfahrtindustrie.

Zu Herrn (Name)s Aufgabengebiet gehörte die Prüfung des Anlagevermögens, der Forderungen der sonstigen Vermögensgegenstände, der Verbindlichkeiten und GuV innerhalb von Einzel- und Konzernabschlussprüfungen nach IAS. Bei seiner Arbeit setzte er sich erfolgreich mit Bilanzierungs- und Bewertungsproblemen auseinander. Im Rahmen von Ablaufuntersuchungen lernte Herr Musil verschiedene Organisations-, Buchhaltungs- und Kostenrechnungssysteme sowie das interne Berichtswesen kennen, mit diesen Instrumenten leistete er stets gute Arbeit.

6.3.37   Rechtsanwaltsfachangestellte/r

Zu den Aufgabenbereichen von Frau (Name) gehörten folgende Tätigkeiten:

*   Vertretungsaufträge in einem Rechtsstreit entgegennehmen
*   Besprechungstermine vereinbaren und vorbereiten
*   Mandanten über notwendige Unterlagen für Besprechungstermine informieren
*   Mandanten empfangen und Vorbesprechungen führen
*   Schriftstücke im Rahmen von Zivil- und Strafprozessen erstellen
*   Schriftstücke für Mahnverfahren und Zwangsvollstreckungen vorbereiten
*   Zahlungsverkehr erledigen und überwachen
*   Buchführung abwickeln
*   Registerauszüge beschaffen, Unterlagen aus Archiven besorgen
*   Termin- und Fristenkalender für Gerichts-, Besprechungstermine und Zahlungsfristen führen
*   Abgeschlossene Fälle ordnungsgemäß ablegen
*   Fachzeitschriften betreuen, neue Gesetzestexte und Urteile in Loseblattsammlungen einsortieren
*   Akten anlegen und führen

6.3.38   Restaurantfachfrau

Frau (Name) war für die Abwicklung des Restaurant- und Bankettservice zuständig. Sie war für folgende Aufgaben zuständig:

*   Organisation und Durchführung des Bankettservice
*   Gestaltung und Erstellung von Speisen- und Getränkekarten
*   Abwicklung des À la carte Service wie z. B. die Beratung der Gäste bei der Speisen- und Getränkewahl sowie deren optimale Abfolge oder die Zusammenstellung von Menüs mit mehreren

Gängen unter besonderen Berücksichtigung der Kundenwünsche
* Bestellung an Küche und Getränkeausgabe bzw. Büffet herausgeben
* Servieren von Speisen und Getränken nach unseren betrieblichen Vorgaben
* Durchführung des Frühstückservice
* Besondere Zubereitung von Speisen am Tisch der Kunden wie etwa tranchieren oder flambieren
* Zubereitung von Mixgetränken und Cocktails im Barbereich
* Erledigung der Abrechnung mit unserer Computerkasse auch beim Zahlungsverkehr mit Fremdwährungen und Kreditkarten
* Versorgung der Tische mit frischer Tischwäsche, Tischschmuck und neuem Geschirr
* Aufstuhlung nach Ende des Gastbetriebes
* Abrechnung der Tageseinnahmen

6.3.39 Sachbearbeiterin Einkauf

Frau (Name) erstellte Marktanalysen und Angebotsvergleiche für den Einkauf von Kunststoffmaterialien für unsere Herstellungsabteilung. Sie war für ein Einkaufsvolumen von 2 Millionen Euro pro Jahr verantwortlich. Sie kontrollierte die Warenlieferungen ebenso wie die Rechnungen, bei Beanstandungen bearbeitete sie die Reklamationen. Bestellungen und Verbuchen der Waren verwaltete Frau (Name) mit dem Personal-Computer.

6.3.40 Schreibkraft

Frau (Name) war für das Schreiben von Briefen, Rechnungen und Angeboten nach Vorlagen zuständig. Die Schreibarbeiten erledigte sie mit dem Computer und der Microsoft Office Software. Außerdem war sie für den Versand der Post und die Bedienung des Fax-Gerätes zuständig.

Tätigkeitsbeschreibungen

405

6.3.41 Sekretärin

Die Schwerpunkte von Frau (Name)s Tätigkeiten gestalteten sich wie folgt:

* Organisation des gesamten Sekretariats
* Schriftverkehr bis hin zu Flugbuchungen
* Komplette PC-Verwaltung vom Erstellen von Vorlagen bis hin zur optimalen Verwendung einzelner Programme (z. B. Microsoft Word, Excel, Windows)
* Kundenpflege und Kundenkontakte
* Terminüberwachung der Geschäftsleitung

6.3.42 Sekretärin Direktion

Zu den Hauptaufgaben von Frau (Name) gehörte:

* Organisation des Sekretariats
* Erstellen der Monatsberichte der Abteilungen für die Geschäftsleitung
* Erstellen und Pflege von Statistiken, u. a. Produktionsreporte, Krankenstand
* Zweisprachige Korrespondenz - selbstständig, nach Vorlage oder Stichworten
* Planen und Organisieren von internen und externen Besprechungen einschließlich der gesamten Logistik- Sichten und Aufbereiten von Geschäftsvorgängen, um eine effiziente Entscheidungsfindung zu gewährleisten
* Vorbereiten von Geschäftsreisen, Organisation von Besprechungen/Tagungen inklusive Hotelbuchungen, Logistik und Bewirtung sowie Betreuung externer Besuchern
* Erstellen von Präsentationen

6.3.43 Sekretärin Geschäftsführung

Zu den Hauptaufgaben von Frau (Name) zählten:

* Organisation sowie selbstständige Gestaltung und Durchführung aller Sekretariatsarbeiten zur Sicherstellung eines reibungslosen Ablaufs des Tagesgeschäfts

- Erstellen der Monatsberichte der Abteilungen für die Geschäfts-leitung in enger Abstimmung mit den Abteilungsleitern und der Werkleitung
- Erstellung und kontinuierliche Verfolgung der MbO-Ziele für die Führungsebenen 2 und 3 des Standortes
- Erledigung aller Korrespondenz, auch in eigener Verantwortung, sowie Aktenführung
- Unterstützung des Betriebsleiters durch Entlastung von adminis-trativen Aufgaben;
- Terminplanung, -koordination und -verfolgung
- Reiseplanung, -vorbereitung und -abrechnung
- Bearbeiten und Verteilen der Eingangspost für das gesamte Werk
- Bearbeitung der SAP-Kostenstellenberichte
- Erstellen und Pflege von Statistiken, u. a. Produktionsreporte, Krankenstand
- Vorbereitung von turnusmäßigen Review-Meetings sowie der Betriebsversammlungen
- Organisation sowie Vor- und Nachbereitung von in- und aus-ländischen Kunden- und Geschäftsbesuchen, Schulungen, inter-nen Besprechungen sowie turnusmäßigen Konferenzen und Ab-stimmungsgesprächen der GHW-Mitarbeiter der deutschen Standorte sowie von Sonderveranstaltungen wie beispielsweise Jubiläumsfeiern
- externe Ansprechpartner für die örtliche Presse, interne An-sprechpartner für Pressearbeit

6.3.44 Softwareprogrammierer

Herr (Name) war für die Entwicklung eines Verkaufssystems auf der Grundlage des Betriebssystems Linus verantwortlich. Außerdem assistierte er bei einem Großprojekt und bei einem kleinen Projekt.

6.3.45 Sozialversicherungsfachangestellte

In dieser Funktion hat Frau (Name) folgende Tätigkeiten ausgeübt:
- Beratung von Arbeitgebern und Arbeitnehmern in allen kran-kenversicherungsrelevanten Tätigkeiten sowie die Klärung von Versicherungsverhältnissen

Tätigkeitsbeschreibungen

- Erteilung von Auskünften über Versicherungspflicht, Versicherungsfreiheit und freiwillige Versicherung
- Bearbeitung der An- und Abmeldung von Versicherten beim Arbeitgeber
- Erfassung von Meldetatbeständen und Unterstützung der Arbeitgeber bei der Erfüllung ihrer Meldepflicht
- Feststellung von Krankenkassenzuständigkeiten
- Gewinnung neuer Kunden
- Berechnung von Beiträgen sowie deren Einziehung und Überwachung
- Abwicklung der Beitragserstattung in Zusammenarbeit mit dem Arbeitgeber unter Berücksichtigung von Beitragsdifferenzen
- Information von Kunden über Leistungen im Krankheits- und Pflegefall sowie im Bereich der Gesundheitsfürsorge
- Bescheinigen von Kassenleistungen wie Vorsorgemaßnahmen, ärztliche Behandlungen, Krankenhausbehandlungen und Heilmittel
- Beratung bei Fragen zum Zahnersatz, Krankengeld, Mutterschaftsgeld, Sterbegeld, Fahrtkosten und Haushaltshilfe
- Ausfüllen von Berechtigungsscheinen für die Leistungsinanspruchnahme im Ausland
- Allgemeine Verwaltungsaufgaben

6.3.46 Steuerberater

Herr (Name) war für folgende Tätigkeiten zuständig:
- Erstellung von Jahresabschlüssen für Unternehmen vorwiegend aus der Möbelindustrie
- wirtschaftliche und steuerliche Beratung unterschiedlichster Unternehmen und Rechtsformen (Schwerpunkt: betriebswirtschaftliche Beurteilung von Investitionen)
- Erstellung von Schlussbilanzen bei Unternehmensumwandlungen
- Bearbeitung von außergerichtlichen Rechtsbehelfen
- Erstellung von Steuerbelastungsvergleichen
- Anfertigung von Steuererklärungen in allen Steuergebieten
- Prüfung von Steuerbescheiden

6.3.47 Steuerfachangestellte

Zu den Hauptaufgaben von Frau (Name) gehören:

* Überprüfen von Unterlagen der Mandanten, wie etwa Kassenbücher, Rechnungen, Bankbelege
* Verarbeitung von Geschäftsvorfällen der Mandanten und Mandantinnen zu einer ordnungsgemäßen Buchführung
* Bereits außerhalb erstellte Buchführungen rechnerisch und sachlich kontrollieren
* Jahresabschlüsse erstellen
* Arbeitnehmer/Arbeitnehmerinnen bei den Sozialversicherungsträgern an- und abmelden
* Lohnsteuerkarten und Versicherungsnachweise führen
* Lohnsteuer, Kirchensteuer und Sozialabgaben berechnen
* Mitwirken bei der Erstellung von Lohnsteueranmeldungen, Umsatzsteuervoranmeldungen, Umsatzsteuer-Jahreserklärungen sowie Einkommensteuer- und Gewerbesteuererklärungen mitwirken
* Postein- und Ausgang kontrollieren

6.3.48 Steuerfachgehilfin

Frau (Name) wirkte an zahlreichen verschiedenen Aufgaben bereits von Beginn an mit, im Mittelpunkt ihrer Tätigkeiten stand die selbstständige Betreuung unserer Mandanten in den folgenden Tätigkeitsfeldern:

* Bearbeitung von Gewerbe-, Einkommen-, Umsatz- und Körperschaftssteuererklärungen
* Erstellung von Einnahmen-Überschuss-Rechnungen
* Lohn- und Finanzbuchhaltung
* Überprüfung von Online-Steuererklärungen unserer Mandanten
* Komplette PC-Verwaltung der Kundendaten (z. B. Microsoft Word, Excel)
* Terminüberwachung der Geschäftsleitung

Tätigkeitsbeschreibungen

6.3.49 Systemtechniker

Herr (Name) war für die Betreuung unserer PC-Systeme zuständig. Zu seinen Hauptaufgaben gehörten:

* Vernetzung von Druckern und Computern
* Installation von Software
* Erledigung von leichteren Reparatur-Arbeiten
* Mitarbeit bei der Bestellabwicklung

6.3.50 Telefonistin

Frau (Name) nahm in unserem Unternehmen alle Gespräche an und verband die Gesprächsteilnehmer mit den entsprechenden Kollegen in den verschiedenen Abteilungen.

6.3.51 Tierärztin

Frau Dr. (Name) war als Projektleiterin des Projektes Schnelltest im Geschäftsfeld Molekulare Diagnose tätig. Ziel des Projektes war die Adaptation einer Immunisierung mit Proteinfragmenten zur Markierung von Nutztieren und der Nachweis spezifischer Antikörper in deren Produkten (Fleisch/Milch) mittels spezifischer Tests. Das Aufgabengebiet von Frau Dr. (Name) umfasste die wissenschaftliche Projektplanung und -leitung. Der Projektfortschritt wurde von ihr auf Quartalsbasis im Rahmen des internen Berichtswesens dokumentiert.

Die Machbarkeitsstudie und die Versuche zur Optimierung des Regimes an Rindern wurde als genehmigungspflichtiger Tierversuch eingestuft: Frau Dr. (Name) übernahm die Antragstellung und war für die Kontakte zu den Genehmigungsbehörden verantwortlich. Forschungsbegleitend organisierte Frau Dr. (Name) Kontakte zu Zulassungsbehörden und Landwirten und gewann einen Schlacht- und Zerlegebetrieb als Kooperationspartner für Versuche zum Nachweis der Markierung während des Fleischreifungsprozesses.

In Abstimmung mit dem Patentanwalt oblag Frau Dr. (Name) die Vorbereitung von Stellungnahmen zu Entgegenhaltungen für alle projektrelevanten Patente sowie die inhaltliche Ergänzung und

Aktualisierung deutscher Patenanmeldungen im Rahmen von internationalen Nachanmeldungen.

Frau Dr. (Name) erstellte und aktualisierte die projektbezogenen Qualitätsmanagementunterlagen und war verantwortlich für die Abfassung von Standardarbeitsanweisungen im Projekt Schnelltest. Weiterhin verfasste Frau Dr. (Name) Berichte für Fördermittelgeber und sie präsentierte das Projekt mehrfach vor verschiedenen Gremien, einschließlich Veranstaltungen des Fleschereigewerbes, des Bauernverbands und einer Risikokapital-Gesellschaft.

Zur Vorbereitung des Börsenganges erstellte Frau Dr. (Name) unterstützt durch die kaufmännische Abteilung den Projektbusinessplan. Zusätzlich half sie bei der Betreuung möglicher Verkaufs- und Vertriebskontakte. Dazu arbeitete Sie zielgruppenspezifische Präsentationsunterlagen und Anträge für unterschiedliche Adressatenkreise, welcher Ministerien, Verbraucherorganisationen, Einzelhandelsvertreter und Banken umfasste, aus.

6.3.52 Verkäufer

Zu den Aufgaben von Herrn (Name) zählten:
- Kundenwünsche ermitteln, Waren/Artikel vorführen und Kunden beraten und informieren
- Aufnahme von Reklamationen und Reservierungen
- Annahme von Reparaturaufträgen für Tennisschläger und selbstständiges Bespannen von Schlägern
- Abrechnen, kassieren
- Mitwirkung bei der Art, Breite und Tiefe des Sortiments bzw. der -planung (Berücksichtigen von Kundengruppen, neuen Waren, Marktsegment, Konkurrenzangebotspalette)
- Kontaktpflege zu lokalen Sportvereinen / Stammkunden
- Waren annehmen und auspacken
- Führung der Lagerkartei und -statistik
- Kontrolle und ggf. Nachbestellung von Lagerbeständen
- Auszeichnen von Waren
- Mitwirkung bei Inventur und Bestandskontrolle

6.3.53 Verkaufsaufsicht Spielhalle

Zu Frau (Name)s Aufgaben gehörte die eigenverantwortliche Spielhallenaufsicht und die Betreuung und Bewirtung der Gäste. Außerdem war sie für die Kassenverwaltung verantwortlich.

6.3.54 Verkaufsleiter Innendienst

Herr (Name) ist verantwortlich für die Erstellung und Einhaltung eines auf sein Geschäftsfeld bezogenes Budget sowie die Entwicklung und Umsetzung der neuen Vertriebs- und Marketingstrategie. Hierzu gehörte die Überführung unserer ehemaligen Service-Center in selbstständig wirtschaftende Service-Partner. Außerdem wurden unter der Leitung von Herrn (Name) externe Partnerbetriebe akquiriert und vertraglich an unser Unternehmen gebunden.

6.3.55 Vertrieb – Regionalleiterin

Zu den zentralen Aufgaben von Frau (Name) gehörten:
* Einführung eines neuen Vertriebssystems
* Selbstständige und eigenverantwortliche Kundenbetreuung
* Kundenberatung im SAP-Umfeld
* Vertrieb von Dienstleistungsprojekten
* Erstellen und präsentieren von Outsourcing-Lösungen
* Auf- und Ausbau des Projektportfolios
* Leiten von Vertriebsmeetings
* Coachen von Vertriebskollegen
* Mitarbeit bei der Planung und Durchführung von Messen
* Organisation von Kundenveranstaltungen
* Aufbau und Pflege der Herstellerbeziehungen

6.3.56 Vertriebsassistentin

Die Schwerpunkte von Frau (Name)s vielseitigen Tätigkeiten gestalteten sich wie folgt:
1. Vertriebs-Aktivitäten:
* Internet-Recherche zu Kundendaten (Adresse, Betriebsgröße usw.)

- Koordination eingehender Kunden- und Berateranfragen
- Erstellen, Korrigieren und Zusenden von Angeboten, Verträgen, Systemanforderungen
- Erstellen von Präsentationsunterlagen/ Foliencharts mit Powerpoint
- Pflege der Interessenten- und Kundenadressen auf EDV-Basis und in Ablageform
- Organisation und Überwachung von internen Sitzungen, Schulungen, Workshops, Präsentationen, Partnerbesprechungen
- Erfassung der Tätigkeitsnachweise und Übergabe/ Neuanlage aller Mitarbeiternachweise

2. IT-Aktivitäten:
- Programmieren und Anpassen von Adressdatenbanken in MS-Access
- Verwaltung aller Formulare und der Know-how Datenbank Lotus Notes
- Lotus Notes: Projektmanagement, Programmieren, Dokumentenverwaltung
- Programmieren in Word und Excel
- Betreuung und Einweisung neuer Mitarbeiter in Microsoft Office Programme

3. Controlling:
- Vertragscontrolling zur Überführung der DITRS-Kundenverträge
- Kontrolle der Lizenzen und Versionierung
- Analyse der Verträge bezüglich Standardoption und Sondervereinbarung
- Analyse der vereinbarten Zahlungsmodalitäten und gegebenenfalls Abweichungen und Sonderkonditionen
- Erstellen und fortlaufende Erfassung der Projektstandsberichte
- Erfassen und tracking von Controlling Informationen, um finanzielle und organisatorische Reports auszuarbeiten (MS-Excel und MS-Powerpoint)

4 Allgemeine organisatorische Aktivitäten:
- Einarbeitung neuer Mitarbeiter in der Verwaltung
- Termin- und Reisekoordination einschließlich der dazugehörigen Flug-, Bahn-, Mietwagen- und Hotelbuchungen

Tätigkeitsbeschreibungen

- Bearbeitung der Eingangs- und Ausgangsrechnungen (Rechnungskontrolle)
- Prüfung und Aufbereitung von Rechnungen für die Buchhaltungs-Abteilung
- Einkauf: Angebotseinholung und Beschaffung von Büromaterialien, EDV-Zubehör, Verbrauchsmaterial
- Bank- und Kassenverwaltung

6.3.57 Werbekaufmann

Zu den Tätigkeiten von Herrn (Name) zählten besonders:
- Beschaffung, Ordnung und Aufbereitung von Grundlagenmaterial über Unternehmen, Werbeobjekte u. Ä.
- Erfassung von Preis-, produkt- und absatztechnischen Maßnahmen und Vorgehensweisen im Unternehmensbereich
- Archivierung statistischer, quantitativer und qualitativer Untersuchungen aus der Markt- und Meinungsforschung
- Durchführung von Wirtschaftlichkeitsuntersuchungen und Prüfung von Geschäftsbedingungen
- Einholen von Angeboten bei Druckereien, Fotografen oder Filmstudios
- Errechnen und kalkulieren von Preisen nach Angebotslage
- Kostenerfassung, Auftragserteilung und Abwicklung
- Beratung von Kunden hinsichtlich Art, Umfang und Zweckmäßigkeit von Werbemaßnahmen
- Klärung rechtlicher, besonders wettbewerbsrechtlicher Fragen
- Zusammenstellung von Dienstleistungsangeboten der Agentur
- Entwicklung eigener Werbestrategien aus Briefing und Ergebnis von Marktforschungsanalysen
- Durchführung von Mediaplanung und Mediaeinkauf in enger Anlehnung an die Kommunikationsstrategie
- Durchführung von Aufgaben in der Produktion: wie etwa kleinere satztechnische Aufgaben oder agentureigene Reproduktionstechniken

6.3.58 Zahnarzthelferin

Frau (Name) war hauptsächlich für folgende Tätigkeiten zuständig:

* Empfang von Patienten und Anlegen persönlicher Karteikarten
* Betreuung ängstlicher und nervöser Patienten im Wartezimmer
* Patienten und Patientinnen nach der Behandlung beraten und auf Prophylaxemaßnahmen hinweisen
* Assistenz bei der Behandlung. Im Besonderen:
* Vorbereitung benötigter Instrumente, Präparate und Hilfsmittel für die jeweilige Behandlung
* Bereitstellung von Füllungs- und Abformmaterialien
* Bei Behandlungsmaßnahmen, konservierenden oder chirurgischen Eingriffen, Parodontaltherapien, prothetischen Maßnahmen sowie auf dem Gebiet der Kieferorthopädie Hilfe leisten, dabei je nach Behandlungsart Operationen vorbereiten, Absauggeräte bedienen zum Absaugen von Speichel, Bohrstaub und Kühlwasser während der Behandlung
* Benötigte Instrumente sowie Füllungs- oder Abformmassen, Nahtmaterial u. a. Hilfsmittel zureichen
* Anfertigung von Röntgenaufnahmen des ganzen Gebisses oder einzelner Zähne unter Anleitung und Aufsicht und unter Beachtung der Strahlenschutzvorschriften
* Vorschriftsmäßige Aufbewahrung und Kennzeichnung von Röntgenaufnahmen
* Ggf. in Notfallsituationen, zum Beispiel bei Nachblutungen, Ohnmacht, Kollaps, Schock von Patienten assistieren und Hilfe leisten
* Aufräumen, säubern und desinfizieren des Behandlungsplatzes nach der Behandlung
* Durchführung einfacher Prothesenreparaturen, zum Beispiel bei Bruch von Prothesen, gelockertem Prothesenzubehör, Sprüngen, Wiederbefestigung von Zähnen
* Polier- und Fräsarbeiten, zum Beispiel an Gipsmodellen bzw. an Prothesenrändern durchführen
* Zusammenarbeit mit Dentaldepots, Dentallabors, zahntechnischen Labors abwickeln, zum Beispiel Praxismaterial bestellen (z. B. Amalgam, Instrumente, Röntgenfilme)

Tätigkeitsbeschreibungen

- Privatrechnungen ausstellen, den Eingang von Behandlungsausweisen und Privathonoraren überwachen, gegebenenfalls Mahnverfahren einleiten
- Schriftverkehr mit Patienten und Patientinnen, Versicherungsträgern, Berufsorganisationen, Lieferanten erledigen; Befunde, Krankheitsberichte schreiben, Arzt- und Überweisungsschreiben nach Vorgabe bzw. Diktat erstellen, Behandlungsausweise anmahnen, Formulare ausfüllen

6.4   Führungskräfte

6.4.1   Bäckermeister

In dieser Funktion war Herr (Name) u. a. für folgende Aufgaben zuständig:
- Kontrolle und Lagerung von Roh- und Zusatzstoffen, Halbfabrikaten und Fertigerzeugnissen
- Abwicklung sämtlicher Backvorgänge in unserer Großbäckerei
- Genaueste Überwachung bei der Herstellung von Backerzeugnissen wie verschiedenen Brotsorten, Kleingebäck, Brötchen, Hörnchen, Dauerbackwaren und Saisongebäck. Hier ist besonders auf folgendes zu achten: Zusammenführung von Rohstoffen, Ansetzen und Fortführen von Sauerteig, Hefeansätze bearbeiten, Hefe-, Blätter- und Mürbeteig kneten, aufarbeiten und formen, Überwachung der Gärungsvorgänge, Bedienung und Wartung von Geräten und Maschinen, Heizen, Bedienen und Warten von Backöfen
- Herstellung und Abröstung spezieller Massen wie Makronen oder Bienenstich unter Zusammenführung von Rohstoffen, dem Rühren und Abfüllen von Massen sowie dem Aufdressieren von Massen
- Ständige Qualitätskontrolle durch Beurteilen und Prüfen der Erzeugnisse nach Kriterien und Vorgaben des Betriebes
- Ausbildung der Lehrlinge
- Reinigung, Pflege und Wartung von Arbeitsgeräten

- Programmierung und Einrichtung unserer Backstraßen unter Abwägung der besonderen Auslastungsquoten
- Planung der einzelnen Herstellungsschritte in Absprache mit den Gesellen
- Kreation eigener Rezepturen für neue Produkte, besonders für Vollkornprodukte
- Einkauf, Preisvergleich und sachgemäße Lagerung unserer Materialien
- Planung und Durchführung neuer Produktlinien in Zusammenarbeit mit unseren Franchiseunternehmen

6.4.2 Bauvertriebsleiter

Herr (Name) erfüllte und verantwortete die folgenden Aufgaben:
- Akquise und Beratungen
- Übernahme der halben Umsatzverantwortung (4,5 Mio. Euro Gesamtumsatz) in einem Team von vier Mitarbeitern
- Auswahl der Grundstücke in Zusammenarbeit mit der Geschäftsführung
- Erledigung aller grundbuchrechtlichen Aufgaben in Eigenleistung oder in Zusammenarbeit mit unseren Notaren
- Vertragsverhandlung, Verkauf und Koordination der Sonderwünsche
- Werberahmen- sowie Maßnahmenplanung und Durchführung inklusive Budgetierung, Planung, Konzeption, Erarbeitung und Kontrolle unseres Werbebudgets und Budgetverantwortung über 100 bis 150 T-Euro
- Durchführung und Kontrolle der Werbemaßnahmen., Messeprojekte und PR-Veranstaltungen
- Direktmarketing aufgrund selbst gewonnener und zugekaufter Kundendaten, Werbebriefgestaltung und Gestaltung von Plakaten, Anzeigenschaltung in Printmedien, Werbemittelbeschaffung, Aufbau und Kontrolle unserer Internet-Homepage

Tätigkeitsbeschreibungen

6.4.3 Betriebsleiter Vertrieb IT

Im Rahmen seines verantwortungsvollen und vielseitigen Tätigkeits-
gebietes führte Herr (Name) eigenverantwortlich folgende Aufgaben
durch:

*   Leitung der Bereiche Vertrieb, Entwicklung, Produktion und
    EDV
*   Einführung des Warenwirtschaftssystems Apertum
*   Durchführung von Änderungen in der Firmenorganisation
*   Produktentwicklung sowie kundenspezifische Entwicklungen

6.4.4 Business Development Manager

Im Einzelnen gliederten sich Herrn (Name)s Tätigkeiten wie folgt:

*   Vertrieb unserer diversen ASP-Softwarelösungen und Dienstleis-
    tungen im Bereich Customer Relationship Management in
    Deutschland
*   Betreuung von bestehenden Kunden im Rahmen des Account
    Managements sowie Gewinnung von Neukunden im Rahmen
    des New Business Developments
*   eigenständiges Verhandeln von Werk-, Dienstleistungs- und
    Wartungsverträgen
*   Einarbeitung und Betreuung eines neuen Vertriebskollegen

6.4.5 Chief Technology Officer (CTO)

Als CTO war Herr (Name) verantwortlich für Produktplanung,
-design, -definition, -entwicklung und -realisierung. Hierzu gehörten insbesondere auch die Auswahl externer Zulieferer und Entwick-
lungspartner, die Vertragsverhandlungen und die anschließende
Projektbetreuung.

6.4.6 Controlling Abteilungsleiter

In dieser Position verrichtete und verantwortete Herr (Name) vor
allem folgende Tätigkeiten:

*   Erstellung des handelsrechtlichen Jahresabschlusses

- Betreuung der Finanzbuchhaltung und Erstellung der Monats-
  und Jahresabschlüsse
- Ansprechpartner in allen Fragen der Rechnungsauslegung
- Investitionsplanung und -controlling
- Steuern/Deferred Taxes und Zölle
- Erstellung der Plan-Bilanzen und Gewinn- und Verlustrechnun-
  gen im Rahmen des Business-Plans
- Zusammenarbeit mit Wirtschaftsprüfern und Steuerberatern
- Betreuung von Betriebsprüfungen

6.4.7 Controlling Abteilungsleiterin Financial Controlling

In dieser Position verrichtete und verantwortete Frau (Name) vor
allem folgende Tätigkeiten:

1. Financial Accounting & Reporting:
- Betreuung der Finanzbuchhaltung und Erstellung der Monats-
  und Jahresabschlüsse für die deutsche GmbH und die Schwes-
  tergesellschaften in Österreich und der Schweiz im Rahmen eines
  Financial Shared Service
- Betreuung der Anlagenbuchhaltung nach US GAAP sowie nach
  Handels- und Steuerrecht
- Ansprechpartner in allen Fragen US-amerikanischer und deut-
  scher bzw. österreichischer Rechnungsauslegung
- Erstellung des handelsrechtlichen Jahresabschlusses für die deut-
  sche GmbH
- Investitionsplanung und -controlling
- Zusammenarbeit mit Wirtschaftsprüfern und Steuerberatern
- Betreuung von Betriebsprüfungen.
2. Cost Accounting:
- Ermittlung und Analyse der Herstellungskosten (Cost of Goods
  Sold) im Rahmen der Monats- und Jahresabschlüsse nach US
  GAAP
- Koordination des gesamten Business-Plan-Prozesses
- Kalkulation der Intercompany-Verrechnungspreise in Zusam-
  menarbeit mit dem European Logistic Center in Zug (Schweiz),

Tätigkeitsbeschreibungen

419

* Bewertung der Vorräte gemäß Handels- und Steuerrecht für die deutsche GmbH

6.4.8 Diplom-Betriebswirt (BA) Bank

Herr (Name) war für folgende Aufgaben zuständig:
* Bearbeitung des gesamten ein- und ausgehenden Zahlungsverkehrs mit externen Banken sowie internen mit der jeweiligen Konzernholding
* Disposition aller Bankkonten im In- und Ausland mit Aufnahme von Krediten und Anlage von Guthaben, Abwicklung von Währungsgeschäften (Kassa- und Termingeschäfte)
* Aufnahme und Abwicklung von Krediten der AKA-Ausfuhrkreditanstalt für Exportfinanzierungen mit den Hausbanken
* Durchführung des Scheck-Wechsel-Verfahrens mit Lieferanten; Refinanzierung mit Konzernwechsel/Privatdiskonten bei verschiedenen Banken
* Kontrolle aller Ausgangszahlungen sowie der Zins- und Spesenabrechnungen
* Abwicklung der Insolvenzfälle
* Bearbeitung und Überwachung der Bürgschaften
* Diverse Kontenabstimmungen (alle Bankkonten, Debitoren, Kreditoren), Monatsabschlussbuchungen
* Vertretung bei der Führung des Kreditoren- und Debitorenkontokorrents und der Hauptkasse
* Vertretung bei der Akkreditiv- und Inkassoabwicklung und Erstellung notwendiger Wechselziehungen auf Banken oder Kunden
* Pflege der Währungskurse in verschiedenen EDV-Systemen
* Kfz-Steuer-Bearbeitung aller Konzernfahrzeuge von der Vorgängergesellschaft TEMIC
* Erstellung des monatlichen Liquiditätsberichtes für die Konzernholding mit Vorschau für Folgemonat

6.4.9 Director Marketing & Sales

In dieser Funktion führte Herr (Name) ein Sales-Team von (Zahl) Mitarbeitern und erledigte die folgenden vielfältigen Tätigkeiten:

* Zeitungsvertrieb (Betreuung von 75 Verlagspartnern mit mehr als 2.200 Außendienstmitarbeitern): Applikations- und Vertriebsberatung
* Marketingkommunikation (Budget ca. 25 Mio. EURO p.a.): Wettbewerbspräsentationen, Vertragsverhandlungen und Umsetzung von Maßnahmen mit Agenturen für klassische Werbung und Onlinemarketing
* Telesales: Telefonverkauf für den Marktplatz Stellenanzeigen
* Research: Benchmarking, Durchführung von Usability-Tests;
* Customer Care/Servicecenter: Auftragsabwicklung, Inbound, Aufbau der Wissensdatenbank
* Produktmanagement ASP/XSP: Entwicklung der Fachkonzepte der Applikations- und Service-Dienstleistungen für die kooperierenden Zeitungsverlage

6.4.10 Director Media

Herr (Name) trug die Hauptverantwortung für den Bereich Multimedia und Technical Realisation. Dabei übernahm er mit seinem Team von bis zu fünf Mitarbeitern die Planung und Erstellung von Layouts sowie die Erstellung von Corporate Identities. Hierzu nahm er Bildbearbeitungsmaßnahmen mit allen gängigen Bildbearbeitungsprogrammen wie Photoshop, Freehand, etc. vor, um die Illustrationen optimal in die bestehenden Konzepte einzupassen. Darüber wendete Herr (Name) die Techniken Videoschnitt, Soundbearbeitung, 3D-Animation und -design sowie Animation mit Flash regelmäßig an.

6.4.11 EDV-Fachmann

Im Rahmen seines verantwortungsvollen und vielseitigen Tätigkeitsfeldes führte Herr Name eigenverantwortlich und erfolgreich unter anderem folgende Aufgaben durch: Einführung eines unternehmensweiten elektronischen Informationssystems, das sämtliche

Tätigkeitsbeschreibungen

unternehmensrelevanten Informationen beinhaltet. Einführung eines Multiprojektmanagement inkl. Business- und Ressourcenplanung, Kostensenkungsprojekte mit einem Gesamterfolg von 4,3 Mio. Euro in 2 Jahren, Benchmarkingprojekte zur optimalen Nutzung der Bankenanwendung GEBOS, einhergehend mit einer permanenten Anpassung der Ablauforganisation, Geschäftsprozessoptimierung im Kreditgeschäft, Outsourcing und Kooperationsprojekte, Koordinationsverantwortung Neubau Bankzentrale mit einem Investitionsvolumen von ca. 33 Mio. Euro, Einführung einer optischen Archivierung, Ausrichtung der IT auf den aktuellsten Stand unter Kosten-, Nutzen- und Risikoaspekten, maßgebliche Gestaltung des Arbeitskreises Organisationsfragen großer Volksbanken in Württemberg auf Organisationsleiterebene.

Mit Einführung einer neuen Aufbauorganisation wurde der Verantwortungsbereich von Herrn (Name) im Juli 2000 um den Unternehmensservice erweitert. Hierzu gehörten die Abteilungen Marktfolge Passiv, Zahlungsverkehr, Depotverwaltung und Datenkontrolle. Die Personalverantwortung erweiterte sich auf 72 Mitarbeiter, wobei 8 Mitarbeiter Herrn (Name) direkt unterstellt waren. Als Bereichsleiter Organisation und Unternehmensservice plante Herr Zille die Neustrukturierung der hinzu gekommenen Abteilungen, einhergehend mit der Anpassung der Personalkapazitäten, Optimierung des Zentralisierungsgrades sowie Ausrichtung der zentralen Servicedienste zu einem akzeptierten internen Dienstleister.

6.4.12   Entwicklungsingenieur Bildverarbeitung

Zu den Aufgaben von Herrn (Name) gehörten vor allem vorbereitende Experimente zur Sichtbarmachung und Unterscheidbarkeit von Fehlern und Demonstrationen bei Kundenanfragen. Ergänzend hierzu hat er daraus optimale Lösungskonzepte und Kurzberichte abgeleitet, die als Grundlage für die Erstellung von Angeboten und zur Realisierung von Projekten dienten.

Bei Kundenaufträgen wurden Herrn (Name) der Entwurf der Optik und Beleuchtungstechnik sowie die Konstruktion des Aufbaus der Prüfgeräte entsprechend den spezifischen industriellen Anforderungen verantwortlich übertragen.

6.4.13 Entwicklungsingenieurin Sensorphysik

Frau (Name) war für folgende Aufgaben zuständig:

* Entwicklung und messtechnische Betreuung von Sensoren/Sensorsystemen,
* Entwicklung physikalischer Messmethoden,
* Projektierung und Planung der Entwicklung von Sensoren in Zusammenarbeit mit unseren anderen Entwicklungsabteilungen (Konstruktion, Elektronik, Software),
* Erarbeitung von Messmodellen zur Berechnung von technischen Einheiten aus Rohsignalen,
* Erarbeitung von Kalibrier- und Fertigungsanweisungen.
* Untersuchung und Optimierung von Applikationen mit radiometrischen Sensoren zur Messung des Flächengewichts und des Füllstoffgehaltes von Papier unter Ausnutzung von Ionisationskammern und radioaktiven Isotopen wie Krypton 85, Promethium 147, Eisen 55.
* Untersuchungen zum Einsatz röntgenphysikalischer Messmethoden zur selektiven Bestimmung des Füllstoffgehaltes in Papier unter Verwendung von Transmissions-Röntgenröhren mit Targets aus Kalzium, Titan und Eisen

6.4.14 Finanzbetriebswirt (VWA)

Herrn (Name)s Aufgabenbereich umfasste im Wesentlichen:

* Leitung und Weiterentwicklung des Zentralbereichs Finanzen/Rechnungswesen mit (Zahl) Mitarbeitern
* Abwicklung des operativen Tagesgeschäftes (Finanzbuchhaltung, Lohn- und Gehaltsabwicklung, Debitoren, Mahnwesen, Zahlungsverkehr, Kosten- und Leistungsrechnung)
* Monatliches Reporting
* Erstellung der Jahresabschlüsse für die Mutter- und Einzelgesellschaften (einschl. Konsolidierung)
* Cash-Management/Finanzierung
* Zentralregulierungs-Abwicklung
* EDV-Neuorganisation und Weiterentwicklung des Finanzwesens auf SAP R/2-Basis

* Abwicklung von betriebswirtschaftlichen, steuerlichen und handelsrechtlichen Fragen
* Projektabwicklung EURO sowie Risikomanagement/KonTraG
* Ansprechpartner für Wirtschaftsprüfer/Steuerberater und Versicherungen

6.4.15 Fondsmanager

Zu dem Aufgabengebiet von Herrn (Name) gehörten sämtliche Tätigkeiten, die den Geschäftsbereich Immobilien- und Mobilien-Leasing abdeckten. Die Projekte hatten teilweise ein Volumen von über dreihundert Millionen deutsche Mark.

Herr (Name) führte die banküblichen Bonitäts- und Objektbeurteilungen anhand von Beleihungsunterlagen, Kundendaten und Jahresabschlussunterlagen durch. Auf dieser Grundlage erstellte er entscheidungsreife Vorlagen für die Geschäftsführung und Aufsichtsgremien. Neben der Vertragsgestaltung gehörte die Konzeption der notwendigen Objekt-Gesellschaft, die für die einzelnen Finanzierungs-Strukturen regelmäßig zum Einsatz kommen, zum Aufgabengebiet. Während der Vertragsabschlussphase sowie der laufenden Vertragsbetreuung hat Herr (Name) den telefonischen und persönlichen Kontakt mit den Kunden sowie deren Steuerberatern, Rechtsberatern und Wirtschaftsprüfern gehalten und die erforderlichen Absprachen getroffen.

Nach Vertragsabschluss wurde von Herrn (Name) für die Neu-Engagements die laufende Vertragsbetreuung zusätzlich zu der Betreuung der Bestandsverträge durchgeführt. Dazu zählten die Rechnungsprüfung während der Objekt-Errichtungs-Phase sowie die Prüfung der laufenden Nebenkosten, die Rechnungsfreigabe und Finanzierungsmittel-Disposition. Hierzu gehörte die Entwicklung der notwendigen Finanzierungsstrukturen unter Berücksichtigung der speziellen Anforderungen an die Konzernrechnungslegung einer Großbank. Bei Routineaufgaben hatte Herr (Name) Delegationsbefugnis.

6.4.16 Gebietsleiter Außendienst

Im Wesentlichen verrichtete und verantwortete Herr (Name) die folgenden Aufgaben:

* Vertrieb, Verkauf und Betreuung bei Handelsunternehmen der Baumarktbranche sowie im Fachhandel
* Akquisition von Kunden und deren Betreuung
* Durchführung von Schulungen der Mitarbeiter bei entsprechenden Handelsunternehmen
* Anleitung und Ausbildung der ihm unterstellten Mitarbeiter, neun Merchandiser, im Außendienst

6.4.17 Geschäftsführer Interim

Das 1996 gegründete Werk erwirtschaftete zunächst hohe Verluste, weshalb wir Herrn (Name) als Trouble Shooter engagierten. Er berichtete direkt an den Vorstand der Holding in Deutschland.

Herr (Name) erledigte seine Aufgabe mit außerordentlichem Erfolg. Unmittelbar nach seinem Antritt begann er mit umfangreichen Restrukturierungsmaßnahmen, durch die er den baldigen Turn Around des Unternehmens erreichte. Er organisierte den Einkauf, die Produktion sowie das Finanz- und Rechnungswesen neu und erzielte so eine erhebliche Verbesserung der Ertragslage.

Die Belegschaft beträgt heute 465 Mitarbeiter, die größtenteils in der Produktion beschäftigt sind. Unter Herrn (Name)s Regie stieg die Produktivität der Mitarbeiter um 27 %, die Bruttomarge von 22 % auf über 40 % und die Overheadkosten konnten deutlich verringert werden, so dass unser Unternehmen heute über eine optimierte Kostenstruktur verfügt.

6.4.18 Geschäftsführer IT-Bereich

In der Position des Geschäftsführers war Herr (Name) vor allem für folgende Bereiche zuständig:

* It-Systeme
* Internet-Services
* E-Business / E-Knowledge-Management
* IT-Training

Tätigkeitsbeschreibungen

425

6.4.19 Geschäftsführer Produktion

Die Tätigkeiten und Verantwortungsbereiche von Herrn (Name) umfassten neben der Planerfolgsrechnung, Finanzplanung und monatlichen, vierteljährlichen sowie jährlichen Berichterstattung an die Konzernleitung auch alle Belange der Produktionsplanung und -kontrolle.

Darüber hinaus kümmerte sich Herr (Name) um alle Belange des Personalwesens und leitete das Marketing und den Verkauf für die Direktkunden in Asien, Amerika und GUS. Außerdem pflegte er alle Kontakte zu Behörden, Banken und Versicherungen.

Herr (Name) war ebenfalls zuständig für Marketing und Verkauf an unsere internationalen Großkunden.

6.4.20 Geschäftsführerin Vertrieb

Während ihrer Zeit in unserem Unternehmen verantwortete Frau (Name) die folgenden Tätigkeiten:

- Umsatzplanung und Kontrolle des Bereichs Vertrieb/Marketing
- Leitung, Koordination, Motivation und allgemeine Führung der Mitarbeiter
- Mitarbeiterauswahl, Einstellungsgespräche und Integration neuer Mitarbeiter in das Unternehmen bzw. Vertriebs- und Marketing-Team von zuletzt 12 Mitarbeitern
- Erarbeitung von Vertriebsstrategien
- Bankgespräche in Abstimmung bzw. gemeinsam mit dem zweiten Geschäftsführer
- Organisation, Durchführung und Moderation von Vertriebsmeetings
- Überwachung der Fertigstellung von Serversystemen und Anpassungen
- Vorbereitung von Verträgen
- Akquise und Verhandlungen mit strategischen Partnern bis hin zum Abschluss von Kooperationsverträgen
- Auswahl, Planung und Überwachung von Messen und Veranstaltungen
- Abstimmung von Veranstaltungen, Messen und Marketingaktionen

- Verhandlungen mit Agenturen für Werbe- und Marketingaktionen
- Repräsentation und Präsentation des Unternehmens auf Veranstaltungen und Messen

6.4.21 Geschäftsleiterin Lebensmittelfachhandel

Der besondere Schwerpunkt von Frau (Name) lag dabei auf den folgenden Tätigkeiten:
- Festlegen der Unternehmensstrategie, hier insbesondere die Vermarktungs- und Produktinnovationen, z. B. Frischesystem und Komplettsystem, sowie SB-Fleisch, frische Fertiggerichte
- Festlegen der langfristigen, mittelfristigen und kurzfristigen Ziele für alle Unternehmensbereiche
- Umsetzung der entwickelten Konzepte in das Tagesgeschäft
- Gesamtverantwortung für den Unternehmensteil Langenfeld innerhalb der Unternehmensgruppe

6.4.22 Gruppenleiter Wertpapierberatung

Herr (Name) begann seine Tätigkeit zunächst als Sachbearbeiter im Dokumentengeschäft. In diesem Rahmen betreute er selbstständig einen ihm zugeteilten Stamm von Firmenkunden. Für diesen Kundenstamm erstellte er Import-Akkreditive, prüfte die Dokumente, bearbeitete Inkassi sowie Währungswechseldiskonte und beriet im Rahmen der damit verbundenen Anfragen und Problemstellungen.

Ab Januar 1995 wechselte Herr (Name) als Sachbearbeiter in die Scheckgruppe und übernahm die Bearbeitung von Nachforschungen und Reklamationen in Bezug auf Auslandszahlungen und Devisengeschäfte. In dieser Aufgabe war Herr (Name) Ansprechpartner von Privat-, Firmenkunden und Banken auf nationaler und internationaler Ebene.

Ab Januar 1999 begann Herr (Name) im Rahmen seiner Einarbeitung als Finanzberater an einer unserer Zweigstellen seine Produktkenntnisse im Privatkunden-Geschäft gemäß unserer hausinternen Gepflogenheiten aufzuarbeiten. Im Anschluss daran absolvierte er unsere sechsmonatige Ausbildung im Wertpapiergeschäft. Ab Januar 2000 übernahm Herr (Name) die Position des Wertpapierberaters zur Betreuung von zwei Geschäftsstellen. Ihm unterstanden in dieser Position zwei Sachbearbeiter.

6.4.23 Ingenieur Biotechnologie

Herr (Name) war mit der Konstruktion eines Hochspannungssystems zur mikroskopischen Betrachtung der Effekte an pflanzlichen Zellen und Protoplasten betraut. Überdies war er zuständig für die Erfassung von biometrischem Datenmaterial.

6.4.24 Kameramann

Als Kameramann hat Herr (Name) weltweit verschiedene Produktionen durchgeführt. Vom News-Beitrag über unterschiedliche Magazin-Beiträge und Industriefilme bis hin zu Musikvideos, Dokumentationen, Reisevideos und 45 Minuten Reportagen erstreckte sich sein Spektrum. Er hat pro Jahr zwischen 100 und 150 Drehs für unser Unternehmen erfolgreich erledigt. Durch seine überdurchschnittliche Kameraarbeit konnte er viele Neukunden an die Firma binden und hat so für zahlreiche Anschlussdrehs gesorgt. Instandhaltung, Reparatur und Einkauf von Equipment gehörten zu seinen täglichen Aufgaben genauso wie die Planung und Durchführung von größeren Produktionen mit bis zu vier Kameras, hier war er für die Disposition von Personal und Equipment, Drehbuch, Entwicklung, Regie und Schnitt verantwortlich.

6.4.25 Leiter Projektierung- und Vertriebsabteilung

Herr (Name) war für folgende Aufgaben zuständig:
* Projektverantwortung für Planung und Vertrieb von Rohrschlangen, wobei der Wert der einzelnen Projekte zwischen 100.000 Euro und 125.000 Euro lag
* Verantwortung der Ertragsseite des einzelnen Projekts
* Sicherstellung der technischen Funktionalität
* erfolgreicher Auf- und Ausbau einer konstanten Geschäftsbeziehung zu den Tochterfirmen BELAX und TRINTEX mit einem Jahresumsatz von 8 Mio. Euro

- Einführung der Sielberger-Biegetechnologie für Kunden in Polen, Italien und Norwegen
- Ausbau der Marktführerschaft für professionelle Biegeverformungen in der BRD mit einem Jahresumsatz von 15 Mio. Euro

6.4.26 Leiterin Veranstaltungen, Kommunikationswissenschaftlerin (MA)

Zum Verantwortungsbereich von Frau (Name)s Position zählen im Einzelnen insbesondere folgende Aufgaben:

1. Stiftungs- und Sponsoringaktivitäten:
- Ausarbeitung des Förderkonzeptes für die Stiftung, Entwicklung der Förderziele, Förderschwerpunkte und Auswahlkriterien für Stiftungs- und Sponsoringprojekte (Schwerpunkt Kulturförderung)
- Prüfung und Beurteilung von Förderanträgen (fördernde Stiftungsarbeit)
- Entwicklung von Ideen und Konzepten für eigeninitiierte Förderprojekte (operative Stiftungsarbeit)
- Präsentation im Vorstand
- Betreuung und Beratung der Förderpartner
- Ausarbeitung von Sponsoring-Verträgen und Fördervereinbarungen
- Werbung und Öffentlichkeitsarbeit für die Stiftungsaktivitäten (Pressearbeit, Entwicklung von Imageanzeigen für die Stiftung)
2. Innerbetriebliche Kommunikation:
- redaktionelle Mitarbeit bei der Mitarbeiter- und Kundenzeitschrift "Hoset-Lord Aktuell", Verfassen von Beiträgen für die Bereiche "Veranstaltungen" und "Sponsoring- und Stiftungsarbeit"
- Organisation von Veranstaltungen und Aktivitäten für die Mitarbeiter des Hoset-Lord-Konzerns, z. B. Schiffsbesichtigungen, Museumsführungen, Theatervorstellungen etc.
- Verfassen von Reden und Statements für den Vorstandsvorsitzenden der Hoset-Lord AG für Projekte und Veranstaltungen im kulturellen und gesellschaftlichen Bereich
- konzeptionelle Planung der Veranstaltungsprogramme
- Einladungsmanagement

- Ablauf- und Einsatzplanung
- Organisation des Caterings, Planung der Tischordnung
- Reiseplanung, Transfers etc.

6.4.27 Literaturwissenschaftlerin (Magistra) – Redakteurin

Frau (Name)s weitreichendes Aufgabengebiet umfasste die folgenden Schwerpunkte:
- Konzeptentwicklung das Stadtmagazins *Diagonal*
- Konzeptentwicklung für verschiedene externe Projekte (z. B. *WochenSzene*)
- Entwicklung eines detaillierten Anforderungsprofils für das bei der Kalendererstellung notwendige Redaktionssystem zur Erfassung und Weiterverarbeitung sämtlicher Informationen
- Detailabgabe und Auftragsvergabe an die Autoren
- Festlegung der redaktionellen Schwerpunkte
- Erstellung derjenigen Heftteile, die durch das Redaktionssystem generiert wurden (QuarkXPress)
- Vorbereitung des Seitenplans
- Layout sämtlicher Heftteile in QuarkXPress inklusive Bildbearbeitung
- Korrektur sämtlicher Texte
- Komplettierung der einzelnen Rubriken durch Zusammenstellung der inhaltlichen und marketingstrategischen Elemente
- Vorbereitung der erfassten Daten zur Veröffentlichung im Internet-Angebot *Diagonal*

6.4.28 Manager Corporate Strategy

Herr (Name) war für folgende Aufgaben verantwortlich:
1. Verantwortung für den Geschäftsplanungsprozess:
- In diesem Bereich verantwortete er die Projektleitung für den Planungsprozess und die Entwicklung von entsprechenden Modellen sowie die Sicherstellung der zugrunde liegenden Strategien und Annahmen

2. Verhandlung mit möglichen Joint-Venture Partnern:
- Hierbei übernahm er die Evaluierung potenzieller Partner, war Teammitglied Marketing bei Vertragsverhandlungen und verantwortete die Projektleitung Geschäftskundenmarkt
3. Erarbeitung von Markt- und Wettbewerbsstrategien:
- In diesem Aufgabenbereich verantwortete er die Strategieformulierung mit der Geschäftsführung, die Projektleitung bei der Definition der Funktionalstrategien und trug die Verantwortung für die Erstellung des Marketingplans von 1996. Er führte die Absatz- und Umsatzplanung sowie die Beauftragung und Projektleitung von externen Consultants durch

6.4.29 Marketing Deputy Director – Vertriebsleiter

Herr (Name) war verantwortlich für
- sämtliche internationalen Projekte der Gesellschaft in Australien,
- die Wholesale-Stufe der CBU-importieren LKW aus Deutschland

6.4.30 Maschinenbauingenieur mit Diplom

Im Einzelnen gliederte sich der Aufgabenbereich von Herrn (Name) wie folgt:
- Erstellung von Angeboten einschließlich Kapazitätsberechnungen und Nettokalkulation
- Abwicklung von Aufträgen und Projekten
- Auftragsverhandlungen mit den Kunden und Lieferanten einschließlich Auftragsvergabe
- Feinlayout der Maschinen und Gebäude als Basis für die Bauplanung sowie technische Detailplanung
- Koordination der und Zusammenarbeit mit den Kunden, Lieferanten und Architekten, teilweise mit anderen Ingenieurbüros
- Kostenkontrolle
- Montageabwicklung inklusive der Montageablauf- und Terminplanung, der Koordinierung der Monteurabrufe zwischen Baustelle und Lieferanten sowie der allgemeinen Baustellenbetreuung

- Inbetriebnahme und Übergabe an den Kunden einschließlich der Abwicklung von Garantie- und Schadensfällen

6.4.31 Maschinenbautechnikerin

Frau (Name) war für folgende Aufgaben zuständig:
- Technische Klärung mit dem Kunden und den einzelnen Konstruktionsabteilungen
- Kontaktstelle für alle Kundenbelange auch über das jeweilige Projekt hinweg
- Überwachung zeitkritischer Abläufe
- Erarbeitung von Zusatzangeboten während der technischen und kaufmännischen Abwicklung
- Kontrolle und Abstimmung der Rechnungstermine und Zahlungen
- Abstimmung der Liefertermine und Montagezeiträume
- Unterstützung der Baustellenleiter während der Installation und Inbetriebnahme
- Abnahme der Maschine mit dem Kunden
- Kontrolle von Rechnungen der Subunternehmen für die Montage und Inbetriebnahme
- Bearbeitung von Reklamationen
- Unterstützung des Kunden zur Anlagenoptimierung

6.4.32 Maschinentechnische Entwicklung – Bereichsleiter

Herr (Name) verantwortete die folgenden Aufgabenschwerpunkte:
- Werksunterstützung und Troubleshooting bei Problemen
- Projektmanagement, Betreuung von Fremdkonstruktion und Fremdfertigung
- Neu- und Weiterentwicklung der Anlagen- und Verfahrenstechnik
- Montage und Inbetriebnahme der Anlagen einschließlich Abnahme und Übergabe an die Werke
- Zukauf von Maschinen

* Zusammenarbeit mit den technischen Abteilungen Bautechnik und Materialtechnik
* CE-Konformität alter und neuer Anlagen
* Patente und betriebliches Vorschlagswesen,
* Unterstützung der TENTRA GmbH, die die Hebeltechnologie weltweit vertreibt

6.4.33 Multimedia Producer

Herr (Name) war im Bereich Multimedia mit folgenden Aufgaben betraut:
* Planung und Erstellung von Layouts
* Erstellung von Corporate Identities
* Videoschnitt
* Soundbearbeitung
* Bildbearbeitung mit allen gängigen Bildbearbeitungsprogrammen wie QuarkXPress, Photoshop und Freehand
* 3D-Animation und -design
* Gestaltung von Powerpoint-Präsentationen
* Animation mit Flash, Director

6.4.34 Personal/Organisation – Leitung

Im Einzelnen erbrachte Herr (Name) folgende Leistungen und Erfolge:
* organisatorische Neustrukturierung und Ausrichtung des Unternehmens auf veränderte, liberalisierte Marktbedingungen
* als Mitglied des Steering-Committees Einführung SAP R/3 in allen Bereichen des Unternehmens
* Einsourcing der DV-Verantwortung ins Unternehmen, nachdem bis 1998 ein externes DV-Unternehmen mit dieser Aufgabe betraut war
* Umzug der Unternehmensgruppe in ein neues Produktionsgebäude
* Schaffung eines neuen AT-Vergütungssystems mit Zielvereinbarung und Bonussystem

Tätigkeitsbeschreibungen

6.4.35 Personalleiter Anlagenbau

Für alle Unternehmen und an allen Standorten verantwortete und erfüllte Herr (Name) alle essenziellen Tätigkeiten rund um die Personalbetreuung, -entwicklung und -verwaltung von der Personalrekrutierung bis hin zur Entgeltabrechnung. Er coachte und beriet unsere Führungskräfte und zeichnete für unsere Nachwuchskräfteentwicklung ebenso verantwortlich wie für die Konzeption und Durchführung von Trainings. Außerdem war er der Ansprechpartner des Betriebsrates.

Herr (Name) trug außerdem umfangreiche Projektverantwortung. Die wichtigsten Projekte, die unter seiner Regie in den o. a. Gesellschaften erfolgreich abgewickelt wurden, waren

- der Aufbau dienstleistungsorientierter Personalarbeit
- die Entwicklung neuer Arbeitszeitmodelle mit maximal möglichem Flexibilitätsgrad bis hin zur Abschaffung der elektronischen Zeiterfassung
- die Einführung einer funktionsorientierten Entgelt- und Anreizstruktur, der Aufbau eines langfristig angelegten Personal- und Organisationsentwicklungskonzeptes und deren Umsetzung
- die Erstellung und Umsetzung eines Konzepts zur Einführung von Gruppenarbeit, das Erarbeiten und Einführen eines langfristig angelegten Personalentwicklungskonzeptes auf der Basis eines 360°-Feedbacks

6.4.36 Personalwesen Bereichsleiter

Herr (Name) verrichtete in dem Bereich Personalwesen die folgenden Tätigkeiten:

- Verantwortung der Bereiche Personalrekrutierung, -verwaltung, -entlohnung, -entwicklung
- Durchführung verschiedener Maßnahmen zur Organisationsentwicklung
- Durchführung der Betriebsratsarbeit auf Seiten der Geschäftsführung
- Herr (Name) trug die direkte Personalverantwortung für sieben Mitarbeiter. Wir verdanken ihm die Bildung einer Personalabteilung und die Ausarbeitung sämtlicher Abläufe, die Überarbei-

tung wichtiger Elemente der Personalarbeit, wie z. B. Anstellungsverträge oder Reisekostenrichtlinie, sowie die Erarbeitung eines Organisationshandbuches zur Personalarbeit und Einführung der Maßnahmen

6.4.37 Principal eBusiness Consulting

Herr (Name) ist verantwortlich für die Einführung einer Web-Content-Management-Lösung auf Basis BlueMartini bei internationalen Großkunden. Mithilfe der implementierten Lösung werden die weltweiten Internet- und Extranet-Sites der Konzerne redaktionell gepflegt. In diesem Rahmen leitete Herr (Name) ein Team von 15 Consultants.

Zu Herrn (Name) Aufgaben gehörte nicht nur die Steuerung der kompletten Konzeption, Architektur und Implementierung der Anwendung, sondern auch die Unterstützung bei der Angebotserstellung und besonders das technische Consulting beim Kunden sowie die technische Projektleitung inklusive Planung, Kalkulation und Aufwandsschätzung. Zusätzlich koordinierte Herr (Name) die Zusammenarbeit mit der jeweils für das Webdesign verantwortlichen Agentur.

6.4.38 Projektleiter eBusiness

Herr (Name) vertrat unsere Firma von der allgemeinen Darstellung der Kompetenzen im Umfeld e-Business bis hin zur konkreten Diskussion von Lösungsansätzen für Angebotspräsentationen und anschließender Umsetzung nach Konzeptionen im Rahmen unseres internationalen IT-Projektmanagements. Dabei führte Herr (Name) erfolgreich Teams von bis zu 15 Mitarbeitern.

Er war Mitglied des Delta Teams e-Business, das eine Marketingstrategie für unseren Hauptkunden MZW PAL entwickelte. Außerdem übernahm er die Redaktion und Entwicklung einer e-Business-Studie, die einen Überblick über aktuelle Trends und Einsatzmöglichkeiten des e-Business gibt.

Maßgeblich war Herr (Name) an der Planung des Messeauftritts unseres Unternehmens auf der DSMD Messe in Heidelberg beteiligt. Seine Ideen zeigten neue Wege und erweiterten das vorhandene

Lösungsspektrum unseres Managements. Aus den vielen positiven Rückmeldungen haben wir zum Teil neue Kundenkontakte schaffen können.

6.4.39 Projektleiter international

Herr (Name) leitete das Projekt Eurospace5 und führte in diesem Rahmen ein internationales Team, das neben konzerninternen Mitarbeitern zahlreiche externe Experten aus den USA und Russland einschließt. Ziel des Projekts war die Entwicklung einer Laboreinheit als Bauteil einer Raumstation, die spezielle naturwissenschaftliche Versuche in der Schwerelosigkeit ermöglicht.

Parallel wirkte Herr (Name) an drei großen Angeboten mit, die wir auch dank seiner präzisen Aufwandsabschätzung und der daraus resultierenden vorzüglichen Kalkulation alle gewonnen haben.

6.4.40 Projektleiter IT

Die Schwerpunkte von Herrn (Name)s komplexen Tätigkeiten gestalten sich wie folgt:

* Koordination der Mitarbeiter für die Implementierung und Betreuung der spezifischen IT-Lösungen für die ADEX AG
* Design, Implementierung, Inbetriebnahme und Betreuung von Hochverfügbarkeits- und Disaster-Recovery-Lösungen in Verbindung mit Storagesystemen im High-End-Umfeld
* Preis- und Dienstleistungsgestaltung für die IT-Prozesse "Implementierung und Betreuung von UNIX RS/6000 AIX Servern"
* Evaluierung der Kundenanforderungen und Entwicklung von IT-Strategien im Hinblick auf Geschäftsprozesse
* Konzipieren von Storage-Lösungen für den Einsatz moderner Storage-Area-Network-Komponenten auf Basis von IBM-Produkten in den Bereichen Hochverfügbarkeit, Cluster und ausfallsichere Speicherkonfigurationen in nationalen und internationalen Projekten
* Konzeptionelle und technische IT-Beratung mit dem Schwerpunkt UNIX
* Analyse bestehender heterogener Kundensystemumgebungen und Erstellen von IT-Gesamtkonzeptionen

- Design von innovativen, individuellen, komplexen und kunden-spezifischen IT-Architekturen
- Leitung von Kundenprojekten von der Geschäftsprozessanalyse bis zur technischen Implementierung
- Erstellung, Abstimmung und sukzessive Verifizierung technisch detaillierter Projektpläne
- Erarbeiten von Alternativen und Aufbereiten der optimalen IT-Branchenlösungen unter Berücksichtigung der technologischen und wirtschaftlichen Aspekte des Kunden
- Fehleranalyse, Fehlerdiagnose und Fehlerbehebung vor Ort. Unterstützung des Kunden bei Eskalationen

6.4.41 Sales Manager

Herr (Name) verantwortete die umfassende Betreuung der Kunden auf allen relevanten Entscheidungsebenen bis zur Geschäftsführung bzw. bis zum Vorstand und Aufsichtsrat. Dabei führte er sehr erfolgreich eine systematische und methodische Kundenentwicklung durch Erarbeitung und disziplinarische Umsetzung von kurz- und langfristigen Account-Plänen unter Berücksichtigung kundenspezifischer Informatikstrategien durch. Er garantierte stets eine qualifizierte Beratung der Kunden auf einem technologisch und strategisch sehr hohen Niveau.

6.4.42 Service-Ingenieur

Herr (Name) war für folgende Aufgaben zuständig:
- Unterstützung des operativen Servicegeschäfts für Gesamtanlagen (Inbetriebnahme inklusive Schutz- und Leittechnikgeschäft im Teilbereich DES/Z)
- Mitwirkung an der wirtschaftlichen, funktionalen und kundenorientierten Abwicklung in den Geschäftsgebieten Montage und Inbetriebnahme von Gesamtanlagen inklusive Schutz- und Leittechnikanlagen und PLD
- Unterstützung des operativen Geschäfts der obigen Geschäftsgebiete im Rahmen der innerbetrieblich festgelegten Geschäftsstrategien

Tätigkeitsbeschreibungen

6.4.43   Softwareingenieur

Herr (Name) war für folgende Aufgaben zuständig:

- Software-Entwicklung für Steuerungen von Sondermaschinen und Anlagen der Markiertechnik
- Projektabwicklung inkl. Inbetriebnahme der Anlagen im Betrieb und direkt beim Kunden
- Durchführung eines anspruchsvollen Großprojektes in der Automobilindustrie mit zweijähriger Dauer. Hier fungierte Herr (Name) als Projektleiter Steuerungstechnik und erledigte die folgenden Aufgaben:
- Erarbeitung der Spezifikation der Steuerung mit Kunden
- fast ausschließlich selbstständige Neuprogrammierung und Test der Software der Maschine
- Leitung und Durchführung der Inbetriebnahme vor Ort
- Erstellung der Dokumentation für die Software

Herr (Name) war für (Zahl) Mitarbeiter verantwortlich.

6.4.44   Verlagsobjektleiterin

Frau (Name)s Position beinhaltete die folgenden verschiedenen Tätigkeiten und weitreichende Verantwortlichkeiten:

- Verlagsobjektleitung für das wöchentliche Wirtschaftsmagazin "Superbörse" inklusive Objektergebnis
- sämtliche unternehmerischen Maßnahmen für den Objekterfolg, insbesondere das Produktmarketing
- Bericht an die Verlagsgeschäftsführung
- Führung von 14 Mitarbeitern für Anzeigenverkauf, Produktmarketing, Online-Publishing und Verantwortung für die 25 Redakteure bzw. Mitarbeiter umfassende Superbörse-Redaktion
- Zusammenarbeit mit und Steuerung der Chefredaktion für Produktkonzeption, Markenführung, Auflagenwachstum
- strategische Angebotskonzeption und Preispolitik im Anzeigen- und Lesermarkt
- Steuerung der Verlagsfachbereiche Vertrieb/Handel, Vertrieb/Abonnement, Werbeabteilung, PR/Kommunikation, Herstellung, Marktforschung und Anzeigenadministration bezüglich

der operativen Objektmaßnahmen, dabei Koordination bzw. Führung von weiteren sechs objektzuständigen Mitarbeitern der Fachbereiche

6.4.45 Vertriebsleiter

Herr (Name) war für folgende Aufgaben verantwortlich:
* Akquisition neuer Kunden
* Betreuung der Kunden einschließlich der erforderlichen Projekt- und Auftragsabwicklung
* Erarbeiten technischer Konzepte gemeinsam mit den Kunden
* Umsetzen der Konzepte mit allen technischen und kaufmännischen Beschreibungen einschließlich der Preisgestaltung
* Durchführung von Verkaufstagungen, Präsentationen und Schulungen
* Personalverantwortung für (Zahl) Mitarbeiter

6.4.46 Vorstand Vertrieb/Personal

Herr (Name) widmete sich intensiv dem Aufbau einer tragfähigen Vertriebsstruktur für das Unternehmen. Hierzu wählte er vor allem den Weg des Direktvertriebs mit Fokus auf mittelständische Unternehmen. Parallel organisierte er, hauptsächlich über Personalberater, die Suche und Auswahl unseres kompetenten Mitarbeiterteams.

6.4.47 Vorstandsvorsitzender

Herr (Name) war für folgende Aufgaben zuständig:
1. Entwicklung der Gesellschaft:
* Vorbereitung von Kapitalerhöhungen
* Akquisition von neuen Aktionären und zusätzlichem Grundkapital für die Gesellschaft
* Betreuung von Aktionären
* Controlling
* Akquisition von Unternehmensbeteiligungsgesellschaften
* Vorbereitung und Durchführung von Hauptversammlungen
* Vorbereitung, Durchführung und Prüfung der Jahresabschlussarbeiten

Tätigkeitsbeschreibungen

439

2. Personalwesen:

* Herr (Name) sorgte für die Suche, Einstellung, Motivation, Einarbeitung, Ausbildung, Schulung und Führung der bis zu 35 Mitarbeiter im Unternehmen

3. Objektverkauf/Vertrieb:

* Vertriebsverantwortung für Westgrund und Westprojekt, Erarbeitung von Vertriebsstrategien durch Marketing-, Werbe- und Image- sowie Pressekampagnen, Notarielle Abwicklung von Verkaufsverträgen

6.5   Tätigkeitsbeschreibungen in englischer Sprache

6.5.1 Interim Managing Director

Mr. (Name) was hired as Interim Managing Director with all authority (Trouble Shooter) to put the troubled branch back on its feet. He reported directly to the board of directors of the Holding in Germany. Immediately after his appointment, he began comprehensive restructuring measures, which soon resulted in a turn-around of the company. In particular, he worked on the following areas:

* Reorganising the purchasing department by making use of the synergies available through the Holding
* Reorientating production towards just-in-time processes thus reducing storage costs and the amount of capital needed for storage costs
* Restructuring finance and controlling, particularly outsourcing areas which were outside the core business

Through these measures, he achieved a significant improvement in profitability. Under Mr. (Name)'s leadership, employee productivity increased by 27%, gross profit rose from 22% to over 40%, and overhead costs were reduced significantly, thus our company now has an optimised cost structure. The staff now consists of 465 employees, most of whom work in production

6.5.2 IT Director

Our company's IT department consists of the client-server system with 30 work stations, the telephone system, our E-business with shop and secure area for customers. In her position as IT Director, Ms. (Name) was responsible for the following areas:

* IT systems: maintenance and expansion
* Internet-Services: assurance of continuous operation and transfer of customer data from the database
* E-Business- und E-Knowledge-Management: Shop, User-Groups und Online data bases
* IT-Training: for our employees

Over the last few years, Ms. (Name) has worked hard on our new shop-system, which is fully integrated into the business process and transfers all important parameters to the other systems i.e. accounting, materials management, service dept.

6.5.3 Marketing Director

Mr. (Name) was responsible for marketing in our company. His main tasks included:

* Placement of our products in the market
* Advertising our product line in public and professional media
* Developing new markets in other countries, particularly in Austria and Switzerland
* Designing our internet platform and expansion of our shop system
* Managing our PR communication
* Managing internal company communication

Mr. (Name) was responsible for a budget of ... Euro per year and also represented our company in the Marketingclub Europa.
He was directly responsible for managing 10 employees.

6.5.4 Production Director

Aside from planned profit and loss calculation, financial planning and regular reporting to the group management, Ms. (Name)'s activities and responsibilities also included all matters relating to production planning and control. Beyond this, Ms. (Name) managed the marketing and sales departments for our direct customers in Asia and the USA. She also maintained all contacts to authorities, banks and insurance companies. Ms. (Name) was also in charge of marketing and sales to our international corporate clients. In addition, Ms. (Name) oversaw all requirements of human resources management. She was responsible for 150 employees.

6.5.5 Sales Director

Mr. (Name) was responsible for the following activities in our company:

- Turnover planning and controlling of sales and marketing
- Management, coordination, motivation and general leadership of employees
- Employee selection, interviews, and integration of new employees into the company or the sales and marketing team of ultimately twelve employees
- Developing sales strategies, negotiating with banks in agreement with or together with the second managing director
- Organising, carrying out and moderating sales meetings
- Preparing contracts
- Acquiring and negotiating with strategic partners, including the conclusion of cooperation contracts
- Selecting, planning and monitoring trade fairs and events
- Coordinating events, trade fairs and marketing campaigns
- Negotiating with advertising and marketing agencies
- Representing and presenting the company at events and trade fairs

6.5.6 Senior Systems Engineer

Our machines have to be installed at the customer's site and integrated into the local processes. Ms. (Name) managed on-site assembly and commissioning of our machines and, depending on the scope of the project, led a team of 2 to 5 of the customer's employees. In particular, Ms. (Name) was responsible for the following tasks:

- Assembly and commissioning of the machines at the customer's site
- Training the customer's staff how to work the machines
- Cooperating with the customer's engineers to ensure flawless integration and operation
- Representing our interests in case of customer's complaints or faults
- Cooperation in economic, functional and customer-oriented processes in the business sectors
- Supporting the operational business within the scope of internal business strategies

Ms. (Name)'s work often required her to travel abroad and be away from her family for weeks at a time. The implementation of our machines into the customer's processes demanded exceptional technical know-how and a lot of tact and sensitivity.

6.5.7 Senior System Administrator

Mr. (Name) was in charge of maintaining our PC systems. Being a large company, we have a computer based merchandise information system and a secure server for sensitive customer data in addition to our central server for more than 500 PC work stations. Mr. (Name)'s tasks included:

- Maintenance and expansion of the computer networks
- Selection and purchasing of new software, as well as organisation of user training
- Responsibility for the IT budget
- Monitoring of and compliance with security standards (servers and hosts)
- Maintenance and training of computer based merchandise information system

In addition, Mr. (Name) was our data protection official and assigned the task of assuring each employee only received access to the data needed for their work.

6.5.8 Director Business Development

In our company, the Business Development Department looks after cooperation with internal and external partners. Ms. (Name) managed this department with three employees. In detail, her activities consisted of:

- Sales of our various ASP software solutions for Customer Relationship Management via cooperation (our product was sold under a different name with an altered "look and feel")
- Management of existing accounts as well as new customer acquisition
- autonomous negotiations of contracts for work, service and maintenance contracts
- Training and integration of new employees

6.5.9 Director Business Consulting

Mr. (Name) was responsible for the implementation of a web content management solution based on BlueMartini at international corporate customers. The solution allows the editorial maintenance of the internet and intranet sites of companies worldwide. In this setting, Mr. (Name) managed a team of 15 consultants. Mr. (Name) was in charge of the supervision of the entire conception, architecture and implementation of the application and also gave his support in creating offers and tenders, especially technical consulting at the customer's premises, as well as technological project management including planning, calculation and cost estimation. Furthermore, Mr. (Name) coordinated the cooperation with the web design agencies.

6.5.10 Director Controlling

In this position, Ms. (Name) was responsible for and performed the following tasks:

- Creating the annual accounts according to commercial law
- Managing the financial accounting department and the creation of monthly and annual balance sheets
- Contact person for all accounting questions

- Investment planning and controlling
- Taxes, deferred taxes and duties
- Creating budget balance sheets and profit and loss statements in line with the business plan
- Cooperating with auditors and tax consultants
- Supervising (government) audits

The controlling department consists of three employees and, as a specialist team, reports directly to the Managing Director.

6.5.11 Director Financial Controlling

In this position, Mr. (Name) was responsible for and performed the following tasks:
In the area of financial accounting and reporting:

- Supervision of the financial accounting department and creation of monthly and annual balance sheets for the German GmbH and the affiliates in Austria and Switzerland within the framework of a financial shared services system
- Supervision of asset accounting according to US GAAP as well as commercial and tax law
- Contact person for all questions of US, German and Austrian accounting
- Creation of the annual balance sheet according to commercial law for the German Ltd. company (GmbH)
- Investment planning and controlling
- Cooperation with auditors and tax advisors
- Supervision of (government) audits
- In the area of cost accounting:
- Calculation and analysis of manufacturing costs (Costs Of Goods Sold) within the framework of monthly and annual balance sheets according to US GAAP
- Coordination of the entire business plan process
- Calculation of inter company transfer prices in cooperation with the European Logistic Center in Zug (Switzerland)
- Evaluation of inventory according to commercial and tax law for the German Ltd. Company (GmbH)

6.5.12 Director Corporate Strategy

In this function, Ms. (Name) was in charge of the following assignments:

- Responsibility for the business planning process: In this sector, she supervised project management for the planning process and the development of appropriate models as well as the assurance of fundamental strategies and assumptions.
- Negotiations with possible joint venture partners: She conducted the evaluation of potential partners, was integrated into the marketing team during contract negotiations and led project management for the business customer market.
- Development of market and competition strategies: In this field she was responsible for formulating strategies with management, project management in the definition of functional strategies and bore the responsibility for the development of a marketing plan for 2006. She conducted sales and turnover planning, as well as the assignment and project management of external consultants.

6.5.13 Director Corporate Business

We entrusted Mr. (Name) with our corporate business. He was responsible for existing customer relations, creating offers / tenders and acquiring new customers. His team consisted of two field sales representatives and two commercial clerks.
In detail, his assignments may be described as follows:

- Identifying new potential customers
- Analysing demand and developing new cooperation models
- Calculating costs and creating offers / tenders for various service packages and forms of financing
- Coordinating incoming orders
- Looking after existing business customers

6.5.14 Director Graphics Department

Our 4 person graphics department not only desigend our own advertising materials, but also provided services to the free market.
Ms. (Name)'s work focused on the following:

- Commercial management of the department
- Training of the graphic designers
- Communication with internal and external customers
- Design of advertising material and internet pages
- Interface design and navigation of internet applications
- Training and advising employees in appropriate software tools (print and internet) and in design questions
- Developing Corporate Design Concepts regarding online products and product lines (logos and trademarks), implementing print products used in various advertising campaigns (flyers, posters, brochures, merchandising products, vehicle lettering).

In addition, she was engaged by an IT company to take charge of the marketing and internet departments of a bank. The profit earned with external orders was 2 M. Euro per year.

Ms. (Name) worked with and trained employees how to use the following software tools (MS-DOS and Apple Macintosh):

- Layout: QuarkXPress Passport, Adobe InDesign
- Image processing: Adobe Photoshop and Image Ready
- Graphics: Adobe Creative Suite
- Internet production: Adobe Dreamweaver, Adobe Flash
- Word processing and presentation: Adobe Acrobat, MS Word and PowerPoint

6.5.15 Director Internal Communication and Event Management

The responsibilities of Mr. (Name)'s position included the following tasks:
In the area of foundation and sponsoring activities:

- Development of the aid concept for the foundation, development of aid goals, aid focus points and selection criteria for foundation and sponsoring projects (focus on cultural support)
- Examination and evaluation of aid applications (sponsoring foundation work)
- Development of ideas and concepts for self-initiated support projects (operative foundation work)
- Presentation to the board of directors

- Care and consulting of supporting partners
- Preparation of sponsoring contracts and aid agreements
- Advertising and public relations work for the foundations' activities (press work, development of image ads for the foundation).
- In the area of internal communication:
- Editorial cooperation in the employee and customer magazine, writing contributions for the sections "Events and "Sponsoring and foundation work"
- Organisation of events and activities for employees, e.g. tours of ships, guided museum visits, theatre, etc.
- Writing speeches and statements for the chairman of the board for projects and events in the cultural and social arena
- Conceptional planning of event programs
- Invitation management including travel and transportation planning
- Scheduling and activity planning
- Organising catering, planning of seating arrangements

6.5.16   Director Materials Management (Hazardous Materials)

In our warehouse, Ms. (Name) was responsible for the following tasks:

- Managing incoming goods and inventorying machines and utility goods
- Monitoring, proper storage and distribution of goods (hazardous materials)
- Organisation and computerised inventory of the warehouse considering safety aspects
- Supervision of transport and handling tasks according to regulatory and legal guidelines
- Supervision of warehouse machinery (conveyors and lifting equipment)
- Conducting quality and inventory control such as quantity checks or selecting optimum storage conditions
- Management of the consignment of goods based on orders and delivery documentation

• Supervision of packaging and shipping of goods according to the appropriate consignment techniques

Ms. (Name) was the superior of 30 permanent and about 20 part time employees. As our hazardous materials expert she bore the responsibility for our hazardous materials storage and represented our company to TÜV, fire department and regulatory authorities.

6.5.17 Director Logistics and Quality Assurance

Mr. (Name)'s scope and responsibilities essentially included the autonomous completion of the following tasks:
• Coordination of all logistical processes in the business (purchassing, storage, delivery, transport, warehouse)
• Monitoring of compliance with relevant quality assurance processes
• Controlling inventory value, warehouse structure and local service level
• Responsibility for the physical flow of goods and degree of inventory buildup considering commercial and logistical goals
• Assurance of efficient goods handling and effective flow of goods whilst complying with legal and internal regulations
• Assurance of the function, proper use and maintenance of the logistical merchandise information system in the company
• Assurance of efficient storage allocation in the full service warehouse and responsibility for proper handling and maintenance of storage and floor movement techniques
• Responsibility for all inventory data and for quality of stock in the furnishing house
• Responsibility for adherence to all central routines in his area
• Coordinating staffing plans according to frequency and demand to ensure good productivity
• Responsibility for the personal and professional development and training of employees
• Personnel management and leadership of up to 15 employees and three team leaders
• Adhering to cost, investment and personnel budgets in the logistics department

6.5.18   Director Marketing and Communication

The main focus of Ms. (Name)'s areas of activity was on the autonomous completion of the following tasks:

- Planning and monitoring a communication budget of ...,
- Planning and agreeing on an international exhibition concept with management
- Developing and implementing all communication measures for the XY companies in the German speaking regions: advertising, press work, documentation, event management, internal communication
- Coordination of and responsibility for well-organised exhibitions
- Organising internal meetings and external events (partner events, sports events within our sponsoring activities)
- Personnel management of ... employees in the area of ...
- Development of the website
- Implementing all advertising measures
- Contact person for publishing representatives
- Managing the advertising and media agency

6.5.19   Sales and Marketing Director

In this function, Mr. (Name) managed a sales team of ... employees and was in charge of the following varied activities:

- Newspaper sales (relationship management of 75 publishing partners with more than 2,200 field representatives): application and sales consulting
- Marketing communication (budget of appr. 25 M. Euro p. a.): competitive presentations, contract negotiations and implementation of measures with agencies for classic advertising and online marketing
- Telesales: Telephone sales for the classified job advertisement market
- Research: benchmarking, carrying out usability tests
- Customer Care and service centre: order processing, inbound, setting up a knowledge data base

- Product management ASP/XSP: Developing professional concepts for applications and services for cooperating newspaper publishers

6.5.20 Director Machine Development

The following represented the main focus of Ms. (Name)'s responsibilities:

- Factory support and trouble shooting in case of problems
- Project management, monitoring of external construction and external manufacturing
- Innovation and development of plant and process technology
- Installation and making the plant operational including inspection and hand over to the factories
- Additional machine purchases
- Cooperation with the construction technology and materials technology departments
- CE conformity of old and new systems
- Patents and internal suggestion management
- Support of the ... Ltd. company (GmbH), which distributes our technology world wide

6.5.21 Director Internal IT Service and Organisation

Within the scope of his responsible and varied activities, Mr. (Name) autonomously and successfully accomplished the following tasks:

- Introduction of a company wide, electronic information system containing all company relevant data
- Introduction of a multi project management system including business and resource planning
- Cost reduction projects with total success valued at 4,3 M. Euro in 2 years
- Benchmarking projects for the optimal use of the banking application ..., accompanied by a permanent adaptation of process organisation
- Business process optimisation in the lending business
- Outsourcing and cooperation projects

- Coordination of the construction of a new central bank building with an investment volume of appr. 33 M. Euro
- Introduction of an optical archiving system
- Alignment of IT towards the current standard considerung costs, benefits and risks
- Definitive development of the study group "Organisational Questions" of large banks in Württemberg on an organisational leadership level.

With the introduction of a new expansion organisation, the area of internal IT service was added to Mr. (Name)'s scope of responsibilities in July 2005. This included the sectors of passive market monitoring, monetary transactions, depot management and data management. His staff was increased to 72 employees, eight of whom reported to Mr. (Name) directly.

As Director of Internal IT Service and Organisation, Mr. (Name) planned the restructuring of the newly added departments, whilst at the same time adjusting personnel capacities, optimising the degree of centralisation, and orienting the central service towards an accepted internal service provider.

6.5.22   Director Multimedia and Technical Realisation

Within the scope of her responsible and varied activities, Ms. (Name) autonomously and successfully accomplished the following tasks:

- Introduction of a company wide, electronic information system containing all company relevant data
- Introduction of a multi project management system including business and resource planning
- Cost reduction projects with total success valued at 4,3 M. Euro in 2 years
- Benchmarking projects for the optimal use of the banking application ....., accompanied by a permanent adaptation of process organisation
- Business process optimisation in the lending business
- Outsourcing and cooperation projects

- Coordination of the construction of a new central bank building with an investment volume of appr. 33 M. Euro
- Introduction of an optical archiving system
- Alignment of IT towards the current standard considerung costs, benefits and risks
- Definitive development of the study group "Organisational Questions" of large banks in Württemberg on an organisational leadership level.

With the introduction of a new expansion organisation, the area of internal IT service was added to Ms. (Name)'s scope of responsibilities in July 2005. This included the sectors of passive market monitoring, monetary transactions, depot management and data management. Her staff was increased to 72 employees, eight of whom reported to Ms. (Name) directly.

As Director of Internal IT Service and Organisation, Ms. (Name) planned the restructuring of the newly added departments, whilst at the same time adjusting personnel capacities, optimising the degree of centralisation, and orienting the central service towards an accepted internal service provider.

6.5.23 Human Resources Manager

His responsibilities in the Human Resources area included the following fields:
- Responsibility for the areas of recruiting, personnel administration, payroll and staff development
- Carrying out various measures for organisational development
- Participation in the worker's council on the management side

Mr. (Name) was directly responsible for seven employees. He autonomously built a human resources department, developed all processes, and reorganised important elements of human resources work, such as employment contracts or travel expense guidelines, as well as creating a company handbook for human resources work and the implementation of the new measures.

Tätigkeitsbeschreibungen

453

6.5.24 Director Personnel Development and Organisation

Ms. (Name) accomplished all essential activities regarding personnel management, development and administration, from recruiting to payroll, for all of our companies and at all of our sites. She coached and counselled our managers and was equally responsible for the development of our junior staff as for the conception and execution of training events. She was also the contact person for the worker's council.

In addition, Ms. (Name) bore significant project responsibilities. The most important projects completed under her leadership were:

* Creation of service oriented human resources work
* Development of new working time models with the highest possible degree of flexibility, including the abolition of the electronic time recording system
* Introduction of a function oriented pay and incentive structure, the creation of a long term personnel and organisation development concept and their implementation
* Development and implementation of a concept for the introduction of team work, and the devisal and introduction of a long term personnel development concept based on the idea of 360° feedback.

6.5.25 Director Project Planning and Distribution

Mr. (Name) was in charge of the following tasks:

* Project responsibility for planning and distribution of utility goods, with individual projects valued between 100,000 Euro and 125,000 Euro
* Responsibility for the profit side of the individual project
* Guaranteeing technological functionality
* Developing and expanding consistent business relationships with subsidiaries with an annual business volume of 8 M. Euro
* Introduction of a new technology for customers in Poland, Italy and Norway

- Expanding market leadership of our group with an annual business volume of 15 M. Euro

6.5.26 Accounting Director

The scope of Ms. (Name)'s work essentially consisted of:
- Management and development of the central finance/accounting dept. with 5 employees
- Processing of daily operations (financial accounting, payroll, account receivables, collection, payment transactions, cost and activity accounting)
- Monthly reporting
- Creating annual reports for Head Office and branch offices (including consolidation)
- Cash management / financing
- Central regulations processing
- IT reorganisation and development of the financial sector based on SAP R/2
- Processing of business management, tax and commercial questions
- Project management EURO as well as risk management/KonTraG
- Contact person for auditors, tax consultants and insurance companies

6.5.27 Head of Legal Department

In our company of 300 employees, 40 of them in other European countries, we decided in 2001 to handle legal matters inhouse. Mr. (Name) was involved in building up this legal department from the beginning.
His responsibilities included the following tasks:
- Representation of the company in all legal matters
- Processing of certification and patent applications
- Monitoring and, if necessary, keeping records of the meetings with suppliers and business partners
- Informing general management of the current status of legal matters

- Processing of all contractual matters (company law, employment contracts, international partnerships, joint ventures, international commercial law)

As head of the legal department, Mr. (Name) attended all Board of Directors' meetings. He has held full power of attorney since 2005 and represented our company externally. Mr. (Name) managed three employees.

6.5.28   Technical Director

She was responsible for product planning, design, definition, development and implementation. This included particularly the selection of external suppliers and development partners, contract negotiations and subsequent project management.
In detail, she looked after the following areas:

- Product planning, alignment and adaptation of machine capacities
- Monitoring product design to check technical feasibility and alternatives
- Monitoring, calculating and purchasing material required
- Monitoring and optimising the production process
- Purchasing new machines
- • Education and training of machine operators

6.5.29   Project Manager

During his employment with our company, Mr. (Name) was responsible for various projects, such as ...
In this capacity, he achieved the following tasks:

- Planning, including market observation and calculation
- Selection of external suppliers and service providers including contract negotiations and subsequent project management
- Control and optimisation of project progress
- Evaluation and presentation of project results
- Team leadership: integrating up to ten employees from five departments

6.5.30 International Project Manager

She managed the …. project and in this capacity led an international team, which included internal colleagues as well as a number of external experts from the USA and Russia. The goal of the project was the development of a process to accelerate production of xy whilst reducing costs. She was responsible for the project time line, the project budget and the coordination of collaborating departments. In particular, the permit application process required timely execution so that the approved aid funds could be received.

6.5.31 IT Project Manager

The following were the focal points of Mr. (Name)'s activities:
* Coordination of employees for the implementation and support of specific IT solutions for our company
* Design, implementation, launch and support of IT solutions in connection with storage systems on the high end side
* Developing pricing and services for the IT processes "Implementation and Support of UNIX Servers"
* Evaluation of customer requirements and development of IT strategies whilst taking business processes into consideration
* Conception of storage solutions for the use of modern storage area network components based on IBM products in the areas of high availability, cluster and failsafe memory configurations in national and international projects
* Conceptional and technical consulting focusing on UNIX
* Analysis of existing heterogeneous customer system environments and development of comprehensive IT concepts
* Design of innovative, individual, complex and customer specific IT architectures
* Management of customer projects from business process analysis to technical implementation
* Development, coordination and successive verification of detailed technical project plans
* Development of alternatives and conditioning of optimal IT business solutions considering technological and economic customer requirements

- Fault analysis, diagnosis and repair on site
- Customer support during escalations

6.5.32   Sales Manager

Within the scope of her responsible and varied activities she managed the following tasks:
- Management of the Sales and Logistics Departments
- Introduction of the merchandise information system Apertum
- Execution of changes in the sales organisation (from free commercial agent to Key Account)
- Leadership of 13 field staff and 8 internal employees
- Introduction of performance based pay based on target agreements
- Control of the warehouse using the "Just-in-time" principle

6.5.33   Sales Manager Construction

Mr. (Name) was responsible for and fulfilled the following functions:
- Acquiring and advising new customers
- Responsibility for 50% of total turnover (4,5 M. Euro total turnover) in a team of four employees
- Selection of real estate in cooperation with Management
- Processing of all title registry related tasks, either autonomously or in cooperation with our notary public
- Contract negotiation, sale and coordination of special requirements
- Planning of the advertising budget (100,000 to 150,000 Euro),
- Carrying out and monitoring advertising measures, exhibition projects and PR events

As our company is principally involved in the construction of upscale residential property and serves discerning clients, knowledge of tax law and competent appearance were essential.

6.5.34 Field Sales Manager

She was essentially responsible for and accomplished the following functions:

* Distribution, sales and looking after trading companies in our sector as well as specialised shops in the ... area
* Acquiring and looking after customers
* Training employees at appropriate sales partners
* Instruction and training of staff assigned to his team (nine field representatives) and drawing up location analyses of competitors
* Contact and contract negotiations with wholesalers

6.5.35 In-house Sales Force Manager

Our in-house sales force supports approximately 200 field representatives in the 87 branch offices across the country. Mr. (Name) was responsible for the development and compliance with the internal sales budget as well as the development and implementation of the new sales and marketing strategy. This included the transformation of our former service centres into independent profitable service partners. In addition, new external partner companies were acquired and contractually bound into our company under Mr. (Name)'s leadership.

In detail, this includes:

* Management of 25 in-house sales representatives (12 of them part time)
* Organisation of the workforce to ensure consistent availablility between 8:00am and 9:00pm
* Education and training of employees, particularly regarding new products and services
* Collaboration with the project team for the new sales and marketing strategy
* Regular visits to branch offices
* Responsible cooperation in quarterly sales meetings

Our in-house sales team is the contact point when our branch offices have legal or contractual inquiries. In addition, Mr. (Name) made a significant contribution to our comprehensive product manual.

6.5.36 Regional Sales Manager

Our company offers, among other services, solutions in the area of facility management. Ms. (Name)'s central responsibilities included:

- Group-wide introduction of a new sales system (regional clustering)
- Autonomous customer support in the state of North-Rhine Westphalia
- Advising the customer and preparing quotes / tenders
- Sale of service projects
- Developing and presenting outsourcing solutions
- Developing and expanding a project portfolio in the facility management sector
- Leading and managing sales meetings
- Coaching sales colleagues
- Assisting in the planning and running of exhibitions
- Organising customer events

In addition to his group-wide responsibilities, Ms. (Name) supported approximately 30 customers. The order volume from these customers was about 2 M. Euro.

6.5.37 Senior Partner Tax Consultant

Mr. (Name) bore the following responsibilities:

- Creating annual reports for companies (total balance of up to 50 M.),
- Economic and tax consultancy of a wide variety of companies and legal entities (focus: tax evaluation of investments,
- creation of final balance sheets during company conversions)
- Processing out-of-court legal matters
- Drawing up tax burden comparisons
- Preparing tax declarations in all tax areas
- Checking tax assessments
- Acquiring new clients
- Checking economic viability of own tax consultancy company

6.5.38 Senior Partner Business Consultant

Ms. (Name) supported customers of our consultancy company, particularly in questions regarding eBusiness:
* Conducting workshops for assessment (analysis and conception) of eBusiness strategies and eBusiness models
* Optimisation and modelling of business processes for the specification of eBusiness solutions
* Supporting Key Account Manager in sales
* Coordinating consulting activities in the specification phase
* Development of the eBusiness modelling methods
* Assistance in the conception of industry specific and cross industry solutions
* Mentoring and coaching employees and partners within the scope of the specification according to the eBusiness modelling method
* Ms. (Name)'s department consisted of four Junior Consultants and two assistants and earned a turnover of 18 M. Euro p.a.

6.5.39 Publishing Director

Mr. (Name)'s position consisted of the following varied activities and comprehensive responsibilities:
* Publishing object management for the weekly magazine ... including object result
* All operational measures for object success, particularly product marketing
* Reporting to Management of the publishing house
* Management of 14 employees in advertising sales, product marketing, online publishing and responsibility for the editorial department consisting of 25 editors and editorial staff
* Collaboration with and control of the editorship for product conception, brand management, circulation growth, strategic offer conception and pricing policy in the advertising and readership market
* Control of the publishing sectors sales/trade, sales/subscriptions, advertising, PR/communication, printing, market research and advertisement administration regarding the operational object

461

measures, including the coordination and management of six further object specific employees in their specific faculties

6.5.40 Chairman of the Board

Ms. (Name) was responsible for the following tasks:
1. Development of the company
* Preparation of capital increase
* Acquisition of new shareholders and additional share capital for the company
* Shareholder support
* Controlling
* Acquisition of corporate investment companies
* Preparation and management of Annual General Meetings
* Preparation, execution and control of annual reporting

2. Object sales/distribution:
* Sales responsibility for the projects …
* Development of sales strategies through marketing, advertising, image and press campaigns
* Notarial closure of sales contracts

In addition, she was in charge of recruiting, hiring, motivation, integration, education, training and management of up to 35 employees in the company.

7   So gestalten Sie das Arbeitszeugnis

Achten Sie bei der Gestaltung des Zeugnisses darauf, dass nicht nur die Inhalte, sondern auch die äußere Form einen guten Eindruck hinterlassen. Schließlich wird das Zeugnis bei der nächsten Bewerbung Ihres Mitarbeiters an eine Vielzahl von Unternehmen gesendet und kann so zu einem positiven Image Ihres Unternehmens beitragen.

Rechtlich gesehen ist es erforderlich, dass Sie das Zeugnis auf Ihrem Geschäftspapier ausdrucken. Falls Sie keines haben, besteht die Mindestanforderung darin, dass das Zeugnis mit einem ordnungsgemäßen Briefkopf versehen sein muss, auf dem der Name und die Anschrift des Ausstellers erkennbar sind.

> **Tipp:**
>
> Den Briefkopf können Sie selbst gestalten auf dem Computer oder auch auf der Schreibmaschine. Wenn Sie ein Logo haben, können Sie dies selbstverständlich in den Briefkopf einfügen.

Wenn Sie auf Ihrem Geschäftspapier in der Fußzeile die Geschäftsführer, den Handelsregistereintrag, die Bankverbindung und weitere wichtige Informationen stehen haben, so können Sie dieses Papier dennoch verwenden. Es muss kein „schönes" Papier sein, das frei ist von den konkreten geschäftlichen Informationen. Falls das Zeugnis nicht auf ein Blatt passt, nehmen Sie einfach ein zweites.

Steuer-
beraterin,
Note: sehr gut

(Firmen-Logo)

Firmenname
Straße
Ort

Zeugnis

Frau Stefanie Möller, geb. am 28. Oktober 1966 in Herford, war vom 10. Juli 1999 bis zum 31. Oktober 2004 in unserer Unternehmensgruppe als Steuerberaterin tätig.

Frau Möller war für folgende Tätigkeiten zuständig: Erstellung von Jahresabschlüssen für Unternehmen vorwiegend aus der Möbelindustrie, wirtschaftliche und steuerliche Beratung unterschiedlichster Unternehmen und Rechtsformen (Schwerpunkt: betriebswirtschaftliche Beurteilung von Investitionen), Erstellung von Schlussbilanzen bei Unternehmensumwandlungen, Bearbeitung von außergerichtlichen Rechtsbehelfen, Erstellung von Steuerbelastungsvergleichen, Anfertigung von Steuererklärungen in allen Steuergebieten, Prüfung von Steuerbescheiden.

Frau Möller verfügt über ein äußerst profundes Fachwissen, welches sie stets effektiv und erfolgreich in der Praxis einsetzt. Zum Nutzen des Unternehmens erweiterte und aktualisierte sie immer mit großem Gewinn ihre umfassenden Fachkenntnisse durch regelmäßige Teilnahme an Weiterbildungsveranstaltungen. Aufgrund ihrer präzisen Analysefähigkeiten und ihrer sehr schnellen Auffassungsgabe fand sie hervorragende Lösungen, die sie konsequent und erfolgreich in die Praxis umsetzte. Hervorzuheben ist ihre hoch entwickelte Fähigkeit, stets konzeptionell und konstruktiv zu arbeiten, sowie ihre immer präzise Urteilsfähigkeit.

Frau Möller ist eine überdurchschnittlich engagierte Mitarbeiterin, die ihre Aufgaben jederzeit mit voller Einsatzbereitschaft erfolgreich erfüllte. Auch in Stresssituationen erzielte sie sehr gute Leistungen in qualitativer und quantitativer Hinsicht und war auch stärkstem Arbeitsanfall immer gewachsen. Stets arbeitete Frau Möller äußerst umsichtig, sehr gewissenhaft und genau. Vertrauenswürdigkeit und absolute Zuverlässigkeit zeichneten ihren Arbeitsstil jederzeit aus. Selbst für schwierigste Problemstellungen fand und realisierte sie sehr effektive Lösungen und kam immer zu ausgezeichneten Arbeitsergebnissen.

Ihre Mitarbeiterinnen und Mitarbeiter motivierte und überzeugte sie durch einen kooperativen Führungsstil. Frau Möller war als Vorgesetzte jederzeit voll anerkannt, wobei ihr Team unsere hohen Erwartungen nicht nur erfüllte, sondern oftmals sogar übertraf.

Sie hat die ihr übertragenen Aufgaben stets zu unserer vollsten Zufriedenheit erfüllt. Wegen ihres frischen, verbindlichen und kooperativen Auftretens war Frau Möller eine allseits sehr geschätzte Ansprechpartnerin. Ihr Verhalten zu Vorgesetzten, Mitarbeitern und Kunden war immer vorbildlich.

Frau Möller verlässt unser Unternehmen mit dem heutigen Tage auf eigenen Wunsch. Wir bedanken uns für die stets sehr gute langjährige Mitarbeit und bedauern Frau Möllers Ausscheiden sehr. Wir wünschen dieser vorbildlichen Kollegin beruflich und persönlich weiterhin alles Gute und viel Erfolg.

Berlin, 31. Oktober 2004   Dr. Gerhard Müller, Geschäftsführer

(Handelsregister, Bankverbindungen ...)

Firmenname, Straße, Ort

ZEUGNIS

Herr Dr. Wolfram Steiner, geb. am 12. Dezember 1964 in Stuttgart, trat am 11. Juli 1996 in unser Unternehmen ein und war bis zum 31. Dezember 2004 als Personalreferent beschäftigt.

Seine Zuständigkeit in dem Bereich Personalwesen erstreckte sich auf die folgenden Bereiche:

- Verantwortung der Bereiche Personalrekrutierung, -verwaltung, -entlohnung, -entwicklung,
- Durchführung verschiedener Maßnahmen zur Organisationsentwicklung
- Durchführung der Betriebsratsarbeit auf Seiten der Geschäftsführung.

Herr Dr. Steiner verfügt über ein hervorragendes und auch in Randbereichen sehr tiefgehendes Fachwissen, welches er unserer Firma stets in höchst gewinnbringender Weise zur Verfügung stellte.

Zum Nutzen des Unternehmens erweiterte und aktualisierte er immer mit großem Gewinn seine umfassenden Fachkenntnisse durch regelmäßige Teilnahme an Weiterbildungsveranstaltungen.

Durch seine ausgeprägten analytischen Denkfähigkeiten und seine sehr schnelle Auffassungsgabe hat er stets zu effektiven Lösungen gefunden, die wir gewinnbringend einsetzen.

Hervorzuheben ist seine hoch entwickelte Fähigkeit, stets konzeptionell und konstruktiv zu arbeiten, sowie seine immer präzise Urteilsfähigkeit.

Herr Dr. Steiner erledigte seine Aufgaben mit beispielhaftem Engagement und sehr großem persönlichen Einsatz während seiner gesamten Beschäftigungszeit in unserem Unternehmen. Er war immer ein belastbarer Mitarbeiter, seine Arbeitsqualität war auch bei wechselnden Anforderungen immer gut. Jederzeit war das Vorgehen von Herrn Dr. Steiner sehr gut geplant, äußerst zügig und ergebnisorientiert.

Er zeichnete sich stets durch seine außerordentliche Verlässlichkeit aus. Selbst für schwierigste Problemstellungen fand und realisierte er sehr effektive Lösungen und kam immer zu ausgezeichneten Arbeitsergebnissen.

Seine Mitarbeiterinnen und Mitarbeiter motivierte und überzeugte er durch einen kooperativen Führungsstil. Herr Dr. Steiner war als Vorgesetzter jederzeit voll anerkannt, wobei sein Team unsere hohen Erwartungen nicht nur erfüllte, sondern oftmals sogar übertraf.

Herr Dr. Steiner hat die ihm übertragenen Aufgaben stets zur vollsten Zufriedenheit erfüllt.

Wegen seines stets freundlichen und ausgeglichenen Wesens wurde Herr Dr. Steiner allseits sehr geschätzt, wobei er stets aktiv die gute Zusammenarbeit und Teamatmosphäre förderte. Das Verhalten von Herrn Dr. Steiner war immer vorbildlich.

Herr Dr. Steiner verlässt leider unser Unternehmen mit dem heutigen Tage auf eigenen Wunsch, um eine neue Herausforderung anzunehmen.

Wir bedanken uns für die stets sehr gute langjährige Mitarbeit und bedauern Herrn Dr. Steiners Ausscheiden sehr. Wir wünschen diesem vorbildlichen Kollegen beruflich und persönlich weiterhin alles Gute und viel Erfolg.

Köln, 31. Dezember 2004

Hubert Meier, Geschäftsführer   Heinz Dorner, Leiter der Personalabteilung

Assistentin der
Geschäfts-
leitung,
Note: gut

Firmenname, Straße, Ort

ZEUGNIS

Frau Andrea Stiehl, geb. am 13. April 1970 in Kaufbeuren, war vom 1. Februar 2001 bis zum 1. Juli 2004 in unserer Unternehmensgruppe als Assistentin der Geschäftsleitung tätig.

Die Schwerpunkte von Frau Stiehls Tätigkeiten gestalteten sich wie folgt: Komplette PC-Verwaltung vom Erstellen von Vorlagen bis hin zur optimalen Verwendung einzelner Programme (z. B. Microsoft Word, Excel, Windows), die gesamte Abwicklung von der Angebotserstellung bis zur Auftragserteilung sowie der Projektplanung- und -überwachung, Kundenpflege und Kundenkontakte, Führung der gesamten Personalverwaltung von Einstellungs- und Entlassungsformalitäten bis hin zu Lohnvorbereitungen und Pflegen sämtlicher Personalakten, Terminüberwachung der Geschäftsleitung, Unterstützung der Geschäftsführung in allen anfallenden Bereichen vom Schriftverkehr bis zu Vertragsabwicklungen, Flugbuchungen und Reservierungen, Vorbereitung der Buchhaltung zur Weitergabe an den Steuerberater und ständige Abstimmung in Zusammenarbeit mit dem Steuerberater, Ausbildung einer Auszubildenden für Bürokommunikation mit eigener Ausbildungserlaubnis (AdA-Schein).

Frau Stiehl verfügt über ein profundes Fachwissen, welches sie effektiv und erfolgreich in der Praxis einsetzt.

Sie erweiterte und aktualisierte mit großem Gewinn ihre guten Fachkenntnisse durch die Teilnahme an Weiterbildungsveranstaltungen zum Nutzen des Unternehmens.

Aufgrund ihrer genauen Analysefähigkeiten und ihrer schnellen Auffassungsgabe findet sie gute Lösungen, die sie konsequent und erfolgreich in die Praxis umsetzt.

Hervorzuheben ist ihre gut entwickelte Fähigkeit, konzeptionell und konstruktiv zu arbeiten, sowie ihre präzise Urteilsfähigkeit.

Frau Stiehl ist eine engagierte Mitarbeiterin, die ihre Aufgaben jederzeit mit vollem Einsatz erfolgreich durchführte.

Auch unter starker Belastung behielt sie die Übersicht, handelte überlegt und bewältigte alle Aufgaben in guter Weise.

Stets arbeitete Frau Stiehl sehr umsichtig, gewissenhaft und genau.

Vertrauenswürdigkeit und Zuverlässigkeit zeichneten ihren Arbeitsstil aus.

Selbst für schwierige Problemstellungen fand und realisierte sie sehr effektive Lösungen, und sie kam immer zu guten Arbeitsergebnissen.

Von ihren Mitarbeiterinnen und Mitarbeitern wird sie anerkannt und geschätzt, wobei sie diese entsprechend ihrer Fähigkeiten einsetzte und mit ihnen gute Ergebnisse erzielte.

Sie hat die ihr übertragenen Aufgaben stets zu unserer vollen Zufriedenheit erfüllt.

Wegen ihres frischen, verbindlichen und kooperativen Auftretens war Frau Stiehl eine allseits geschätzte Ansprechpartnerin. Ihr Verhalten war vorbildlich.

Frau Stiehl verlässt unser Unternehmen mit dem heutigen Tage auf eigenen Wunsch.

Wir bedauern ihren Entschluss sehr, danken ihr für ihre wertvollen Dienste und wünschen ihr für ihre berufliche wie persönliche Zukunft alles Gute und weiterhin viel Erfolg.

München, 1. Juli 2004   Jakob Bayer
(Geschäftsführer)

Handelsregister, Bankverbindung

Firmenname, Straße, Ort

ZEUGNIS

Herr Martin Bode, geb. am 13. August 1971 in Bad Nauheim, war vom 1. Mai 1998 bis zum 30. September 2004 in unserem Unternehmen tätig. Er war als Sachbearbeiter eingesetzt.

Herr Bode erstellte Marktanalysen und Angebotsvergleiche für den Einkauf von Kunststoffmaterialien für unsere Herstellungsabteilung. Er war für ein Einkaufsvolumen von 1,0 Millionen Euro pro Jahr verantwortlich. Er kontrollierte die Warenlieferungen ebenso wie die Rechnungen, bei Beanstandungen bearbeitete er die Reklamationen. Bestellungen und Verbuchen der Waren verwaltete Herr Bode mit dem Personal-Computer. Er führte sein Sachgebiet selbstständig, zum 01. August 2002 wurde ihm Handlungsvollmacht erteilt.

Herr Bode verfügt über ein äußerst profundes Fachwissen, welches er stets effektiv und erfolgreich in der Praxis einsetzt.

Hervorzuheben ist, dass Herr Bode regelmäßig an unterschiedlichen fachbezogenen Weiterbildungsseminaren gewinnbringend teilgenommen hat.

Die Verbindung von rascher Auffassungsgabe und gut ausgebildeter Methodik ließen ihn auftretende Probleme schnell einer eleganten Lösung zuführen.

Hervorzuheben ist seine gut entwickelte Fähigkeit, konzeptionell und konstruktiv zu arbeiten, sowie seine präzise Urteilsfähigkeit

Herr Bode erledigte seine Aufgaben mit großem Engagement und persönlichem Einsatz während seiner gesamten Beschäftigungszeit in unserem Unternehmen.

Auch unter schwierigen Arbeitsbedingungen und starker Belastung erfüllte er unsere Erwartungen stets in zufrieden stellender Weise.

Jederzeit war das Vorgehen von Herrn Bode gut geplant, zügig und ergebnisorientiert.

Er arbeitete generell zuverlässig und sehr genau.

Auch für schwierige Problemstellungen fand Herr Bode sehr effektive Lösungen, die er erfolgreich in die Praxis umsetzte, wodurch er stets gute Resultate erzielte.

Sein Team erreichte unter seiner sach- und personenbezogenen Anleitung jederzeit gute Ergebnisse. Bei Vorgesetzten wie MitarbeiterInnen fanden seine Führungsqualitäten volle Anerkennung.

Wir waren mit den Leistungen von Herrn Bode jederzeit sehr zufrieden.

Wegen seines frischen, verbindlichen und kooperativen Auftretens war Herr Bode ein allseits geschätzter Ansprechpartner. Sein Verhalten war vorbildlich.

Leider können wir Herrn Bode aufgrund der derzeit sehr schwierigen konjunkturellen Situation, die auch unser Unternehmen betrifft, keine Perspektive mehr bieten. Das Arbeitsverhältnis mit Herrn Bode endet daher aus betriebsbedingten Gründen.

Wir bedauern unseren Entschluss sehr, danken ihm für seine wertvollen Dienste und wünschen ihm für seine berufliche wie persönliche Zukunft alles Gute und weiterhin viel Erfolg.

Essen, 30. September 2004   Hubert Meier, Geschäftsführer

Notizen

. . . .

. . . .

. . . .

. . . .

. . . .

. . . .

. . . .

. . . .

. . . .

. . . .

. . . .

. . . .

. . . .

. . . .

. . . .